뇌가 "NO"라고 속삭일 때

Die dunkle Seite des Gehirns:
Wie wir unser Unterbewusstes überlisten und negative Gedankenschleifen ausschalten
by Prof. Stefan Kölsch
© by Ullstein Buchverlage GmbH, Berlin.
Illustrationen im Innenteil: Olga Kölsch
Published in 2022 by Ullstein Verlag

뇌가 "NO"라고 속삭일 때
: 부정적 잠재의식에 맞서는 긍정의 뇌과학

초판 1쇄 펴냄 2024년 8월 30일

지은이 슈테판 쾰쉬
옮긴이 유영미

펴낸이 고영은 박미숙
펴낸곳 뜨인돌출판(주) | 출판등록 1994.10.11.(제406-251002011000185호)
주소 10881 경기도 파주시 회동길 337-9
홈페이지 www.ddstone.com | 블로그 blog.naver.com/ddstone1994
페이스북 www.facebook.com/ddstone1994 | 인스타그램 @ddstone_books
대표전화 02-337-5252 | 팩스 031-947-5868

편집이사 인영아 | 책임편집 박경수 | 디자인 이기희 이민정
마케팅 오상욱 김정빈 | 경영지원 김은주
ISBN 978-89-5807-025-2 03400

뇌가 "NO"라고 속삭일 때

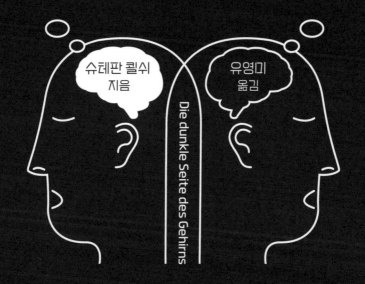

슈테판 퀼쉬
지음

유영미
옮김

Die dunkle Seite des Gehirns

부정적 잠재의식에 맞서는
긍정의 뇌과학

뜨인돌

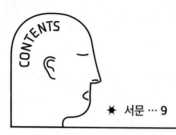

CONTENTS

3 영장류의 잠재의식과 생존 시스템

4 인간 잠재의식의 특별한 점

5 잠재의식의 현실 필터

6 잠재의식적 성격의 유형과 특징

7 일상을 위한 구체적인 지침

서문

　'잠재의식'이라는 말을 들어보지 않은 사람은 없을 것이다. 잠재의식은 우리 모두에게 있다. 잠재의식이란 무엇이고, 무슨 일을 할까? 잠재의식은 우리 내면에 존재하는 나쁜 것일까, 아니면 생존을 보장해주는 유익한 것일까? 우리는 잠재의식에 무방비로 내맡겨져 있을까, 아니면 잠재의식을 극복할 수 있을까? 잠재의식은 어떤 비밀을 가지고 있을까?

　잠재의식은 생각과 느낌을 만들어내며 우리에게 유리한 행동은 하고 두렵거나 꺼려지는 일은 하지 않게끔 한다. 진화 과정을 볼 때 잠재의식은 태곳적 숲에서 살아가기 위해 발달했다. 당시에 잠재의식은 생존에 필수적이었다. 하지만 집집마다 냉장고가 있고 엘리베이터로 사무실을 들락거리며 스마트폰을 쓰는 현대 생활에서 우리는 종종 잠재의식 때문에 낭패를 본다. 잠재의식은 간혹 뇌의 어두운 면으로 작용해 삶을 함정에 빠뜨린다.

숲에서 위험한 맹수가 튀어나오면 잠재의식은 부리나케 전체 뇌를 진두지휘했다. 이것은 생존에 중요한 메커니즘이었다. 하지만 오늘날에는 잠재의식으로 말미암아 판단력을 상실할 수도 있다. 잠재의식 때문에 화내고 걱정하는가 하면, 적개심으로 정상적인 판단이 불가능해지기도 한다. 꼬리를 물고 이어지는 부정적 생각과 감정에 사로잡혀 혈압이 치솟고 뻔한 해답을 간과해버리기도 한다. 태곳적 숲에서는 잠재의식이 소중한 먹잇감을 놓쳐버리지 않게 하는 역할을 했지만, 오늘날에는 이런 잠재의식적 메커니즘이 손해를 기피하려는 심리를 낳았다. 그것이 쌓아두기만 하고 버리지 못하는 탐욕으로 이어져 결국 집집마다 수납장에 물건이 넘쳐나는 지경에 이르렀다.

이 책에서 독자들은 잠재의식의 기능이 인류가 탄생하기 수백만 년 전에 지구상에 살던 동물들에게서 생겨났다는 것을 보게 될 것이다. 그리하여 잠재의식은 오랜 세월 우리 뇌에 깊이 심어지게 되었고, 세월이 지나면서 또 다른 매력적인 기능도 추가되었다. 사람들이 자신이 속한 집단의 규칙과 관습을 지키는 것도 잠재의식 덕분이다.

잠재의식은 우리가 집단의 일원이 되고 집단에 받아들여지도록 이끈다. 그래서 다른 사람과 똑같이 행동하고 생각하고 심지어는 똑같이 느끼도록 종용한다. 심지어 우리의 세계관을 집단의 세계관과 맞추도록 한다. 집단의 세계관이 현실과 부합하는지와는 상관없이 말이다. 이를 위해 잠재의식은 자체 현실 필터를 활용하는데, 이 필터는 폐쇄적으로 작동하기에 우리는 간혹 비이성적인 생각과 환상에 빠져들기도 한다. 음모론이나 선전, 포퓰리즘에 잘 빠지는 사람들을 통해 잠재의식이 어떻게 현실 왜곡을 불러일으키는지 여실히 볼 수 있다.

잠재의식은 성격과도 연결된다. 잠재의식은 유아기에 중요한 사람들과 애착을 형성하게끔 하는데, 이 애착 유형이 평생을 두고 인간관계에 영향을 미친다. 잠재의식적 애착 유형은 성격과 떼려야 뗄 수 없다. 스트레스나 화를 어떻게 다루는지, 얼마나 완벽주의적인 성향을 가졌는지, 얼마나 다른 사람에게 공감하는지, 얼마나 자신감이 있는지, 얼마나 고통에 민감한지 등도 잠재의식적 애착 유형을 통해 설명할 수 있다.

잠재의식 덕분에 현대 문명이 탄생했지만, 동시에 그것 때문에 이 문명에서 살아가는 것이 어려워지기도 한다. 잠재의식의 잘못된 판단과 비이성적인 사고는 갈등의 불씨를 만들어내기도 한다. 또한 누군가가 평범하지 않거나 집단과 다른 생각을 가져 집단의 위험으로 간주되면 그에게 금방 적개심을 갖도록 한다. 그리하여 따돌림이나 인터넷에서의 마녀사냥이 횡행하기도 하고 심하게는 테러, 전쟁, 대량 학살이 일어나기도 한다.

하지만 다행히 우리는 잠재의식에 무력하게 내맡겨져 있지 않다. 나는 이 책에서 독자들에게 잠재의식의 과정을 의식하고 잠재의식에 속아넘어가지 않는 방법들을 알려주고자 한다. 대부분은 아주 단순한 트릭들이다. 가장 간단하고 효과적인 트릭 하나는 바로 현재 문제가 되는 상황을 한 문장으로 말한 뒤, 의식적으로 원하는 바를 다시 한 문장으로 말하는 것이다. 그렇게 하면 부정적인 생각의 고리를 끊을 수 있다. "아, 또 잡념이 꼬리를 물고 이어지네. 됐어. 난 다시 방금 하려던 일에 집중할 거야"라고 말하는 것만으로도 효과 만점이다. 목표를 달성하기 위해서는 목표가 무엇인지 한 문장으로 말하는 것이 매우 도움이 된다. 마찬가지로, 불안과 두려움을 떨쳐내기 위해서는 불안하게 만드는 일을 의식적으로 말하기만 해도 도움이 된다. 이런 트릭을 통해 부정적인 생각과 감정에 휩쓸리지 않고 그것을 통제할 수 있다. 이것만 할 수 있어도 정말 큰 성공이다.

사회생활에서도 잠재의식을 극복할 수 있다. 가령 누군가와 갈등이 생기는 경우, 상대방에게 중요한 것이 무엇일까를 생각해보고 상대방의 입장을 말로 표현해보면 어떨까. 상대방이 그 말을 수긍하는 것만으로도 종종 기적이 일어난다. 그런 다음 상대방을 이해하며 상대방에게 무엇이 중요한지 안다고 말해주면 보통 갈등은 쉽게 해결된다.

다행히 문제나 삶의 위기는 눈에 보이는 것의 절반에 불과하다. 잠재의식이 문제를 실제보다 더 크게 보이게 할 따름이다. 잠재의식이 인생의 과제들을 상당히 크고 우려스러운 것으로 보이게 하지만, 사실 그런 과제들은 한 걸음씩 밟아나가면 극복될 때가 많다.

자기 뇌의 어두운 면을 이해하는 것은 타인 뇌의 어두운 면을 이해하기 위한 최상의 방법이다. 이 책에서는 잠재의식을 종합적으로 조망하고, 잠재의식을 다루는 많은 실용적인 팁을 제공하고자 한다. 이런 팁을 통해 건강을 챙기고 더 만족스럽고 행복한 삶으로 나아갈 수 있을 것이다. 신체는 놀라운 치유력을 가지고 있지만, 잠재의식적인 생각과 감정이 이런 치유력을 방해할 때가 많다. 그 결과 호르몬 대사가 균형을 잃고 체내의 장기에 지장을 초래하거나 과부하가 걸린다. 그러면 당연히 몸이 안 좋아진다. 의학적으로 정확한 원인을 확인할 수 없는 반복적 통증에 시달리기도 한다.

이 책에서 소개하는 잠재의식적 메커니즘은 지난 20년간 뇌과학자들이 선구적인 실험을 통해 알아낸 것들이다. 이런 실험에서 잠재의식이 뇌 속의 특별한 부분, 즉 눈썹 바로 뒤에 있는 '안와전두엽(眼窩前頭葉, Orbitofrontalhirn)'에 위치한다는 것이 밝혀졌다. 이것은 안와전두엽이 손상된 환자들에게서 명백히 확인된다. 이런 사람들의 경우 잠재의식의 기능이 변화하기 때문이다. 나는 이 책에서 이런 실험 중 가장 획기적이고 흥미진진한 것들을 소개하려 한다.

내가 잠재의식과 안와전두엽에 대해 관심을 가지기 시작한 건 아주 오래전부터다. 사회학을 전공하던 1990년대 중반, 당시 교수님들은 인간이 이성을 토대로 결정을 내리고 그런 결정에 의거해 행동한다는 이론으로 사회를 설명하고자 했다. 하지만 나는 그 이론에 동의하지 않았고, 세미나에 참가할 때마다 인간이 얼마나 비이성적인 사고에 휘둘리는지 보지 않느냐며 사회학은 다른 모델이 필요하다고 거듭 주장하여 몇몇 교수님들을 짜증나게 했다. 오늘날 우리는 인간이 종종 비이성적인 판단에 근거하여 행동한다는 것을 알고 있으며, 이 내용을 주제로 한 연구는 노벨상까지 받았다. 다수의 사람이 동일하게 비합리적인 결정을 내리면 사회적으로 굵직한 영향을 초래할 수도 있다. 매점매석에서부터 하나의 경제 부문이 완전히 파산에 이르는 경우까지 경제적으로 적지 않은 부작용을 낳게 된다.

나는 사회학 학위를 취득하는 동시에 심리학 학위도 취득했고, 그 뒤 라이프치히의 〈막스 플랑크 인지신경과학 연구소〉에 몸담으며 박사 논문을 준비할 수 있는 행운도 얻었다. 뇌 분야에서 나의 첫 연구는 음악이 뇌에서 어떻게 처리되는지에 관한 것이었다. 갑작스럽고 예상치 못한 화음이 들릴 때 잠재의식을 관장하는 안와전두엽이 강하게 활성화된다는 사실을 발견했다. 이것은 예측이 들어맞지 않아 실망스러울 때 안와전두엽이 활성화된다는 것을 보여준다.

그 뒤 하버드 의과대학에서 박사후 과정을 밟으면서 비슷한 실험을 통해 안와전두엽의 그 같은 활성화를 다시 한 번 입증하고 계속 연구할 수 있었다. 이후로 나는 안와전두엽 연구를 계속하고 있다. 특히 감정, 판단, 생각, 예측에 대한 많은 실험을 통해 안와전두엽의 활동을 계속해서 관찰해왔다.

내가 박사과정 학생이던 2000년대 초만 해도 안와전두엽에 대해 알려진 것이 별로 없었다. 오늘날 연구자들은 그것에 대해 훨씬 많은 것을 밝혀냈으며, 흥미롭고 신빙성있는 내용들을 많은 대중에게 소개할 수 있을 정도가 되었다. 이에 나는 이 책에서 독자들을 위해 우리 뇌에서 일어나는 잠재의식적 과정을 포괄적으로 깊이 통찰하고, 어떻게 하면 잠재의식의 함정을 수월하게 피해갈 수 있는지 그 방법을 제안해보려고 한다. 아무쪼록 이 책을 통해 독자들이 새로운 과학적 연구에 기반한 잠재의식을 이해하는 데 도움이 되기를 바란다.

1

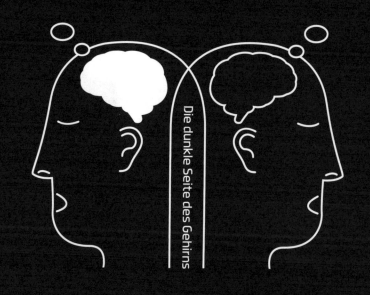

Die dunkle Seite des Gehirns

과연
'잠재의식'이 존재할까?
그것은 왜
매사에 부정적일까?

잠재의식적 자동조종 장치

모두 알다시피, 뭔가에 온전히 집중하고 있지 않을 때 우리 생각은 이리저리 떠돌기 시작한다. 통근 길에도 그렇고, 집안일을 할 때나 샤워를 할 때도 그렇다. 때로 그렇게 떠도는 생각들은 긍정적이다. 아름다웠던 일이 생각나고, 좋은 아이디어가 떠오르기도 한다. 하지만 때로는 중간에 뭔가가 반짝 하고 켜진다. 바로 어두운 잠재의식이 끼어드는 것이다.[1] 잠재의식은 부정적인 내용을 상기시킨다. 그러면 생각은 감정적으로 스트레스를 받게 하는 기억들을 필름 돌리듯 떠올리기 시작한다. 누군가와 이별했거나 말다툼했던 일처럼 화나고 실망스럽고 좌절했던 기억을 말이다.

오래전에 지나가버린 일임에도 불구하고 우리는 생각 속에서 그 일을 다시 곱씹으며, 그것이 얼마나 부당했는지 생각한다. '아, 그때 이러이러하게 말했어야 했는데, 이러이러하게 행동해야 했는데.' 잠재의식 속에서 종종 복수하거나 보복하는 모습을 머릿속에 그리기도 한다. 또는 걱정되거나 두려운 일을 자꾸 떠올린다. 경우에 따라서는 자신이 부모, 배우자, 혹은 인간 자체로서 얼마나 무가치하고 무능력한 존재인가 하는 생각이 불현듯 들기도 한다.

2010년 하버드대학교 심리학자 매튜 킬링스워스(Matthew Killingsworth)와 대니얼 길버트(Daniel Gilbert)는 스마트폰 앱을 통해 수천 명을 대상으로 설문조사를 실시했다. 심리학자들은 하루 중 아무 때나 무작위로 연락해서 실험 참가자들에게 그들이 일과 중에 방금 당면 과제 외에 어떤 생각을 하고 있었던 건 아닌지, 생각에 빠져 있었다면 그런 생각을 하며 얼마나 행복하게 느꼈는지를 질문했다.[2]

연구자들은 이런 질문을 통해 사람들이 살아가면서 얼마나 자주 잡념에 빠져드는지, 또 그런 생각이 유쾌한지 아니면 불쾌한지 알아보고자 했다. 그 결과는 놀라웠다. 응답자의 거의 절반이 잡념에 빠져 있었다고 답했던 것이다. 응답자들은 일, 쇼핑, 독서, 식사 어떤 활동을 하든 이런저런 생각에 빠져 있었다. 섹스를 할 때만 그다지 잡념에 빠지지 않은 것으로 나타났다.

그밖에도 이 설문조사는 또 한 가지 흥미로운 결과를 얻었다. 사람들은 잡념에 빠지면 현재의 활동에만 집중할 때보다 평균적으로 더 불행하게 느낀다는 점이었다. 어떤 활동에 집중해 있을 때 드는 생각들은 오히려 유쾌하게 느껴지는 것으로 나타났다. 그들이 하는 일이 그다지 마음에 들지 않더라도 즐거운 기분이 든다는 사실은 놀라웠다. 그러나 생각이 다른 곳으로 흐르자마자 대부분은 안 좋은 생각이나 기껏해야 중립적인 생각을 하게 되었다. 좋아하는 일을 하고 있다가도 생각이 떠돌기 시작하면 많은 경우 더 불쾌한 상태가 되었다. 간혹 떠오르는 잡념이 긍정적인 것이라고 응답한 사람들도 있었지만, 그들 역시도 잡념이 없을 때보다 더 행복한 기분이 되지는 않았다고 답했다. 다른 연구자들도 비슷한 연구 결과를 내놓았다. 평균적으로 사람들은 살아가는 시간의 절반 정도를 이런저런 생각에 빠져 보내며, 그중 상당 시간을 부정적인 생각에 할애한다.

인생의 소중한 시간 중 얼마나 많은 순간을 부정적인 잡념에 빠져 허비하는지 알면 정말 놀랍다. 누가 우리 시간을 강제로 그렇게 빼앗아버린다면, 당장 화를 낼 텐데 말이다.

의식적으로 현재의 활동에 집중하지 않는 경우, 생각은 잠재의식적인 자동조종 모드(Autopilot-Modu)로 쉽게 옮겨간다. 그럴 때면 당면 과제에 집중해 주의력과 생각을 의식적으로 조종할 때보다 곧잘 기분이 안 좋아진다. 부정적인 생각은 잠재의식적인 자동조종 모드에서 계속 감정적으로 좋지 않은 무언가를 중심으로 맴돈다. 그러면 우리는 급속도로 악순환에 빠진다. 부정적인 생각의 고리가 기분을 망치고, 나쁜 기분이 다시금 부정적인 생각을 떠올리게 한다. 이런 '나쁜 진동(bad vibration)'이 삶의 질을 떨어뜨리는 것은 당연하다.

부정적인 생각의 고리는 건강을 해칠 수도 있다. 우울증이나 불안장애 환자에게서 부정적인 생각의 고리가 끊임없이 이어지는 것은 흔한 증상이다. 이렇게 계속해서 생각을 곱씹는 것

20

을 전문용어로 '반추(Rumination)'라고 부른다. 우울한 기분이 지속될 경우, 암 조직의 성장과 심혈관 질환이 촉진되며 면역계의 순환에 혼란을 초래하는 생화학적 과정도 활발해지는 것으로 나타났다. 부정적인 생각의 고리가 꼬리를 물고 이어질 때, 면역계의 세포는 염증이 있을 때와 동일한 전달 물질을 만들며 이런 전달 물질은 뇌에서 진짜 염증이 있을 때와 동일한 반응을 일으킨다.[3] 따라서 불행한 기분은 몸을 망가뜨린다. 건강을 위해서는 부정적인 생각의 고리를 끊어내는 것이 중요하다.

무의식적인 자동조종 모드에서는 내가 자동조종 네트워크라 부르는 특정 뇌 구조들이 활성화된다. 자동조종 네트워크는 학술용어로 '디폴트 모드 네트워크(default mode network)'로 불린다. 이런 네트워크는 최근 뇌과학에서 가장 활발히 연구되는 분야로, 이 네트워크의 활동은 아주 단순한 방식으로 연구할 수 있다.

실험 참가자들을 뇌 스캐너(자기공명영상장치) 안에서 몇 분 간 아무것도 하지 않고 가만히 누워 있게 한다. 그러면 대부분은 금방 지루해지고 머릿속에는 이런저런 생각이 떠돌기 시작한다. 의식적으로 조종되지 않고, 목적에 의해 좌우되거나 목표를 지향하지 않는 즉흥적인 생각들이 흐르는 것이다. 바로 그렇게 생각이 무의식적으로 떠돌 때 자동조종 네트워크가 활성화되는 것을 볼 수 있다. 안와전두피질(Orbitofrontalkortex), 즉 잠재의식이 바로 이 네트워크의 일부다. 잠재의식은 우리 머릿속에 감정적으로 몰두하게 하는 생각들을 만들어내는데, 유감스럽게도 긍정적인 생각보다 부정적인 생각을 우선적으로 떠오르게 한다.

우리 연구팀에서는 생각의 고리에 음악으로 영향을 주는 실험을 진행했다. 실험 참가자들에게 몇 분간 음악을 들려줬다. 즐거운 분위기의 음악도 있었고 슬픈 분위기의 음악도 있었는데, 음악을 듣는 것 외에는 아무런 과제가 없어서 음악을 듣는 동안 그들의 생각들은 곧 이리저리 떠돌기 시작했다.

실험 결과, 즐거운 음악을 들을 때면 실험 참가자들의 생각이 더 긍정적이 되어 가령 함께 춤추고 축제를 즐겼던 일 등을 떠올리는 것으로 나타났다. 반면 슬픈 분위기의 음악을 들을 때는 사랑하는 사람과 헤어졌던 기억이나 실연당했던 일 등을 떠올렸다. 뇌 스캔을 통해 연구팀은 안와전두피질(잠재의식)이 즉흥적으로 떠오르는 생각을 더 긍정적이거나 부정적이 되도록 영향을 미친다는 것을 발견했다.[4] 따라서 잠재의식이 우리 생각에 긍정적으로든 부정적으로든 영향을 미치는 것은 분명하다. 슬픈 음악을 듣거나 주변 분위기가 우울할 때 잠재의식은 보통 어두운 생각의 고리를 만들어낸다.

그밖에도 연구팀은 부정적인 생각의 고리를 돌리는 자동조종 네트워크가 뇌의 통증 시스템을 활성화시킨다는 것을 알아냈다. 따라서 잠재의식의 부정적인 생각은 고통을 유발하고 기분을 가라앉게 하며 부정적인 생각과 기분이 계속되면 만성 통증이 유발될 수도 있다. 잠재의식을 비롯해 자동조종 네트워크가 특히나 활성화된 우울증 환자들 중에 각종 통증을 호소하는 비율이 높다. 이런 환자들의 경우 기분이 밝아지면 통증도 완화되는 것을 확인할 수 있다.

잠재의식이 부정적인 생각의 고리를 돌리는 것은 나쁜 습관과 비슷하다. 다행히 우리는 이런 안 좋은 생각의 고리들을 의식적으로 통제하고 끊을 수 있다. 생각이 꼬리를 물고 이어질 때 잠재의식이 생각을 주도하지 않도록 의식적으로 생각을 조종해야 한다. 다음 단계를 거치면 특히 효과적이다.

★ 첫 단계는 부정적인 생각의 고리를 인식하는 것이다. 부정적인 생각이 떠오르는 것을 알아차리자마자, 잠재의식에게 인사하듯 의식적으로 이렇게 말하라. "아하, 또 생각의 고리가 작동했구나." 이번만큼은 잠재의식적 생각의 고리를 알아차렸음을 기뻐하라. 긍정적인 마음은 어떤 것이든 다음 단계로 나아가는 데 도움을 준다.

★ 두 번째 단계는 스스로에게 이렇게 말하는 것이다. "생각이 이리저리 흐르는 것은 아주 정상적인 현상이야. 부끄러워할 필요가 없어. 하지만 이제 내게 도움이 되는 쪽으로 생각의 방향을 돌릴 거야." 그런 다음 의식적으로 긍정적이고 건설적인 생각에 집중하거나 지금 하고 있는 일에 몰두하라.

★ 세 번째 단계는 다시금 생각의 고리에 빠지지 않도록 주의하는 것이다. 긍정적이거나 건설적인 생각을 유지하거나 현재의 활동에 집중하라. 의식적으로 생각의 주도권을 잡아라. 주도권을 놓치자마

자 잠재의식의 자동조종 장치가 다시금 핸들을 잡고는 우리를 고민하게 만들고 생각을 곱씹도록 부추길 테니 말이다.

부정적인 생각의 고리를 끊어내는 것은 삶에서 이룰 수 있는 굉장한 성공이다. 스트레스를 받는 상황에서는 이것이 너무나 어려워 보이겠지만, 위에 소개한 3단계를 자주 연습할수록 더 쉬워질 것이다. 명상, 요가, 마음챙김 연습 등도 부정적인 생각의 고리를 끊기 위해 개발된 테크닉들이다(380쪽 '메디 워킹, 명상적으로 일하기' 참조). 위의 단계를 밟는 것만으로 생각의 고리를 끊는 것이 어렵다면 요가 연습이 도움이 된다.

감미롭고 좋은 음악은 부정적인 생각의 고리를 끊는 데 특히 효과적이다. 음악이 감정적 소용돌이 효과를 차단해주어 긍정적인 것에 다시 집중하는 것이 쉬워지고, 이를 통해 잠재의식을 잠재울 수 있다. 단순히 음악에 집중하는 것으로 시작해도 좋다(이런 식으로 싫은데도 계속 귓전을 맴도는 유행가 선율을 차단할 수도 있다)! 게다가 음악은 잠재의식적인 자동조종 모드에 있을 때 생각을 더 긍정적으로 만들어준다.

생각의 고리는 아무것도 없는 데서 갑자기 나타나서 삶을 망쳐놓기 일쑤다. 물론 감정은 구체적인 원인에 대한 반응으로 등장하기도 한다. 그 원인이 달갑지 않은 일인 경우 뇌의 어두운 면은 빠르게 잠재의식적 '감정의 소용돌이(Höllenspiralen)'와 부정적 '흡인 효과(Sogwirkungen)'를 만들어낸다.

감정의 소용돌이와 흡인 효과

누구나 한 번쯤은 다음과 같은 경험이 있을 것이다. 열차 승강장에서 통근 열차를 기다리는데 연착된다는 방송이 나온다. 그러자 의식적으로 그 결과를 예측하고 평가하기도 전에, 이미 잠재의식은 부리나케 (묻지도 않고) 상황 판단을 하고는 연착을 재앙으로 분류한다. 그러면 이제 뇌 속에서 첫 번째 분노충동이 생겨나고 감정적 소용돌이 효과에 발동이 걸린다.

이에 대한 반응은 두 가지다. 하나는 부정적 감정의 충동을 마구 뻗어나가게 하는 것이다. 쉽고 편한 가능성이다. 이 경우는 그저 잠재의식의 자동조종에 핸들을 맡기면 된다. 다른 하나는 의식적으로 감정에 영향력을 행사하는 것이다. 이성, 참을성, 침착성, 그리고 이상적으로는 유머를 동원해서 말이다. 하지만 이런 반응은 종종 쉽지 않다. 추가로 지성과 의지를 동원하려고 노력해야 하기 때문이다.

우리는 종종 감정에는 의식적으로 영향을 미칠 수 없다고, 그저 감정에 무기력하게 내맡겨져 있다고 생각한다. 그러나 이것은 오해다. 이런 말을 처음 듣는 사람도 있겠지만, 어떤 감정이 일어나는 원인은 단순히 사건이나 대상 자체에 있지 않고, 우리 머릿속에 있다. 이것은 같은 대상이나 사건이라도 상황에 따라 다르게 느껴진다는 데서 알 수 있다. 아름다운 바이올린 소리가 콘서트홀에서는 엄청 매혹적으로 느껴지지만, 이웃이 한밤중에 바이올린을 켜는 소리를 들으면 짜증이 올라오지 않는가. 심지어 통증도 상황에 따라 서로 다른 강도로 느껴진다.

　여태껏 감정은 우리의 영향과 무관하게 올라오는 것으로 여겼다. 어릴 적부터 특정 사건에 특정 감정이 따른다고 배웠고, 이런 사안에는 이런 감정이 원인이라고 착각했다. 이런 오류를 철학에서는 'post hoc ergo propter hoc(단순 번역하면 '이후에, 그래서 그것 때문에'라는 라틴어로, 원인과 결과의 관계가 아닌 것을 그렇다고 잘못 판단하는 오류를 말함. 논리학 용어로는 '잘못된 인과관계의 오류'라고 한다—옮긴이)'이라고도 부른다. 하지만 대부분 부정적인 감정을 일으키는 것은 사건 자체가 아니라, 우리의 무의식적 판단이다. 일상에서 우리를 불행하고 힘겹게 만드는 것은 일반적으로 부정적 감정이지, 지금의 마뜩잖은 상황이 아니다.

　예를 들어, 열차 승강장에서 열차가 연착된다는 안내방송을 듣고 부정적인 감정의 충동이 마구 뻗어나가도록 내버려두면 잠재의식은 감정의 소용돌이를 작동시킨다. 무엇인가에 화가 나는 경우, 잠재의식은 곧장 지금 누구 때문에 화가 나는 것인지, 대체 누구의 잘못인지를 묻는다. 물론 가급적 다른 사람을 지목하고자 한다. 이 경우에는 '멍청한 열차' 잘못이다. 우리는 이 사건에 대해, 또한 이 사건을 일으킨 장본인에 대해 화가 나고, 그로 인해 화는 이미 두 배로 부풀려진다.

　심리학적으로 볼 때 화 더하기 화는 여전히 화다. 화는 새로운 화를 부르고, 새로운 화는 또 다른 화를 돋운다. 추가적으로 열차가 연착한 것이 이번이 처음이 아니라는 생각에 "에이, 또 연착이야"라면서 신경질을 낼지도 모른다. 때로는 자신의 불

26

만족스러운 상태가 다른 사람의 무능력이나 악의 때문이라는 생각에 화가 나기도 한다. 그러면 이제 복수심이 불타오른다. 화가 난다는 것 자체 때문에 더 화가 날 수도 있다. 잠재의식의 상상력은 경계가 없다. 이제 감정은 잠재의식이 분노를 끊임없이 재생산하는 지옥의 소용돌이를 그리게 된다. 이런 메커니즘은 슬픔, 걱정, 적개심, 미움 등 잠재의식이 자아내는 모든 부정적인 감정으로 우리를 이끈다. 감정의 소용돌이는 쉽게 잠재의식적인 습관이 되고, 부정적 감정을 느끼는 것도 습관처럼 자리잡을 수 있다.

감정의 소용돌이는 흡인 효과를 동반한다. 잠재의식이 뇌 속의 모든 과정을 접수해버린다. 그러면 우리는 부정적인 감정에 어울리는 생각만 하고, 부정적 감정 상태에 맞는 행동만 하고 싶어한다. 부정적인 감정이 부정적인 평가로 이어진다. 사실은 그 평가가 말도 안 되는 비이성적인 것인데도 말이다. 우리는 더 이상 긍정적인 일들을 기억하지 못하고, 부정적인 감정에 부응하는 것들만을 인지하게 된다. 그것이 바로 부정적인 감정이 우리 눈을 멀게 만드는 이유다. 어떤 사람에게 막 화를 내면서 동시에 그 사람의 긍정적인 면을 떠올릴 수 있는지 한번 시험해보라.

지금까지 말한 것들은 감정뿐 아니라 부정적인 생각의 고리에도 해당한다. 생각 면에서도 잠재의식이 흡인 효과를 일으켜 주의력을 접수해버린다. 그렇게 부정적인 생각의 고리도 우리 눈을 멀게 만든다. 그러니 운전 중에는 주의하라.

뇌생리학적으로 잠재의식은 주의력이나 기억에 강한 영향을 미칠 수 있다. 한 예로 (잠재의식이 위치한) 안와전두피질이 손상된 환자들에게서 주의력이나 기억 장애가 나타나는 것을 볼 수 있다.[5]

잠재의식이 일으키는 감정적 흡인 효과는 의식적 사고가 한 수 배울 정도로 아주 힘있고 확신에 넘치며 끈기 있다. 부정적 감정이 있는 경우 흡인 효과를 통해 우울한 기분이 오래 유지되며, 이런 기분으로 말미암아 다시금 흡인 효과를 차단하는 게 힘들어진다. 우울한 기분일 때는 긍정적인 생각이나 행복한 기억을 떠올리기도, 침대에서 일어나 외출준비를 하기도 힘들다. "다른 건 전혀 생각할 수 없다"는 말은 잠재의식의 강한 흡인 효과를 보여주는 전형적인 문장이다. 하지만 대부분 이런 발언은 과장이다. 과장이 아니라면 의사를 찾아가야 할 것이다.

감정적 흡인 효과에 휘말리는 상황에 맞닥뜨렸을 때 언제든지 쉽게 꺼내볼 수 있도록 자신의 장점을 적은 쪽지를 휴대하고 다니면 좋다. 행복한 기억을 떠올리거나 힘이 나는 음악을 듣는 것도 좋은 방법이다. 나는 그런 쪽지를 지갑 속에 넣어가지고 다닌다.

하버드대학교 정신과 의사 다린 도허티(Darin Dougherty)는 뇌 스캐너 안에 누운 실험 참가자들에게 살면서 특히 화가 났던 일들을 떠올려보라고 했다. 그러자 실험 참가자들은 화가 났던 기억을 생생하게 떠올렸고, 곧 당시의 화가 속에서 다시금 부글부글 끓어오르는 듯했다. 도허티는 실험 참가자들이 이렇

게 화가 끓어오를 때 안와전두피질(및 다른 뇌 구조들)의 활성화가 엄청나게 증가하는 것을 발견했다.[6]

또 다른 실험들은 뇌 스캐너 속의 실험 참가자들이 사기나 배신, 혹은 부당한 대접을 받았던 일을 떠올리며 분개하는 동안에도 안와전두피질이 활성화되었음을 보여주었다. 이어 실험 참가자들에게 만약 자신을 부당하게 대했던 사람들에게 재정적 손실이나 사회적 배제를 통해 처벌할 수 있다고 상상하도록 하자, 역시 안와전두피질이 활성화되었다.[7] 잠재의식은 화를 유발하는 동시에 처벌하고 싶은 욕망도 만들어낸다.

잠재의식이 불러일으키는 감정의 소용돌이 속에서 우리는 현재의 부정적 감정 자체를 중단하기보다 이런 부정적 감정을 일으키는 원인이 중단되기를 기대한다. 다른 사람들도 자신과 마찬가지로 이런 원인을 중요하게 생각할 것이라 여긴다. 여기까지 이르면 자신의 부정적 감정을 없애는 대신 자신에게 거슬리는 분노의 대상이 세상에서 없어져버렸으면 하고 바라는 상황이 되기까지는 단 한 걸음이면 충분하다.

잠재의식으로 인해 우리는 어린아이처럼 원하는 것을 얻거나 주의를 다른 데로 돌릴 때까지 계속 감정의 소용돌이를 겪게 된다. 승강장에서 열차 연착 때문에 울화가 치밀 정도로 화가 나 있는데, 갑자기 어떤 여성 또는 남성이 나타나 아주 애교있는 또는 박력있는 목소리로 커피를 파는 곳이 어디인지 물어오면 잠재의식은 단번에 이런 새로운 상황에 온전히 몰두하게 되고 어느 정도 화가 가라앉지 않는가.

그러나 운좋게 매력적인 누군가가 나타나 주의를 돌리지 않아도, 우리 스스로 잠재의식을 다른 곳으로 향하게 해야 한다. 잠재의식이 어떤 사건을 거의 반사적으로 안 좋게 평가해 부정적인 감정을 만들어내는 것은 아주 평범한 일이다. 하지만 잠재의식이 평가한 순간의 부정적 감정을 하루 종일 이어지게 할 것인가는 자신에게 달려 있다. 이를 위해 임상심리학에서 입증된 방법을 활용할 수 있다. 부정적 감정과 스트레스에 대항하는 가장 효과적인 수단은 의식적이고 바람직한 정신 활동이다.

여기, 다시금 분노를 다루는 방법의 예를 들어보겠다.

★ 가장 중요한 첫 단계는 부정적인 감정을 일단 의식적으로 인식하고, 그것을 명명하는 것이다. 가령 그냥 이렇게 말하면 된다. "아, 내가 지금 화가 났다는 걸 알아. 이제 다시 마음을 좀 가라앉혀야 해." 우리는 그렇게 잠재의식적인 분노 반응에 의식적인 정신 활동을 개입시킬 수 있다. 뭔가를 하려는데 장애물이 가로막으면, 순간 확 짜증이 나는 것은 아주 정상적인 일이다. 중요한 것은 이런 짜증을 되도록 빠르게 인식하고 적절하게 반응하는 것이다. 인내심, 이성, 침착함, 유머를 동원해서 말이다. 지난번에 자신이 화가 치밀어 오른다는 걸 의식적으로 알아차리기까지 얼마나 시간이 걸렸는지, 다음번에는 얼마나 빠르게 알아차릴 수 있을지 생각해보자.

★ 두 번째 단계는 '쿨함을 잃지 않도록' 주의를 기울이는 것이다. 세 가지 방법으로 그렇게 할 수 있다. 즉 심호흡하기와 긴장 풀기,

그리고 상황이 흘러가도록 내버려두는 것이다. 이런 순간에는 참는 것이 내적인 강함의 표시고, 화를 내는 것은 내적인 약함의 표시다. 화가 나는 것 자체가 뭔가 화를 낼 만한 상황이라는 것을 의미하지는 않는다는 것을 기억하라. 화가 나는 것은 자신의 관점 때문이다. 감정의 충동에서 에너지를 얻고 냉철한 머리로 문제를 해결할 방법을 생각하라. 우선적으로 신속하게 과도기적 해결책을 찾은 뒤, 천천히 장기적 해결을 도모해야 할 수도 있다. 이는 화를 일으킨 사람이 아니라 자신의 화를 없애는 것이 더 건강하다는 것을 깨닫는 데 도움이 된다. 열차가 지연된 사례로 돌아가보자. 열차가 연착한다고 화가 나서 발을 굴러봤자, 그렇게 흥분하고 화를 내는 것이 열차가 연착되는 상황을 바꿀 수는 없다. 그렇게 화를 낸다고 해서 앞으로 열차가 연착되는 일을 막을 수 있는 것도 아니다. 뭔가를 변화시키고 싶다면, 나중에 차분히 생각을 정리하고 짧게 민원서를 작성할 수도 있을 것이다. 하지만 지금 중요한 것은 심호흡을 하고 긴장을 풀고 상황을 흘려보내는 것이다.

★ 세 번째 단계는 상황의 긍정적인 면을 발견하는 것이다. '상황이 더 나빠졌을 수도 있는데 이만해도 다행이야'라고, 혹은 '이런 작은 일로 액땜했다고 여기자'고 생각할 수도 있다. 이런 식으로 무의식적인 부정적 판단에 의식적인 긍정적 평가를 끼워넣을 수 있다. 상황의 우스운 면을 발견하면 특히 도움이 된다. 가령 나는 화가 나면 정말 웃긴 모습이 된다. 정말 화가 났을 때 자신이 어떤 모습으로 보이는지 한번 거울을 보라. 그러고 나서 정말로 하려고 했던 일로

관심을 돌리고 그것에 집중하라.

★ 마지막 네 번째 단계는 많은 사람에게 가장 어려운 도전일 수도 있다. 문제가 처리된 다음에는 더 이상 그것에 대해 생각하지 않는 것이다. 그 일에 더 이상 주의를 기울이지 않고, 잠재의식적 감정의 소용돌이를 차단하는 것이다. 이른바 '정신적 잡동사니 치우기'를 실행하라. 일어난 일은 이미 일어난 일이다. 바꿀 수 있는 건 현재와 미래다. 화가 났을 때 계속해서 화가 나는 원인에 골몰하며 원망하거나 복수심을 불태우기보다 자신에게 중요하고 자신의 목표에 더 가까워지는 일에 집중하는 것이다. 그렇지 않으면 불익을 가져다주는 사람이 임대료도 내지 않고 우리 머릿속에 거주하도록 허용하는 꼴이 된다. 오히려 어떤 사람 때문에 화가 났다면, 다른 사람들처럼 그 사람도 행복하고 건강하기를 빌어줘라. 그것이 자신에게 훨씬 더 건강한 일이다!

위의 네 단계는 화만이 아니라 그밖의 건강에 해로운 감정이나 기분에도 적용할 수 있다. 적개심, 용기 없음, 우울한 기분 등에 말이다(418쪽 '부정적인 감정이 찾아올 때의 응급처치법' 참조). 많은 이들에게 감정의 소용돌이와 흡인 효과는 잠재의식적 습관이 되었다. 하지만 이런 단계를 역으로 활용해 잠재의식적 습관에서 벗어나 모든 삶의 상황에서 흔들리지 않는 마음의 평화를 이룰 수 있다. 이것은 건강에 도움이 되고 심리적 저항력을 더 강화시켜줄 것이다. 부정적 생각의 고리를 차단하는 것과 비숫하게 위의 네 가지 단계를 밟을 때마다 커다란 성공을 이루게 된다. 음악과 함께하면 더 쉽다. 좋은 음악을 틀어놓고 잠시 발끝과 손끝을 톡톡 치며 박자를 맞춰라. 그런 다음 위의 네 단계를 실행하라.

우리 뇌의 어두운 면은 부정적인 계기가 없어도 삶을 어둡게 만들 수 있다. 전에 직접 목공에 도전해 우리 집에 꼭 맞는 장식장을 제작한 적이 있었다. 홈과 받침대도 깎아가며 아주 꼼꼼하고 고급스럽게 만들었다. 일은 처음에 예상했던 것보다 훨씬 커졌지만, 몇 주에 걸친 작업 끝에 드디어 장식장을 완성하고 마무리로 기름칠까지 끝냈다. 그러나 거실에서 멋진 위용을 뽐내는 장식장을 본 순간, 내 마음이 어땠는지 아는가. 너무나 기뻤던 것이 아니라, '지금까지 했던 이런 미친 작업이 내 시간을 얼마나 잡아먹은 거야' 하는 생각에 벌컥 화가 났다.

멋진 일 앞에서도 나의 예민한 잠재의식이 '나쁜 진동'을 만들어내어 잘한 일까지도 상당히 속상한 일로 여기게 했던 것이다. 잠재의식은 뭐든지 부정적으로 볼 이유를 쉽게 찾아낸다. 수프 속에 빠진 머리카락 한 올을 발견해내듯이, 뭔가가 너무 오래 걸렸다거나 상황을 좋게 만들 수 있는 작은 것 하나가 모자란다거나 불행하게도 우리 행복에 아직 무엇이 누락되어 있다고 여긴다.

그런 평가가 잠재의식이 하는 일임을 어떻게 알까? 의식적으로 작정하고 화를 내는 사람은 없다. 의도적으로 일부러 걱정하는 사람도 없다. 의식적으로 행복을 회피하고 고통을 선택하고자 하는 사람은 아무도 없다. 따라서 부정적인 감정과 '나쁜 진동'은 의식에서 나오는 것이 아니다. 그러나 잠재의식적인 판단에 의식적으로 영향을 미침으로써 감정을 조절하고 감정이 장기적으로 부정적인 정서로 이어지지 않게끔 할 수 있다. 부정적 정서는 건강에 해롭고, 노화를 촉진하여 우리를 빨리 늙게 만든다. 그러므로 부정적인 감정에 휘둘리지 않고, 이런 감정을 통제하는 것이 우리 건강과 행복에 너무나도 중요한 일이다.

'좋은 진동(Good Vibrations)'으로 장수하기

부정적인 감정이 건강에 얼마나 해로운 영향을 미치는지는 오랫동안 의학계에서 심각하게 과소평가되어왔다. 과연 삶에서 얼마나 많은 시간이 부정적인 감정에 희생당할까? 심리학자 데버라 대너(Deborah Danner)는 수녀들이 쓴 삶에 대한 진술문을 도구로 이를 연구했다.

1930년에 노트르담 수녀회의 원장 수녀는 이 수녀회에 새로 입회하는 모든 수녀들에게 수녀로서 종신서원을 하기 전에 한 페이지에 걸쳐 자신의 인생 이야기를 작성해 제출하는 절차를 마련했고, 그 뒤 몇 년에 걸쳐 수녀회에 입회하는 수녀들은 이 글을 작성했다. 수녀들의 평균 연령은 22세였다.

70년 뒤 대너는 이 수녀들이 작성한 인생 진술문 180건을 분석했다. 대너는 소녀들이 각각 얼마나 많은 부정적 혹은 긍정적 경험들을 기술했는지, 얼마나 많은 긍정적 혹은 부정적 감정을 표현하는 단어들을 사용했는지를 분석해보았다. 대너의 관심은 특히 긍정적 경험을 많이 기술한 수녀들의 사망연령이 긍정적 경험들을 그다지 기술하지 않은 수녀들의 사망연령과 차이가 나는지 여부에 있었다. 수녀들에 대한 연구가 신빙성이 있는 것은 이런 차이가 외부 조건에서 기인한다고 볼 수 없기 때문이었다. 이들은 같은 수녀원 소속으로 생활환경이 아주 유사했고, 생활방식도 거의 같았다. 수녀들은 공동으로 식사하고 비슷한 일과를 보냈으며 술이나 담배를 하지 않았다. 데버라 대너는 20대 초에 특히 긍정적 경험을 많이 기술한 수녀들이 긍정적 경험을 별로 기술하지 않은 수녀들보다 훨씬 장수했음을 발견했다. 긍정적 경험을 기술한 수녀들은 평균 10년을 더 오래 산 것으로 나타났다.[8]

그러므로 '나쁜 진동'에 의식적으로 대처하지 않는다면, 뇌의 어두운 면에서 기인하는 부정적 감정들은 매 순간 우리 수명을 단축시킨다. 반면 감정의 소용돌이를 깨뜨리고, 부정적인 생각의 고리와 감정의 흡인 효과를 차단하는 것을 배우면 더 건강해지고 장수할 수 있다.

삶의 긍정적인 면을 보고, 부정적인 생각을 긍정적으로 변화시키기 위해서는 완전한 문장으로 긍정적인 것을 이야기하는 것이 도움이 된다. 자신과 자신의 삶, 현재 상황이나 건강상태와 관련하여 좋은 면들을 여남은 가지쯤 의식적으로 마음속에 그려보자. 자신의 강점, 건강상 다행스러운 점, 또는 직업, 친구 관계, 파트너 관계, 현재의 컨디션 등 긍정적인 상황일 수도 있다. 그러고는 이제 이런 식으로 말해보라. "…해서 나는 기뻐" "와우! …하다니 정말 행운이야" "…하니 얼마나 다행스러운지" "…해서 얼마나 좋은지 모르겠어" "아, …한 것은 정말 좋은 일이지" 이런 문장을 그냥 속으로만 생각하는 것보다 큰 소리로 말하거나 노트에 기록해보면 더 도움이 된다. 특히 이런 훈련은 기운을 북돋우고 신나는 음악을 들을 때 더 효과적이다. 나중에 이런 문장을 가까운 사람들과도 공유해보라.

이런 문장들은 삶을 향한 기도와도 같다. 이런 문장을 말하거나 쓰는 것은 영적 경험이 될 수 있다. 여기서 '영적'이라는 말은 종교적이거나 신비스러운 것이라기보다 일종의 조화로운 느낌을 의미한다. 우리의 이해력을 능가하는 힘을 가진, 어떤 종교에서는 '신'이라 부르는, 더 크고 의미 있는 전체의 일부가 되는 경험을 말한다. 우리 자신과 타인이 행복해지도록 함으로써 이처럼 커다란 전체의 일부가 되어 살아가는 삶이 의미 있다고 느낀다.

매일 한 번씩 소리내어 말해보는 이런 단순한 연습을 규칙적으로 실천하면, 건강과 행복이 촉진된다. 뇌에서 새로운 신경 경로가 생겨나 삶에서 긍정적인 것들을 깨닫고 부정적인 생각과 감정을 더 빠르게 알아채고 차단할 수 있게 도와준다. 이런 능력을 회복탄력성(Resilienz)이라 부른다. 회복탄력성은 우울증처럼 삶의 시간을 앗아가는 질환을 막아주고, 장기적으로 건강을 해치지 않고 어려운 삶의 상황을 잘 극복할 수 있게 해준다.

무의식적 감정과 잠재의식적 감정의 차이

감정은 무의식적으로, 그리고 잠재의식적으로 생겨난다. 무의식적 감정과 잠재의식적 감정은 어떤 차이가 있을까? 잠재의식에서 생겨나는 감정은 우리 감정의 일부일 따름이다. 나머지 감정들은 세 가지 다른 감정 시스템에서 생겨난다. 따라서 뇌에는 잠재의식을 포함해 네 가지 감정 시스템이 있다(《그림 1》 참조). 이들 감정 시스템은 다양한 유형의 감정, 기분, 욕구를 만들어낸다.[9] 과학적으로 나는 이러한 감정 시스템을 '격정 시스템'이라 부른다.

잠재의식은 이런 시스템 중 하나이며, '안와전두피질'에 위치한다. 우리는 이미 앞에서 잠재의식이 부정적인 생각의 고리, 감정의 소용돌이와 흡인 효과를 일으키고, 그에 동반되는 감정과 기분을 만들어낸다는 것을 살펴보았다.

그러나 다행히 뇌 속에는 또 다른 세 가지 감정 시스템이 존재한다. 잠재의식적 감정과 무의식적 감정을 구별할 수 있도록 이것들을 간단히 살펴보도록 하자. 내 책《좋은 진동(Good Vibrations)》에서 이 감정 체계를 상세히 기술했다.

★ 뇌간에 위치한 활성화 시스템(Vitalisierungs-System)은 우리를 활성화하거나 안정시켜주며 활력을 되찾고 재충전할 수 있는 뇌 속 웰니스('well-being'과 'fitness'의 합성어—옮긴이) 센터라고 할 수 있다. 뇌간 활성화 시스템에는 자율신경계의 제어센터가 있다.

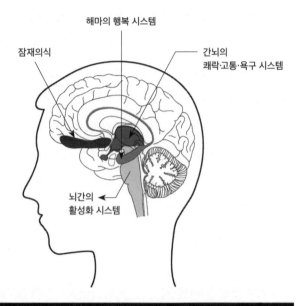

해마의 행복 시스템

잠재의식

간뇌의
쾌락·고통·욕구 시스템

뇌간의
활성화 시스템

<그림 1> 안와전두피질에 존재하는 잠재의식, 해마의 행복 시스템, 간뇌의
쾌락·고통·욕구 시스템, 그리고 뇌간의 활성화 시스템

자율신경계는 체내 기관을 활성화하거나 안정시킬 수 있다. 가령
심장을 쿵쾅거리게 만들거나 놀라서 머리카락이 쭈뼛 서게 만들 수
있다. 활성화 시스템은 그밖에도 뇌의 집중력, 주의력, 각성에 영향
을 미친다. 이 시스템이 우리를 활성화하면, 우리는 '쌩쌩'해지거나
용감해지고, 심지어 엄청난 공포를 느낄 수도 있다. 반대로 비활성
화하면 고요함과 편안함을 느끼거나, 노곤함을 느낄 수도 있다. 잠
재의식은 활성화 시스템에도 영향을 미칠 수 있다. 열차가 연착되
는 사건에 대해 우리가 흥분하면 잠재의식은 이를 활성화 시스템에
전달하며 이어 활성화 시스템이 신체를 활성화한다. 잠재의식이 의
기소침하거나 우울한 기분에서 흡인 효과를 작동시키면, 활성화 시

스템은 우리를 집중력이 저하되고 피로하고 무기력한 상태로 만든다. 우리는 의식적으로 활성화 시스템에 영향을 미칠 수도 있다. 천천히 심호흡을 하면, 심박동이 느려지고 근육이 이완된다. 그러면 신체적으로 금세 안정을 되찾는다. 반면 의욕을 북돋우거나 에너지를 공급받고 싶다면 기운이 나는 음악을 들으면 좋다.

★ 간뇌에 위치한 쾌락·고통·욕구 시스템(Spaß-, Schmerz- und Schmacht-System)은 신체에 뭔가 좋은 일이 생기면 즐거운 감정을 일으키고 신체가 해를 입으면 통증을 느끼게 하며 신체에 뭔가가 부족하면 욕구를 만들어낸다. 이런 시스템은 체내 신체 기능의 조화를 감지하고 호르몬과 자율신경계를 통해 이를 조절한다. 이를 '항상성 활동(homöostatische Aktivität)'이라 부른다. 가령 혈당치를 감지해 그 수치가 저하되면 배고픔을 느끼게 한다. 그리고 배고픔이 진정되면 기쁨과 만족감을 만들어낸다. 이때 신경전달물질인 도파민도 분비된다. 도파민은 쾌락 시스템의 연료라고 할 수 있다. 잠재의식은 쾌락·고통·욕구 시스템과 긴밀히 연결되어 기능한다. 잠재의식이 스트레스를 받으면 쾌락·고통·욕구 시스템을 통해 신체를 경보 상태로 전환한다. 그러면 이 시스템이 혈관 내로 호르몬을 방출하여 혈압과 혈당을 끌어올린다.

잠재의식이 손실을 감지하면 고통 시스템을 활성화하고, 반대로 원하는 바를 이루면 쾌락 시스템을 활성화한다. 이럴 때 우리는 재미와 만족감을 느끼는 가운데 쾌락·고통·욕구 시스템이 만들어내는 감정적 효과에서 유익을 얻는다. 가령 우리가 맛있고 건강한 음식을 먹거나 아름다운 것을 누리거나 음악을 듣거나 연주하면, 이 것이 쾌락 및 도파민 회로를 작동시켜 건강을 촉진하고 뇌를 젊어 지게 한다.

★ 해마에 위치한 행복 시스템(Glücks-System)은 뇌 속에 영혼이 머 무는 장소다. 우리가 다른 사람들을 만날 때, 이 시스템은 그들과 더 가까워지고 그들에게 마음을 열어서 사회적 유대관계를 형성하도 록 격려한다. 그리고 공동체 안에서 공감, 신뢰, 기쁨, 사랑과 같은 유대감을 느끼게 해준다. 이런 감정을 경험하면 우리는 행복해진다.

아이를 출산한 부모는 해마가 커지는 것으로 나타났다. 만성적 으로 불행한 사람은 해마의 부피가 줄어들어 우울증이나 만성 중증 질환을 앓는 사람들처럼 기쁜 일에도 그다지 기쁜 반응을 보이지 않게 된다. 사회적 유대가 상실되는 경우 해마는 슬프고 불행한 감 정을 만들어낸다. 위험을 느끼거나 스트레스를 받을 때, 부정적 감 정이나 부정적 생각의 고리에 빠져 있을 때 잠재의식은 행복 시스 템의 활성화를 감소시킨다.

그러므로 의식적으로 사람들을 찾아가 만나고 그 만남을 즐긴 다면 행복 시스템이 만들어내는 감정적 효과로부터 유익을 얻을 수 있다. 친구를 만나거나 누군가를 도와주어도 좋다. 타인과 공감하 거나 놀거나 춤추거나 함께 음악을 듣거나 음악을 연주해도 좋다. 가까운 사람과 스킨십을 하거나 좋아한다고 말해도 기쁨이 배가될 것이다.

이처럼 잠재의식은 뇌 속의 네 가지 감정 시스템 중 하나다. 우리 감정의 4분의 1만 담당한다고 볼 수 있다. 나머지 4분의 3은 다른 감정 시스템에서 연유한다. 잠재의식적으로 만들어진 감정은 전체 감정의 일부일 따름이다. 그러므로 잠재의식이 만들어내는 감정이 우리 삶을 망쳐놓는다는 것을 알아차리고, 다른 감정 시스템이 허락하는 유익들을 의식적으로 활용하면 좋을 것이다.

감정 시스템이 활성화되면 신체의 다른 과정들도 촉진된다. 열차가 연착해서 화를 내기 시작하면 심박동이 빨라지고 혈압이 상승한다. 식은땀이 나고 신체는 긴장한다. 반면 안정감을 느끼고 긴장이 풀린 편안한 상태가 되면 신체는 휴식을 취하면서 재충전을 한다.

감정 시스템은 그밖에도 행동의 '동기'를 만들어낸다. 우리는 주로 뭔가를 '하고 싶은 마음'으로 동기를 경험한다. 이런 동기부여는 운동 시스템을 거쳐 실행된다. 위험을 느끼면 도망가고 싶고, 파티에서 신나는 음악이 연주되면 사람들 사이에 끼어 함께 춤을 추고 싶어진다.

감정 시스템은 또한 감정이 자동으로 '표현'되도록 한다. 그리하여 우리가 뭔가에 대해 화가 나면 표정이 어두워지고, 기쁜 마음이 들면 목소리가 더 밝아진다. 걱정에 빠져 있으면 특유의 무거운 공기가 주변에 감돈다. 감정이 무의식적으로 표현되는 것은 아주 자동적이어서 의식적으로 완전히 통제하기가 불가능하다. 그래서 프로 포커선수들은 종종 선글라스를 쓴다.

눈꺼풀을 잠시 깜박거리는 것만으로도 상대방에게 자신의 패에 대한 힌트를 줄 수 있기 때문이다.

그밖에 감정은 '주의력' 및 '기억력'을 활성화한다. 그래서 나는 짜증났던 열차 연착과 멋진 파티를 세세히 기억할 수 있다. 감정이 생겨나면 느낌이나 '지각'이 찾아온다. 가령 짜증이 나면 짜증나는 게 지각되며, 화를 조절하는 데 성공하면 곧장 여유롭고 가볍고 즐거운 느낌이 든다.

감정은 여러 가지 코스로 제공되는 요리에 비유할 수 있다. 감정을 유발하는 트리거가 전채요리이고 감정 체계의 활성화가 주요리이며 신체 반응과 행동의 동기부여가 반찬이다. 그리고 감정 표현과 동반되는 주의력 및 기억력 조절이 음료이고 마지막으로 찾아오는 지각이 디저트다(〈그림 2〉 참조).

감정은 무의식적으로 생겨나지만, 우리는 레스토랑의 셰프로서 감정이라는 요리를 의식적인 통제하에 준비할 수 있다. 따라서 다행히 감정을 의식적으로 지각하고 감정에 관여하는 '무의식적인' 과정, 일부는 잠재의식적으로 일어나는 이 과정에 의식적으로 영향을 미칠 수 있다. 그러므로 겉보기와 달리 우리는 부정적인 느낌과 기분에 결코 무력하게 내맡겨져 있지 않다.

감정 메뉴

1. **에피타이저** : 유발 인자

2. **주요리** : 영향 시스템 활동

3. **샐러드** : 신체 반응의 동기부여

4. **음료와 차** :
감정 표현 / 주의력 및 기억력 조절

5. **디저트** : 감각

〈**그림 2**〉 감정을 구성하는 여러 부분을 코스
요리처럼 상상할 수 있다. 그리고 이런 부분
들에 의식적으로 영향을 미칠 수 있다.

뇌 속 셰프는 누구일까?

이미 얘기했듯이 부정적인 감정이 몰려올 때 우리는 역겨운 상황이 그 원인이라고 착각한다. 사실 그 원인은 뇌에 있으며, 많은 경우 뇌의 어두운 면인 잠재의식에 있다. 하지만 더 심각한 오해는 의지와 계획이 대부분 의식에서 연유한다고 믿는 것이다. 이 역시 착각이다. 정확히 반대이기 때문이다. 우리가 의지로서 지각하는 것은 대부분 잠재의식이다. 우리도 모르는 사이에 뇌의 어두운 면이 우리 삶의 감독 자리에 앉아 있을 때가 많다.

하지만 처음부터 시작해보자. 우리는 머릿속에 뭔가를 하거나 하지 않으려는 동기가 만들어지면 이를 자신이 '하고자 하는 것(의도)'이라고 느낀다. 물 한 잔을 마시려 하고, 좋은 친구와 친하게 지내려 하고, 전기 스쿠터 앞에서 폴짝 피하려 하고, 집 안일을 끝내려 하는 동기는 의식적으로 또는 무의식적으로 생겨난다.

의지에는 기본적으로 두 종류가 있다. 의식적 의지와 무의식적 의지가 그것이다. 여기서 '의식적 의지'는 종종 철학에서 '의지(Wollen)'라고 부르는 것이다. 의식적 의지는 의식적이고 이성적인 결정에 근거하는 것으로 이런 결정을 실행에 옮기는 것을 목표로 한다. 가령 어떤 대학생이 시험에 대비해 장기 계획을 세웠다고 해보자. 이런 상황은 아침 일찍 일어나 학교에 가서 계획된 시간만큼 공부를 시작하도록 동기부여를 한다(의식이 주도권을 잡으면, 일단 인터넷을 서핑하거나, 채팅을 하고 싶은 유혹에 저항할 수 있다). 이처럼 의미 있다고 생각하는 일에 의식적으로 의욕을 낼 수 있다. 그러면 목표를 이루기 위해 의미 있는 활동에 힘쓰게 되고, 그 활동은 우리에게 기쁨과 뿌듯함을 선사한다.

그렇다면 '무의식적 의지'는 무엇일까? 이런 의지는 뇌 속의 네 가지 감정 시스템에 의해 만들어진다. 앞서 말했듯이, 행동을 촉발하게 하는 '동기'도 감정이라는 메뉴의 일부분이다(《그림 2》를 다시 보라). 이런 동기는 감정을 다루는 심리학에서 '행동 경향성'으로 불린다. 이것은 무의식적으로 만들어지는 감정적 의지로, 대부분 이를 의식적으로 '지각할 수 있다.' 따라서 감정적 행동의 충동을 의지(충동 혹은 욕구)로, 때로 제어하기 힘든 자발적인 의지로 경험한다. 몇 년 전 며칠간 금식했을 때 산책 도중 케밥집에서 새어나오는 음식 냄새를 정말 멀리서도 금세 맡을 수 있었다. 그 냄새는 평소보다 훨씬 강하게 느껴졌고, 뇌 속의 쾌락·고통·욕구 시스템은 그 냄새를 쫓아 케밥집에 가서 맛난 케밥을 먹고 싶은 강렬한 의지를 불어넣었다. 다행히 그때 나는 그것에 저항할 수 있었다. 일부러 케밥집에 가까이 가지 않고, 케밥 말고 다른 것을 생각하려고 애썼다.

활성화 시스템도 무의식적인 의지를 만들어낸다. 이 시스템이 아침마다 두뇌를 깨우면 우리는 일어나서 움직이려고 하고, 저녁에 두뇌를 비각성 상태로 만들면 우리는 누워서 자고 싶은 마음이 생긴다. 활성화 시스템은 우리 몸이 아프면 뇌와 신체를 비활성화 상태로 만들어 우리가 쉬도록 한다. 반면 행복 시스템은 인간의 유대와 공동체에 대한 욕구를 만들어낸다. 다른 사람과 친해지고 함께 공동의 활동에 참여하고 싶은 의지가 생기게 한다. 부모가 되면 행복 시스템이 자녀를 돌볼 의욕을 불러일으킨다. 이 시스템은 연민과 동정도 생겨나게 하여, 어려움을 겪는 사람을 보면 도와주고 싶은 마음을 불러일으킨다.

그렇다면 이제 잠재의식은 어떤 종류의 의지를 만들어내는지 살펴보자. 잠재의식이 만들어내는 감정적 소용돌이와 흡인 효과는 잠재의식이 얼마나 고집이 센지를 짐작하게 한다. 하지만 잠재의식적 의지는 훨씬 은근할 수도 있다. 최근 몇십 년간, 뇌과학 분야의 몇몇 기발한 실험이 눈에 잘 띄지 않는 잠재의식의 의지를 드러내주었다.

이 연구들 중 가장 주목을 끈 것은 현재 독일의 선도적 신경과학자인 존-딜런 하이네스(John-Dylan Haynes)가 주도한 연구다. 당시 존 딜런 하이네스와 나는 라이프치히 소재 막스 플랑크 인지신경과학 연구소 연구원으로 있었는데, 그는 우리가 각각 차세대 연구자들로 구성된 연구팀을 이끌고 있을 때 이 연구를 진행했다. 연구팀은 자기공명영상장치(MRI)를 이용해 뇌 활동을 측정했는데, 뇌 스캐너에 누운 실험 참가자들에게 주어진 과제는 즉흥적으로 왼손이나 오른손 검지로 버튼을 누르기만 하면 되는 간단한 것이었다. 누르는 시점은 아무 때나 누르고 싶을 때(누르고 싶은 마음, 혹은 의지가 생길 때) 누르면 되었다. 언제 버튼을 누를지, 왼쪽 버튼을 누를지 오른쪽 버튼을 누를지 자유롭게 결정할 수 있었다. 그들은 평균 20초에 한 번씩 버튼을 눌렀고, 실험은 한 시간 정도 진행됐다.

실험 참가자들은 자신들이 자유 의지로 버튼을 누른다고 믿었다. (독자들도 직접 시험해볼 수 있다!) 하지만 이 연구에서 발견된 흥미로운 결과는 바로 실험 참가자가 버튼을 누르기로 결정하기 전에 이미 뇌 신호가 등장한다는 사실이었다. 버튼을 누르기 얼마나 오래전에 이런 뇌 신호가 나타날까? 약 8~10초 전, 즉 실험 참가자가 '의식적으로' 버튼을 누르기로 결정하기 '한참' 전에 나타났다.

이런 뇌 신호는 아주 분명해서, 누군가가 버튼을 누르기 8~10초 전에 뇌 신호를 도구로 그가 다음에 왼쪽 버튼을 누를지, 오른쪽 버튼을 누를지 예측할 수 있었다.[10] 실험 참가자들은 잠재의식(안와전두피질)과 전두엽 피질에 인접한 뇌 영역에서 나오는 뇌 신호를 이용해 어느 쪽 버튼을 누를지 일찌감치 예측할 수 있었던 것이다.

이런 데이터는 놀라운 사실을 보여주었다. 즉, 즉흥적인 움직임에 앞서 우선 잠재의식에서 뇌활동이 나타났고, 그런 다음에야 버튼을 누르겠다는 결정이 당사자에게 의식되고 의지로 경험된다는 것이다.

따라서 행동으로 이어지는 충동을 만들어낸 건 잠재의식인데, 우리는 의식적인 의도를 가지고 행동을 실행에 옮긴다고 믿는 것이다. 우리는 아무 의심없이 잠재의식의 의지를 의식적인 의지로 여긴다. 일상에서 의식하지 못한 채 끊임없이 잠재의식적으로 결정을 내린다. 그러고는 우리 자신이 의식적으로 결정한 거라고 생각한다. 가령 뭔가를 하다 말고 냉장고로 향하거나 인터넷에서 '구매' 버튼을 클릭하거나 시답잖은 것들을 하며 시간을 낭비한다. 잠재의식의 자동조종 장치가 핸들을 손에 쥐고 우리를 위해 결정을 내리면 우리는 이 결정을 자신의 의식적인 의지라고 여긴다.

한번 열까지 소리내어 세어보면서, 의식적이라고 상상하는 의지가 잠재의식에 얼마나 뒤처져 따라오는지 실감해보라. 회의실 탁자에 놓인 과자를 집기 10초 전에 이미 잠재의식은 과자를 집기로 결정하고 이를 위한 운동 자극을 준비하기 시작했다. 우리는 뭔가를 하면서 이것이 자신의 의식적인 계획이었다고 여기지만, 사실 그것은 잠재의식의 계획이었다. 그러므로 잠재의식이 어떻게 기능하고, 잠재의식의 계획이 무엇인지를 알아야 한다.

의식적으로 자유롭게 결정하고 행동하려면

잠재의식은 어떤 결정을 준비하고 실행할 것인지 자극을 만들어낸다. 그러면 우리는 '뒤이어' 이런 잠재의식적인 결정을 의식적이고 스스로 '의도한' 것으로 지각한다. 그렇다면 모든 잘못된 행동을 잠재의식 탓으로 미루고, 자신을 변호하면 되지 않을까?

유감스럽게도 그렇지 않다. 그렇게 변명하는 경우 잠재의식적 의지와 의식적 의지를 혼동하여, 무의식적 의지를 의식적 의지로 착각하는 것이기 때문이다. 이것은 의식적인 의지와 무의식적인 의지가 별개로 존재함을 무시해버리는 처사다. 그러므로 이런 변명은 통하지 않는다. 무의식적인 의지에도 불구하고 우리 스스로 주도권을 쥐고, 의식적으로 원하는 결정을 내릴 수도 있기 때문이다. 하지만 보통은 그렇게 하지 않는다. 그렇게 하려면 더 시간이 걸리고 힘들기 때문이다.

로버트 사폴스키(Robert Sapolsky), 볼프강 싱어(Wolfgang Singer), 게르하르트 로스(Gerhard Roth) 같은 유명한 신경과학자나 스티븐 핑커(Steven Pinker), 볼프강 프린츠(Wolfgang Prinz) 같은 심리학자들도 의식적인 의지와 무의식적인 의지가 별개라는 것을 알아차리지 못하고, 모든 의식적인 의지는 무의식적인 의지에서 연유한다고 잘못 받아들였다. 위에서 소개한 존-딜런 하이네스의 실험과 같은 연구 결과로부터 그들은 의지의 자유는 '착각'이라는 결론을 내렸다. 우리의 의식적인 의지가 우리가 의식하기도 전에 만들어지므로, 자유의지 같은 건 없다는 얘기다. 하지만 이는 잘못된 결론이다. 우리는 의식적인 의지와 무의식적인 의지를 구분할 수 있기 때문이다.

자, 다음과 같은 사고 실험을 수행해보자. 잠재의식적인 뇌 신호를 읽고, 잠재의식이 어떤 행동을 하려는 의지를 만들어내면, 가령 왼쪽 혹은 오른쪽 버튼을 누르고자 하는 의지를 만들어내면 우리에게 알려주는 장치가 있다고 해보자. 이 장치가 잠재의식의 뇌 신호를 읽고 우리에게 신호를 보내준다. 그러면 몇 초간 우리가 정말로 이런 버튼을 누를 것인지 아닌지 의식적으로 결정할 수 있는 시간을 확보하게 된다. 따라서 의식적이고 자유로운 결정으로 방금 전에 잠재의식이 행동의 충동을 만들어낸 버튼이 아닌 '다른' 버튼을 누를 수 있다.

이런 사고 실험은 의식적 의지가 거부권을 행사할 수 있음을 보여준다. 즉, 개개인은 무의식적으로 생겨나는 행동 충동이 있더라도 다른 결정을 할 수 있는 것이다. 잠재의식이 만들어낸 행동의 자극을 실행하기 전에 그것을 알아차리는 법을 배울 수 있다. 잠재의식적인 사고를 측정하는 기기가 없어도 무방하다.

회의실 탁자 앞에서 무의식적으로 과자에 손을 뻗다 말고 과자를 손에 쥐는 걸 그만둘 수 있다. 설사 과자를 손에 쥐고 입으로 가져가다가도 도로 내려놓을 수 있으며, 미처 의식하지 못하고 입에 넣었다 해도 삼켜버리기 전에 마지막으로 또 다른 결정을 하는 기회를 잡을 수 있다.

이번에는 무의식적 충동을 더 빨리 알아차리고 저항하지

못했다고 해도, 이를 통해 배워서 다음번에는 그렇게 해야겠다고 마음먹을 수도 있다. 그렇지 않다면 사람은 자신의 감정과 이에 연결된 행동 충동에 늘 무기력하게 끌려다니게 될 것이다. 하지만 우리는 자유롭고 의식적인 의지를 가지고 있다. 그리고 의식적으로 주도권을 손에 쥐고 자신의 셰프가 되어 어떻게 행동하고 어떻게 외부 상황에 반응할지 자유롭게 결정할 수 있다.

존 딜런이 자신의 연구를 발표하고 얼마 지나지 않아, 나는 그와 함께 베를린에서 맥주를 함께 마시며 나의 이런 사고 실험에 대해 이야기했다. 그동안 우린 둘다 운좋게도 베를린에서 교수 자리를 얻은 상태였다. 그는 샤리테 의대 교수로, 나는 자유대학 교수로 재직 중이었다. 그 뒤 존 딜런은 나의 사고 실험을 토대로 실제로 신경과학 실험을 진행했다.

이 실험에서 참가자들은 뇌의 전기 활동을 측정하는 전극이 부착된 모자를 쓰고 모니터에 앉았다. 모니터에는 신호등이 보이고, 테이블 아래에는 가속 페달이 있었다. 참가자들은 가속 페달을 밟고 싶을 때마다 페달을 밟으라는 요청을 받았다. 단, 신호등이 초록 불일 때만 페달을 밟아야 했고 신호등이 빨간 불인 경우에 페달을 밟으면 안 되었다.

이 실험에서 존 딜런 연구팀은 눈부신 연구 성과를 얻었다. 그들은 뇌의 전기 활동을 실시간으로 분석하는 장치를 만들었다. 이런 신호를 도구로 장치는 지금 막 페달을 밟으라는 잠재의식적 신호가 생성되었는지를 실시간으로 알아냈고, 흥미롭게도 실험 참가자가 스스로 의식하기 전에 그가 막 가속 페달을 밟으려 했음을 표시해주었다. 놀랍게도 컴퓨터는 실험 참가자 자신보다 그의 잠재의식적 의지에 대해 더 많이 알고 있었던 것이다. 그런 기기를 전문용어로 '두뇌-컴퓨터-인터페이스(Brain-Computer-Interface)'라고 부른다.

실험 참가자가 곧 가속페달을 밟으려 한다는 걸 컴퓨터가 알아내면 컴퓨터는 신호등을 빨간 불로 바꾸었는데, 이런 상황에서 실험 참가자는 대부분 페달을 밟으려던 움직임을 멈출 수 있었다. 움직임을 실행하기까지 1초도 남지 않은 순간에 신호등이 빨간 불로 바뀌었을 때만 움직임을 더 이상 멈추지 못했다. 따라서 실험 참가자는 가속 페달을 밟으려는 잠재의식적인 행동 충동에 무기력하게 내맡겨져 있지 않았던 것이다.

이런 실험 결과는 잠재의식적 행동 충동에 무조건 따를 필요가 없음을 증명해준다. 우리에겐 잠재의식의 의도와는 다른 결정을 내릴 수 있는 자유롭고 의식적인 의지가 있기 때문이다. 두뇌-컴퓨터-인터페이스가 없어도 우리는 잠재의식의 자극을 인식할 수 있다. 행동하기 전에 인식하면 좋고, 아니면 행동하는 중에도 인식할 수 있다. 너무 늦어서 행동을 멈추지 못하는 경우에도 잠재의식으로 말미암은 실수로부터 배워서 다음번에는 잠재의식의 충동을 더 빠르게 인식하여 다르게 행동할 수도 있다.

무의식적인 의지는 실로 '자유롭지' 않고 생물학적으로 결정된다. 가령 쾌락·고통·욕구 시스템은 항상성의 필요에 부응하여 배고픔을 만들어낸다. 그러나 그런 무의식적인 의지를 의식적인 결정으로 넘어설 수 있다. 비록 굉장히 어려워 보일지라도 말이다. 우리는 배고픈 느낌에서 다른 곳으로 주의를 돌릴 수 있고, 부정적인 생각의 고리를 차단할 수 있고, 잠재의식적으로 생겨난 화를 가라앉힐 수 있고, 소용돌이 효과를 중단시킬 수 있다. 의식적으로 자신이 무엇을 하는지 관찰하고, 이것이 정말로 자신이 의식적으로 원하는 바인지, 본연의 관심사인지 생각해볼 수 있다. 유감스럽게도 이것은 결국 자기 행동의 책임은 자기에게 있다는 뜻이다.

ⓣⓘⓟⓢ 의식적으로 결정 내리기

어떻게 잠재의식적인 의지에 속아넘어가지 않고 의식적인 의지에 걸맞은 결정을 내릴 수 있을지 여기 몇 가지 팁을 소개한다(394쪽, '변화를 위한 3단계 문제해결법' 참조).

자신이 의식적으로 원하는 것을 한 문장으로 명확하게 소리내어 말해보라. 가령 목표와 문제가 무엇인지를 말해보라.

결정에 중요한 정보들을 적극적으로 구하라. 때로 아직 뭔가 더 알아봐야 할 것이 떠오를 수도 있다. 정보를 알았다가도 다시 깜박 '잊어버릴' 수 있다. 그러므로 필요한 경우 짧게 메모를 해놓는다. 정보를 얻는 데 몸을 사리지 마라. 아직 중요한 정보가 누락되어 있다는 생각이 든다면 섣불리 결정을 내리지 않는다. 대부분은 정보가 충분히 수집되고 나서 결정해도 늦지 않다. 물론 결정을 불필요하게 미루는 것 역시 좋지 않다.

두 선택지 중에 결정을 해야 한다는 생각에 갇혀 훨씬 좋은 제3의 대안을 간과해버리는 경우가 많다. 그러므로 대안을 찾을 때는 의식적으로 새로운 방향도 고려하도록 하라(404쪽 '갈등해결을 위한 의사소통 기술' 참조). 상상력을 발휘함으로써 불가능한 대안 몇 가지를 생각해보는 것도 도움이 된다. 그로써 잠재의식에 끌려다니지 않고, 의식적으로 창조적인 사고를 활성화할 수 있으며, 이를 통해 완전히 새로운 아이디어에 이를 수 있다.

가장 최상의 대안이 명확히 눈에 보이도록 표를 만들어 비교해보는 것도 좋다. 표에 서로 다른 선택지의 장단점들을 적어보라. 그것이 실현될 수 있는 확률과 개인적인 중요도도 표시해보라(403쪽 〈표 1〉 '의사결정의 중요도를 고려하기 위한 조율표' 참조).

다른 사람들과 상의하라. 그들에게 자신의 선택지와 숙고하고 판단한 내용을 알려주고 의견을 들어보라. 세 사람 정도의 의견은 끝없이 이어지는 고민을 끝내기 위한 좋은 지침이 될 수 있다.

무조건 '최상의' 결정을 내려야 한다고 생각할 때가 많다. 그렇지 않으면 일이 엉망이 될 거라고 생각한다. 그것은 잠재의식이 손해를 보는 것에 대한 두려움을 불러일으키기 때문이다. 하지만 목표로 조금 더 '가까이' 데려다주는 결정이라면 이미 성공적인 결정이다. 굳이 '완벽한' 결정을 내릴 필요가 없음을 인식하라. 많은 경우 '최상의' 결정은 존재하지 않는다. 그저 자신이 아는 선에서, 양심의 거리낌이 없는 선에서 결정을 내리면 된다. 자신의 목표로 좀 더 가까이 인도해주고, 자신의 가치와 부합하는('길이 곧 목표다') 결정을 내려라. 가능한 한 유익한 결정을 내리는 연습도 일종의 학습이다. 우리는 마지막 숨을 쉬는 순간까지 잘못된 결정으로부터 배우게 될 것이다. 그러므로 실수하고 어리석은 결정을 내렸다고 해서 스스로 탓할 필요가 없다. 이것은 다만 더 많이 배울 수 있음을 보여주는 표시다.

결정은 종종 일련의 결과를 동반한다. 그러므로 결정이 가져올 결과들을 미리 신중하게 고려하고 평가할수록, 의미 있는 결정을 내릴 확률이 올라간다. 그러므로 결정에 뒤따르는 결과들을 '끝까지' 다 헤아려보고, 그 결과들을 시험 삼아 머릿속에 그려보라. 결정에 직접적으로 어떤 결과가 뒤따를지, 그런 결과가 있을 경우 어떻게 반응할지를 자문해보라. 중요한 결정이라면 다른 사람과 함께 그 결과를 숙고해보라. 그러면 그 결정이 얼마나 현실적으로 목표에 다가갈 수 있는지 쉽게 가늠할 수 있다. 배우자 혹은 다른 사람과 공동으로 결정해야 하는 사안의 경우에는 특히 중요하다.

결정이 긍정적인 자아상, 자신감, 자기 신뢰를 바탕으로 하는지 점검해보라. 우리는 잠재의식적으로 자신이 받아 마땅하다고 믿는 결과를 지향한다. 때로는 이런 결과가 자신에게 유익이 되지 않는데도 그렇다. 가령 잠재의식적으로 자신이 성공하거나 행복해질 만하지 않다고 여기면, 이런 잠재의식적인 의견이 반영되는 방향으로 결정을 내리게 된다. 그러므로 염세적인 전망에 근거해 결정을 내리는 건 아닌지 점검해보아야 한다.

많은 결정은 불확실성을 동반한다. 하지만 잠재의식은 불확실한 것을 싫어하기에 그런 결정을 피하고, 한없이 미루려 한다. 그럼에도 결정을 내려야 할 것이다. 불쾌한 결정을 자꾸 미루다 보면, 적절한 시점에 결정을 했더라면 피할 수 있었을 부정적인 결과로 이어지는 경우가 많다. 또한 다른 사람이나 운명에 결정을 위임하는 대신 의식적으로 주체적인 결정을 내리는 것이 정신 건강에 중요하다. 아동이나 보살핌이 필요한 사람들도 그들이 발언권을 가지고 독자적으로 결정을 내릴 수 있을 때 추후 더 나은 삶을 사는 모습을 보게 된다.

압박감에 떠밀려 결정하지는 마라. 때로는 까다롭고 시간이 필요한 의사결정도 있다. 결정을 앞둔 시간은 종종 불쾌하다. 실수를 할까 봐 두렵고, 결정되지 않은 불안한 상황을 견뎌야 하기 때문이다. 하지만 결정이 무르익을 시간도 필요하다는 것을 명심하고 마음을 편히 가져라.

어떤 경우에는 결정을 얼른 실행에 옮겨야 더 한갓진 상태가 된다는

것을 염두에 둬라. 가령 자신의 실수를 시인해야 하거나 다른 사람
이 본 피해를 보상해주어야 하거나 용서를 구해야 할 때, 또는 바람
직하지 못한 관계를 끝내야 할 때, 함께 일하는 것이 불가능한 직원
을 해고해야 할 때 등이 그렇다. 따라서 불쾌한 상황을 한사코 피하
려 해서는 안 된다. 종종 불쾌한 상황을 어느 정도 견디는 것이 계
속 불만족스러운 상태로 있는 것보다 낫다.

세금신고서 작성도 즐거울 수 있다
: 하고 싶지 않은 일도 해야 하는 이유

지난 장에서는 무의식적 의지와 의식적 의지를 혼동하는 것에 대해 살펴보았다. 이제 그것은 좀 더 복잡해진다. 우리는 의식적으로 뭔가를 하고자 하는데, 잠재의식은 유감스럽게도 자꾸만 다른 것을 하기를 원하기 때문이다.

많은 사람이 세금신고가 귀찮아 계속 미뤄본 경험이 있을 것이다. 세금신고를 미루는 대신 하고 싶은 일로 도피한다. 소파에 누워 영화를 보며 비스킷을 먹는 것처럼 말이다. 우리 뇌의 어두운 면은 세금신고를 해야 한다는 사실을 절대로 직시하려 하지 않고, 이 성가신 일을 정말 하기 싫어한다. 대신에 더 유쾌한 일을 하고 싶어한다. 이 부분에서 무의식적인 의지가 의식적인 의지와 갈등을 빚는다.

의식적으로는 뭔가를 해야 함을 알면서도, 우리는 왜 자꾸 딴짓을 할까? 의식적으로는 전혀 원치 않는 일을 하는 것을 어떻게 설명할 수 있을까? 더 중요하게 생각하는 일(운동을 하거나 잠재의식에 대한 책을 쓰는 일)이 있는데도, 대체 왜 그 일이 아니라 다른 일(과자를 먹으며 영화를 보는 일)을 하는 것일까? 철학자들은 몇천 년 전부터 이 문제에 대해 숙고해왔다. 사실 철학자들이 가장 처음 깊이 생각했던 주제가 바로 이것이었다(물론 이것을 생각하는 것도 오랫동안 미루었겠지만…). 철학자들은 이런 현상을 '아크라시아(Akrasia)'라 부른다. 말하자면 아크라시아란 머리로는 옳게 여겨도 그것을 따르지 않는 것을 뜻한다. '자제력 없음'이라 불리기도 한다.

아리스토텔레스는 (초콜릿을 먹고 싶거나 운동하기 싫은 것 같은) 감정 또는 욕구가 의식적인 의지력을 약화시킬 수 있다고 보았다. 현대철학에서도 아크라시아는 보통 의지박약(Willensschwäche)과 동일시된다. 하지만 지난 장에서 살펴본 뇌의 생리학적 측면을 고려한다면 이런 견해를 좀 수정할 수 있다. 아크라시아는 의지박약이 아니라 오히려 의지가 강한 것, 즉 '무의식적인' 의지가 강한 것이라고 볼 수 있다. 따라서 무의식적인 의지와 의식적인 의지가 서로 갈등을 빚는 것이다.

그러나 반드시 갈등을 빚을 필요는 없다. 우리는 의식적으로 최선으로 여기는 행동 외에 무의식적으로, 특히 잠재의식적으로 최선으로 여기는 행동도 수행한다. 이를 통해 비이성적인 행동을 하는 이유를 설명할 수 있다. 그리고 이것이 의식적으로 가장 중요하다고 여기는 행동을 하지 않는 이유다. 배고픔과 같은 신체적 욕구를 제외하면, 잠재의식적 의지는 비합리적 행동의 원동력으로 작용한다. 잠재의식은 배고픔, 갈증, 성적 충동,

심지어 중독을 담당하는 쾌락·고통·욕구 시스템과는 다른 감정 시스템이다.

해야 할 일을 계속 미루는 것은 아크라시아의 전형적인 사례다. 잠재의식은 서로 다른 방식으로 우리를 함정에 빠뜨린다. 다음의 잠재의식적 미루기 유형을 살펴보면 자신의 모습이 떠오를지도 모른다.

회피형 잠재의식적으로 어려움에 빠질까 자꾸 두려워하다 보니 일을 계속 미루는 유형. 소파에 앉아 노는 안전한 대안에 비해, 해야 할 일은 굉장히 위험하게 느낀다. 일이 잘 안 될지도 모르지 않는가. 이런 유형은 결과가 절대적으로 완벽하지 않은 걸 두려워하거나(완벽하지 않은 건 모두 치욕스러운 실패가 될 거라고 생각한다), 이 일에서 무참하게 실패하여 삶 전체가 내리막으로 치달을까봐 두려워한다. 가령 시험에 합격하지 못할까봐 걱정하는 것이다. 시험에 합격하지 못하면 취직을 하지 못할 것이고 그러면 결혼도 하지 못하고 가정을 이루지도 못할 것이며, 결국 세상이 끝나는 거나 마찬가지가 될 거라고 생각한다. 그래서 아예 공부를 시작하지도 못한다. 또는 기본적으로 성공이나 행복, 자립을 두려워하기도 한다. 기본적으로 그런 것들을 이룰 자격이 없다고 생각하기 때문이다. 그래서 아예 시도조차 하지 않는다.

투쟁형 다른 사람에게 복수하거나 누가 진짜로 보스인지 보여주기 위해 일을 미루는 유형. 불법 주차를 해서 범칙금 납부 고지서가 날아온 경우 그것을 곧바로 낼 수도 있겠지만, 그렇게 하지 않는다. 범칙금을 부과한 것이 부당하다고 생각하여, 이렇게 돈을 뜯어내는 '날강도 같은 놈들'에게 최대한 번거로운 상황을 만들어주려는 것이다. 아니면 일부러 직장에 지각하거나 약속 시간을 지키지 않는다. 멍청한 상대방에게 예전에 짜증났던 일을 슬쩍 되갚아주기 위해서다. 또는 다른 사람들이 자신의 장단에 춤추도록 하거나 마땅히 받아야 할 주목을 받기 위해 일을 미루기도 한다. 또는 상사가 번번이 자신을 불편하게 하고 손에 쥐고 흔들므로, 이제 '너도 한번 당해봐라' 하는 마음에서 상사를 쥐락펴락할 수도 있다.

스릴형 미루고 미루다 극도의 긴장 상태를 만들어내는 유형. 상황을 미룰 수 있을 때까지 최대한 미루었다가 패닉을 가까스로 면하면서 스릴을 만끽하는 것을 좋아한다. 자신의 개인 기록을 더 단축할 수 있는지 시험해보는 것을 즐긴다. 가령 마감 18시간 전에야 숙제를 시작하는 식이다.

잠재의식은 또한 왜 지금 과제를 하지 말아야 하는지 그럴듯한 변명을 대면서 우리를 함정에 빠뜨리곤 한다. 세미나에서 나는 대학생들에게 종종 이런 질문을 한다. "만일 내가 공부를 시작하기로 계획한 시간이 되었다고 해봅시다. 근데 책상이 지저분한 상태예요. 나는 책상이 말끔해야 공부가 더 잘되는 사람이라면, 공부를 시작하기 전에 일단 책상을 좀 깨끗이 치워야겠지요?" 그러면 학생들은 대부분 한목소리로 그렇다고 대답한다. "그런 다음 커피를 마시면서 공부하는 게 좋겠다는 생각이 들면 미리 커피도 준비해야겠지요?" 그러면 학생들은 여전히 그렇다고 한다. "그러고는 공부하려고 보니 의자가 삐걱거려요. 내가 의자가 삐걱거리지 않아야 공부가 더 잘되는 사람이라면 어떻게 할까요?" 그러면 이제 몇몇 학생은 내가 공부를 시작하지 않으려는 핑곗거리를 찾고 있음을 감잡기 시작한다.

늘어진 전선이 좀 신경 쓰이니 그것도 좀 단출하게 감아놓고, 손빨래 할 것이 있다는 생각이 들어 빨래도 좀 하고, 누군가와 통화할 일이 생각나서 잠시 전화도 한다. 그러고 나면 계획했던 시간은 이미 절반이 지났는데, 아직도 공부를 시작하지 못한 상태로 맥이 풀려버린다. 그러므로 계획한 시간에 곧장 시작하는 것이 중요하다. 공부를 시작하려는데 급박하게 해야 할 일이 떠올라도 공부를 마친 다음에 처리하라.

흔한 핑곗거리는 이런 것들이다. "아직 제대로 할 기분이 안 나네. 그러면 능률이 안 오르는데" "내일하자. 내일하면 더 잘 될 거야!" "지금은 너무 피곤해서 일단 좀 쉬어야겠어" "지금은 도무지 의욕이 나지 않아" "열 시간 정도 시간이 비어 있으면 끊김없이 공부할 수 있을 텐데" "지금은 그걸 해낼 시간이 부족하니, 그냥 시작하지 않는 게 나아" "어차피 시간이 많잖아(나중에 해도 돼)" "오늘은 날씨가 너무 좋아. 책상 앞에 붙어 있기에는 아까운 날씨야."

(tips) 잠재의식적인 미루기를 극복하는 법

온갖 시간을 들이고 머리를 써서 미루고 또 미뤘건만, 해결해야 하는 과제는 여전히 그대로 남아 있다. 아무리 미룬다고 해도 과제가 저절로 해결되는 법은 없다. 여기서 잠재의식적인 아크라시아의 함정을 피할 수 있는 몇 가지 트릭을 제시한다. 이상적인 경우 이런 트릭을 써서 세금신고를 끝내버리고 행복해질 수 있다. 약 60~90분 정도 시간을 내어 다음 단계들을 실행해보라. 시간이 더 많이 소요되는 경우는 시간을 더 많이 내야 할 수도 있다(390쪽 '시간 관리를 위한 조언' 참조).

1단계 일단 시작하라. 천릿길도 한 걸음부터다. 그 걸음이 크든 작든 상관없다. 해야 할 일을 위해 첫 단계가 무엇일지 생각해보라. '노트북 켜기'처럼 쉽게 내딛을 수 있는 작은 걸음부터 시작하라. 때로는 어디서부터 시작해야 할지 모를 수도 있다. 하지만 '어디선가'에서 시작하는 것이 아예 시작하지 않는 것보다 낫다. 잠재의식이 꺼려 하더라도 이런 첫걸음을 내딛는 모습을 머릿속에 생생하게 그려보라. 그리고 목표에 도달하는 멋진 순간을 상상해보라.

가령 "일단 집안을 정리해야 더 기분 좋게 시작할 수 있어"라든가 "지금은 시작할 기분이 아니야" 같은 시작하지 않으려는 잠재의식의 모든 핑계들을 물리쳐라. 그런 핑계 대신 "일단 과제를(혹은 작업을) 끝내고 나서 청소하면 돼" "기분은 좋지 않지만 그래도 시작해보자. 완벽하지는 않아도 계속해보자" "지금 당장은 하고 싶지 않지만 일단 첫발을 내딛자" "잘 안 될까봐 걱정이 되기는 하지만 그래도 첫걸음을 내디뎌보자"고 스스로에게 말하라. 그러고는 한 걸음 한 걸음 앞으로 나아가라.

2단계 경험은 결과를 낳는다. 생각의 고리에 대항할 때의 방법처럼 하라. 지금의 활동에 완전히 집중하면, 그 활동은 명상이 된다. 활동에 몰두하며 그것만을 생각하라. 주의가 다른 데로 분산되거나, 부정적인 생각을 하지 않도록 하라. 그로써 잠재의식으로부터 주도권을 빼앗을 수 있다. 그러면 해야 할 일을 하면서도 그냥 소파에 누워 텔레비전을 볼 때보다 더 큰 행복감을 맛볼 수 있다. 심지어 세금신고서를 작성하는 일마저도 그 활동에 온전히 집중해서 부정적인 생각에 빠지지 않는다면 행복해질 수 있다. 서둘지 않고 스트레스 받지 않고 부정적인 감정 없이, 그저 내적으로 고요하고 평온하게 한 걸음 한 걸음 나아가면 된다. 해야 할 일 목록에서 해낸 것들을 하나씩 확인해가며 일의 진척 상황을 즐겨라. 또한 일의 결과가 굳이 완벽할 필요는 없고 그저 적당하기만 하면 된다는 것, 실패해도 큰일이 생기지 않는다는 것을 명심하라. 굳이 부정적 감정에 빠져들려거든 과제를 하는 데 할애된 시간이 끝나면 그렇게 하라(380쪽 '메디 워킹, 명상적으로 일하기' 참조).

3단계 결과에 대해 기뻐하라. 공부나 일이 끝나면 "와, 이렇게 열심히 하다니 대단해!" 혹은 "와, 이걸 해내다니 대단해!"라고 말하며 손으로 자신의 어깨를 몇 번 토닥여줘라. 경우에 따라 미리 '보상'을 떠올리며 자신이 해낸 일을 축하하라. 결코 옥의 티를 찾지 마라. 계획만큼 하지 못한 것은 아주 평범한 일이다. 시간을 잘못 계산했을 수도 있고 결과에 만족하지 못할 수도 있다. 상관없다. 다음번에는 더 잘할 수 있다. 중요한 건 자신을 비난하며 괴로워하거나 스스로 벌하는 것이 아니라 최선을 다했다는 사실이다.

마지막 단계 다른 사람들과 함께하면 많은 것이 더 쉬워진다. 예를 들어 공부모임 같은 것을 만들면 도움이 된다.

이런 방법은 수천 년 전부터 활용되어왔다. 소크라테스는 이미 아크라시아에서 두 가지 행동 대안의 장단점을 의식적으로 숙고해보라고 조언했다. 이렇게 의식적으로 알아보는 것이 시간이 들고 힘들지라도 도움이 된다는 얘기다. 이를 통해 자신의 원래 관심사에 부합하는 행동으로, 그리하여 더 의미 있는 행동으로 나아갈 동기를 얻을 수 있다. 소크라테스는 우리에게는 아크라시아의 실제적인 장단점에 대한 지식이 부족하다고 말할지도 모른다. 하지만 이런 지식은 의식적으로 숙고함으로써 얻을 수 있다.

소크라테스에 따르면, 그런 장단점을 의식하고 아는 것은 행복해지는 데 아주 필수적이다. 소파에 누워서 텔레비전을 볼 때 느끼는 재미를 능가한다. 하물며 세금신고서를 작성할 때는 더 그렇게 느낄 것이다.

무의식의 우주

의식은 직접적으로 눈에 띈다. 19세기 말에 실험심리학이 태동했을 때는 모든 연구가 의식을 중심으로 이루어졌다. 하지만 지난 몇십 년간 의식은 많은 무의식적 과정을 동반하며, 의식의 대부분은 무의식적 과정의 최종 산물일 뿐임이 밝혀졌다. 무의식적 과정이 무엇인지 더 잘 이해하기 위해 잠시 이런 질문을 생각해보자. 의식이란 무엇일까?

의식 속에서는 주로 우리 세계의 경험이 펼쳐진다. 신체 바깥의 것들을 의식적으로 지각할 뿐 아니라 체내에서 일어나는 일도 의식적으로 느낄 수 있다. 뇌 속에서 무의식적으로 일어나는 일도 조금쯤은 의식적으로 알아챌 수 있다. 부정적인 생각의 고리를 돌리고 있음을 알아채기도 한다. 그런 순간이면 잠재의식적인 생각의 고리들이 우리에게 의식되고 현재 내가 무슨 생각을 하는지, 내 기분은 어떤지 알아차리며 계속 생각을 돌리려는 잠재의식적인 충동을 느낀다. 그러고 나면 잠재의식적인 사고를 계속 자유롭게 뻗어나가게 할 수도 있고 아니면 조절할 수도 있다. 회의 탁자에서 과자를 집으려는 잠재의식적인 자극을 의식적으로 알아채고, 경우에 따라 그 자극을 무효화시킬 수도 있다.

의식을 활용해 의도적으로 생각과 주의력의 방향을 바꿀 수도 있고, 이런저런 것을 학습하고 논리적으로 사고할 수도 있다. 계획을 세우고 결정을 내리고 우리 뜻에 맞게 생각하고 행동할 수 있다. 의식으로 어떤 도구가 맞는지, 무엇이 윤리적으로 옳거나 의미 있거나 아름다운지 판단할 수 있다. 또한 의식은 현실과 상상을 구분하고 시간 감각도 있어서 과거·현재·미래를 구분한다.

우리는 종종 언어를 활용해 의식적으로 생각한다. 하지만 언어 없이도 생각할 수 있다. 멜로디를 생각할 수 있고 일련의 행동을 이미지로 계획하고 상상할 수 있다. 삶의 기억들을 의도적으로 불러와 마음의 눈앞에서 그려볼 수도 있다.

우리 의식은 제한되어 있다. 가령 의식적으로 여러 가지 것을 동시에 생각할 수 없다. 대신 의식하는 것을 인식할 수는 있다. 의도적으로 내가 나의 의식에 대해 생각하고 있음을 인식할 수 있고, 나의 의식이 얼마나 제한되고 보잘것없는 것인지 확인할 수도 있다.

우리에겐 의식이 세계의 중심인 것처럼 보인다. 하지만 사실 의식은 뇌 속 과정의 아주 미미한 부분일 따름이고, 뇌 속의 다른 모든 과정은 무의식적으로 일어난다. 이런 무의식적 과정이 얼마나 숨막히도록 방대한 우주와 같은지는 감각적 지각만 살펴봐도 분명히 드러난다. 우리의 감각기관은 매초 무지막지하게 많은 정보를 받아들인다. 이것은 약 10억 비트로, 책 125권에 담긴 정보와 맞먹는다. 뇌는 이런 방대한 정보로부터 우선 99퍼센트 이상을 걸러내고, 초당 300만 비트만 처리한다. 책으로 따지면 초당 200쪽이 조금 안 되는 분량이다. 이런 정보는 대부분 무의식적으로 처리되며, 그중 다시 아주 미미한 부분인 초당 약 100비트만 인식된다. 이것은 12글자로 이루어진 짧은 문장에 해당한다. 또는 그보다 더 적을 수도 있다.

하나의 신체 부위에 집중하면, 우리가 얼마나 많은 감각정보를 의식하지 못한 채 받아들이는지 실감할 수 있다. 가령 오른쪽 어깨에 집중해보자. 갑자기 어깨가 긴장되어 있는지 이완되어 있는지 느껴진다. 어깨가 따뜻한지 차가운지, 어깨에 닿는 옷의 감촉이 어떤지를 느낄 수 있다. 이런 감각정보는 계속해서 뇌로 전달된다. 그러나 이런 정보가 의식되는 것은 어깨로 주의를 돌리거나 갑자기 어깨가 아프거나 차가운 것이 닿거나 또는 누군가 어깨를 치거나 할 때뿐이다.

책을 읽을 때 뇌는 자동으로 배경소음을 차단하고, 혀에 어떤 맛이 느껴지는지 배고픈지 목마른지 소변이 마려운지 등에도 별 신경을 쓰지 않는다. 우리가 신체를 의식하게 되는 건 대부분 의도적으로 느끼려 하거나 아니면 어딘가가 아플 때다.

유명한 생리학자이자 신경과학자인 벤저민 리벳(Benjamin Libet)은 1960년대에 이미 피부에 무언가가 닿으면 당사자가 의식적으로 뭔가를 느끼지 못해도 대뇌의 감각 피질에서 반응이 일어난다는 것을 발견했다.[1] 리벳은 뇌 수술을 하는 동안에 환자의 뇌 표면에 전극을 장착하고 이것을 이용해 뇌 신호를 측정했다. 그가 피부를 확실히 자극하자 환자는 그 자극을 인지했고 측정기도 결과값을 나타냈다. 이어 자극의 강도를 계속 약하게 하자 환자는 자극을 제대로 인지하지 못했고, 결국은 이런 자극을 전혀 알아채지 못했다. 하지만 측정기는 여전히 반응했다. 즉 무의식적인 자극도 대뇌피질에서는 명확한 반응을 불러온다는 얘기다. 따라서 감각정보는 당사자가 이런 정보를 의식적으로 지각하지 못해도 뇌에서 반응을 일으키며, 당사자는 그것을 무의식적으로 처리한다는 것을 알 수 있다.

그렇다면 뇌에는 도달하지만 의식에까지는 이르지 않는 감각정보는 어떻게 되는 것일까? 뇌에는 일련의 필터가 있어서 어마어마한 양의 감각정보 중 극히 미미한 부분만 통과한다. 이런 필터 중 하나는 잠재의식이고, 또 다른 필터는 시상(視床, 감각이 소뇌와 대뇌 피질로 전달될 때 중계 역할을 하는 달걀 모양의 회백질 덩어리. 간뇌 뒤쪽 대부분을 차지—옮긴이)이나 대뇌 피질의 가장 많은 부분을 이루는 대뇌 신피질에 있다. 뇌는 가는 입자들을 점점 더 걸러내고 굵은 입자만 남기는 방식으로 정보를 단계적으로 거른다. 그리하여 모든 필터를 거친 정보들만이 우리에게 인식된다.

버클리대학교 심리학자들은 한 실험에서 잠재의식의 필터 기능을 여실히 보여주었다. 그들은 실험 참가자들에게 영화를 보여주면서 피부에 가볍게 불쾌한 자극을 주었다. 건강한 실험 참가자들은 잠시 후에 이런 자극을 거의 알아차리지 못했다. 그리고 자극들이 뇌에서 점점 더 작은 반응을 일으켰다. 하지만 잠재의식이 위치한 안와전두피질이 손상된 환자들은 이런 자극에 거의 익숙해지지 않았다. 그들의 경우 잠재의식이 중요하지 않은 정보들을 추려내지 못해서 시종일관 불쾌한 통증자극을 느꼈다.[12]

잠재의식은 뇌 속의 다른 필터도 조절할 수 있다. 올리버 그루버(Oliver Gruber)는 특별하거나 중요한 일이 일어나면 잠재의식이 시상에 있는 감각 채널 필터를 연다는 걸 보여주었는데, 나는 운좋게도 라이프치히의 막스 플랑크 인지신경과학 연구소에서 올리버 그루버와 함께 그에 대해 연구할 수 있었다.

가령 여러분이 실험 참가자로서 어느 실험에서 계속하여 초록색 사과나 초록색 포도를 본다고 해보자. 사과가 나타나면 이쪽 버튼을 눌러야 하고, 포도가 나타나면 저쪽 버튼을 눌러야 한다. 이런 과제는 얼마 안 가 지루해진다. 그래서 안와전두피질이 그 조절을 넘겨받는다. 간혹 초록색 대신 빨간색 사과나 포도가 등장해도, 버튼을 누르는 데는 문제가 없다. 그리하여 여러분의 잠재의식은 곧 과일이 어떤 색깔이냐에는 더 이상 관심을 갖지 않는다.

그런데 뒤이어 이제부터 빨간 과일이 등장하면 제3의 버튼을 누르라고 요청받는다면, 빨간색 과일은 갑자기 중요한 것으로 떠오른다. 뇌 스캐너의 측정 데이터는 이런 상황에서 안와전두피질의 잠재의식이 의식을 위한 필터를 연다는 것을 보여주었다. 이를 통해 빨간색 과일은 '의식적으로' 인지되고, 실험 참가자들은 의식적으로 올바른 버튼을 누른다.[13]

우리 경험은 무엇이 잠재의식적 중요성 필터를 통과할지에 강하게 영향을 미친다. 나는 여러 해를 노르웨이에서 거주한 뒤에야 처음으로 '레프세'를 알게 되었다. 레프세는 크레페와 비슷한 노르웨이 음식이다. 그런데 신기하게도 전에는 전혀 눈에 띄지 않던 레프세가 그것이 무엇인지 알고 난 다음에는 마트, 매점, 구내식당, 노점 등 곳곳에서 눈에 들어왔다. 내가 레프세를 알지 못했기에 여러 해 동안 아무 생각 없이 레프세를 지나쳤던 것이다.

내면의 자세도 잠재의식적으로 무엇을 중요하다고 느낄지 결정한다. 종종 다른 사람들을 만나는 것을 꺼리는 사람은 실험에서 화난 얼굴의 사진을 보여주면, 그의 잠재의식이 다른 뇌 구조들과 더불어 특히 활성화되는 것을 볼 수 있다. 잠재의식이 이런 이미지를 굉장히 중요하게 분류하기 때문에 화난 얼굴이 무조건 모든 필터를 통과하게끔 하는 것이다. 이것은 당사자에게 불리하게 작용하는데, 화난 얼굴에 특히 많은 주의를 기울여야 하기 때문이다.[14]

다행히 우리는 잠재의식의 중요성 필터에 의식적으로 영향을 미칠 수 있다. 몇 분 동안 주변에서 빨간색 물건만 찾으려 하면, 곧 빨간색 물건들을 훨씬 빠르게 발견하게 된다. 심지어 다시 다른 것에 주의를 집중하려 해도, 빨간색 물건이 여전히 눈에 들어올 것이다. 그 뒤 초록색과 노란색에만 주의를 집중하면, 빨간색은 거의 눈에 띄지 않을 것이다. 따라서 우리가 주의력을 의식적으로 조절하여 감각 채널을 열면, 잠재의식에서 주도권을 빼앗아 의식을 지각의 셰프로 삼을 수 있다.

이를 활용하면 부정적인 기분에 영향을 미칠 수 있다. 기분이 영 언짢고 나쁘다면 잠재의식이 부정적인 것들만 의식으로 들여보내기 때문이다. 그런 경우 아름다운 것으로 눈을 돌리거나 좋은 음악을 듣는 등 긍정적인 것에 관심과 감각을 집중하면 좋다. 불안장애가 있는 경우에도 불안이나 공포를 유발하지 않는 것들을 의식적으로 지각하는 것이 도움이 된다. 이것이 어려운 사람은 맛있는 껌이나 기운이 나는 음악처럼 전혀 위험하지 않은 것들을 적극 활용하는 것도 좋다. 뭔가를 여유있게 씹거나 듣고 있으면, 불안하거나 두렵지 않은 상황이 되어 다른 것을 조심스레 발견하는 것이 쉬워진다. 과감하게 주의력의 핸들을 잡는 것이 한결 수월해진다.

대부분의 무의식적 과정은
전혀 잠재의식적이지 않다

뇌에 잠재의식 말고 또 다른 필터가 있듯이, 잠재의식만이 우리 주의를 조종하는 것은 아니다. 뇌간과 시상에도 폭발음이나 통증신호, 벨소리, 어깨를 치는 손길 등 갑작스럽거나 낯선 자극에 반응하는 신경세포들이 있다. 이런 신경세포들은 뇌에 경보를 울리고 뇌를 활성화해 주의력이 이런 자극으로 향하도록 한다. 그러면 우리는 그쪽을 바라보고 귀를 쫑긋 세운다. 인지심리학자들은 이런 무의식적 과정을 '자동적'이라고 부른다. 따라서 잠재의식적 과정들은 뇌 속의 많은 무의식적 과정의 극히 일부일 따름이다.

잠재의식과는 무관한 무의식적 과정의 세계는 잠재의식의 세계만큼이나 매력적이다. 이런 무의식적 과정은 대부분 우리 눈에 띄지 않는다. 하지만 이런 과정들이 없으면 우리는 지금처럼 살 수 없을 것이다. 가령 감각정보는 자동적으로, 즉 무의식적으로 뇌간이나 신피질과 같은 뇌의 몇몇 영역에서 처리된다. 어떤 소리나 음악을 들을 때 뇌는 자동적으로 들리는 방향, 소리의 세기, 음높이를 파악하고 서로 다른 소리나 소음을 자동적으로 서로 구분한다. 예를 들면 사람의 목소리와 바 안의 배경소음을 구분할 수 있다.

우리가 눈을 뜨고 뭔가를 바라볼 때 시각 피질은 모서리와 모서리를 연결하여 사물(예: 책, 얼굴, 집)을 만든다. 시각 피질은 밝기와 색상을 인식하거나, 공간 속의 물체와 물체의 움직임을 지각한다. 착시 현상의 경우 착시임을 버젓이 알면서도 '잘못' 본다. 따라서 아이러니하게도 무의식적인 지각과정이 의식적으로 알고 있는 진실에 저항할 수 있는 것이다(〈그림 3〉 참조).

지각과정만 무의식적으로 이루어지는 것이 아니다. 우리는 무의식적으로 학습도 하고 기억도 한다. 청각 시스템은 짧은 기

억 저장소를 지녀서 이 저장소가 계속해서 음향 정보를 잠시 저
장하는 역할을 한다. 그래서 이미 지나가버린 소리도 속으로 잠
시 더 '들을 수 있고' 문장의 어떤 단어는 이미 몇 단어가 더 발화
된 뒤에도 기억에 남아 문장의 의미를 파악하는 것을 도와준다.

〈그림 3〉 무의식적인 지각과정이 우리가 이것이 착시라는 걸 의식하고 있음에도 착시
를 일으킨다. 그리하여 '헤르만 격자(Hermann-Gitter, 왼쪽)'에서는 교차지점에 실제
로는 없는 회색 점들이 보이고, '췰너 착시(Zöllner-Tauschung, 가운데)'에서는 실제로
평행한 선들이 평행하지 않아 보이며, '카니자의 삼각형(Kanizsa-Dreieck, 오른쪽)'에
서는 삼각형이 없는데도 상상의 삼각형이 보인다.

이런 기억은 무의식적으로 작동된다. 이것은 우리가 책을
읽는 것 외에 뭔가 다른 것에 집중하고 있어도 기능한다. 가령
누군가 방으로 들어와 뭐라고 말하면 그 말에 귀를 기울이기까
지 잠시 시간이 걸린다. 하지만 그래도 다 알아듣는다. 마치 '나
중에야' 비로소 그 사람이 뭐라고 말했는지 듣는 것처럼 되는
것이다.

물론 우리는 정보도 상당히 오랜 시간에 걸쳐 저장할 수 있
다. 이를 위해 뇌는 여러 가지 '장기기억'을 가진다. 이런 장기
기억 내용 중 일부는 우리에게 의식되지 않는다. 가령 아이는

학교에 다니거나 숙제를 하지 않아도 모국어를 자연스럽게 배운다. 어떤 문장이 문법적으로 옳은지 그른지도 안다. 전에 들어보지 않은 문장이고, 문법 규칙을 배운 적이 없는데도 말이다. 심리학에서는 이런 무의식적 지식을 '암묵적 지식(implizites Wissen)'이라고 한다. 이에 대한 실험에서 실험 참가자는 옳은 답과 그른 답을 정확히 알지 못했음에도, 약간 오리무중 상태에서 대부분 옳은 버튼을 눌렀다. 따라서 의식적으로 아는 것보다 무의식적으로 아는 것이 훨씬 많은 것이다.

우리의 감각운동계도 마찬가지로 주로 자동적으로 기능한다. 우리는 자동으로 걷고 달리고 뜀뛰기를 한다. 특정한 움직임을 반복하다 보면 루틴이 된다. 그래서 평상시와 다른 곳을 가기 위해 운전대를 잡았는데, 어느새 나도 모르게 자동적으로 평상시에 늘 가던 길로 접어드는 자신을 발견하곤 한다.

말을 할 때는 한 문장만 의식적으로 생각하는 것으로 충분하다. 그러면 뇌가 발화기관을 통해 자동적으로 술술 말이 나오게끔 한다. 정말 다행이다. 소리를 내기 위해 후두와 혀와 입술이 어떻게 움직여야 하는지 누가 알겠는가. 잠재의식은 운동계에도 강하게 영향을 미쳐 우리가 특정한 행동을 실행하거나 하지 않게 할 수 있다. 하지만 잠재의식은 뇌 속 운동계의 일부는 아니다. 안와전두엽이 손상되었다고 해서 감각운동 기능이 손상되지는 않기 때문이다.

또한 뇌는 무의식적으로도 미리 생각한다. 우리가 전등 스위치를 누를 때 뇌는 자동적으로 이어서 불이 켜질 것을 예상한다. 그리고 나중에 전구가 꺼질 것도 예상한다. 다른 사람의 말을 들을 때면, 뇌는 자동적으로 다음에 어떤 단어들이 나올지 예측한다. 그리하여 종종은 상대가 말하는 도중에 그가 뭐라고 하려는지 무의식적으로 예측해 자신이 미리 말을 해버리기도 한다. 시끄러운 바에서 대화를 나눌 때면, 뇌는 그런 예측을 통해 주변 소음 때문에 중간 중간 말이 들리지 않아도 내용을 다 알아듣는다. 군데 군데 빠진 문장의 공백을 자동적으로 메꾸는 것이다.

뇌의 무의식적인 예측은 나아가 지각에도 영향을 미친다. 그래서 우리가 무의식적으로 예측한 내용만 인지하고 감각기관이 실제로 받아들인 정보는 인지하지 못할 때가 종종 있다. 감각정보를 그렇게 '정정'하는 것에도 잠재의식이 관여한다. 잠재의식은 자신의 예측을 도구 삼아 부탁받지 않았는데도 부지런히 감각정보를 변경한다. 그리하여 잠재의식은 오해를 빚기도 한다.

어느 날 아침, 식사 시간에 아내는 두 아이와 함께 식탁에 앉아 있었고, 나는 식기세척기를 정리하고 식탁을 차렸다. 아이들은 보통 우유를 마셨는데, 식탁에는 늘 생수병도 함께 놓여 있었다. 그런데 이날 아침엔 좀 달랐다. 예외적으로 탄산수 한 병이 식탁에 놓여 있었던 것이다. 그 바람에 둘째는 탄산수를 원했고, 첫째만 평소처럼 우유를 마시겠다고 했다. 그래서 아내는 내게 유리컵 두 개와 우유 한 병을 가져오라고 말했다. 나는 아무 생각 없이 두 컵에 우유를 따라 가져갔다. 그러자 아내는

다시 다른 유리컵을 하나 더 가져다달라고 부탁했다. 그 말에
나는 아니나 다를까 부지런히 생수 한 컵을 따라 가져다줬다.

잠재의식은
뇌의 어디에 깃들어 있을까?

뇌 속에서 잠재의식이 어느 부분에 위치하는지는 아주 구체적이고 정확히 말할 수 있다. 잠재의식은 이마 바로 뒤쪽이자 눈 위, 즉 '안와(orbit)' 위에 위치한다. 그래서 뇌의 이런 부분을 안와전두엽이라고 부른다.

안와전두엽에는 안와전두피질이 있다. 안와전두피질은 신피질로 이루어져 있지 않은 뇌피질에 속한 작은 부분이다. 신피질은 뇌를 두른 외투 격인 피질의 대부분을 이룬다. 신피질은 신경세포 6개 층으로 구성되어 있어 섬세한 감각적 지각, 감각 정보에 대한 까다로운 학습, 정교한 소근육운동, 일련의 복잡한 동작을 가능케 한다. 인간이 의식적이고 논리적인 사고를 할 수 있는 것도 신피질 덕분이다. 언어도 안와전두피질이 아닌 신피질이 담당한다. 그래서 잠재의식은 논리적이지 않으며, 잠재의식이 무엇을 원하고 무엇에 부담을 느끼는지를 언어로 전달하지 못한다.

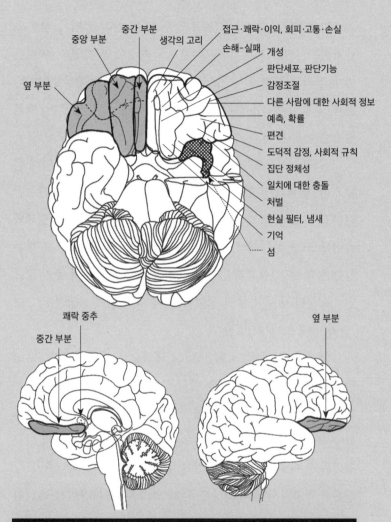

중간 부분
중앙 부분
생각의 고리
접근·쾌락·이익, 회피·고통·손실
손해-실패
개성
판단세포, 판단기능
감정조절
다른 사람에 대한 사회적 정보
예측, 확률
편견
도덕적 감정, 사회적 규칙
집단 정체성
일치에 대한 충돌
처벌
현실 필터, 냄새
기억
섬
옆 부분

쾌락 중추
중간 부분
옆 부분

〈그림 4〉 (잠재의식이 위치한) 안와전두엽. 위의 첫 번째 그림은 밑에서 본 뇌의 모습이다. 왼쪽은 안와전두피질의 옆, 중앙, 중간 부분을 나타내며, 이런 부분들은 다시 더 작은 영역으로 분할된다(점선). 오른쪽 부분은 몇몇 잠재의식 기능이 어디에 위치하는지를 보여준다. 하지만 이런 기능 중 대부분은 여러 영역으로 뻗어나간다. 음영 부분은 이에 인접한 '섬' 부분이다(점선). 아래의 왼쪽 그림은 안와전두엽의 중간 부분이다. 그 근처에서 뇌의 안쪽으로 조금 더 들어간 곳에 쾌락 중추가 위치한다(점선). 아래 오른쪽 그림은 안와전두엽의 옆 부분을 보여준다.

안와전두피질은 신경세포 층이 다섯 개밖에 되지 않는다. 안와전두피질은 소위 오래된 카시오 계산기인 반면, 신피질은 현대 양자 컴퓨터라 할 수 있다. 한편 활성 시스템(활성계)이나 쾌락·고통·욕구 시스템은 피질로 이루어져 있지 않으며, 행복 시스템은 최대 세 개 층의 신경세포를 가진 뇌피질로 구성된다.

잠재의식은 포유류의 진화 과정에서 후각구에서 발달해 나왔으며, 냄새와 위험을 감지하는 것 외에도 훨씬 많은 기능을 떠맡게 되었다. 잠재의식의 몇몇 기능은 우리가 평상시 냄새와 관련해 쓰는 말들에서도 알아차릴 수 있다. 가령 "스스로 하는 칭찬은 악취가 난다"라든지 어떤 사람에 대해 느낌이 좋지 않으면 "그 사람 냄새가 좋지 않아"라든지 어떤 일이 심상치 않으면 "뭔가 냄새가 나"라고 한다.

인간의 안와전두피질은 여러 영역으로 이루어져 있고, 이 영역들이 서로 다른 기능을 한다(《그림 4》 참조). 이런 영역들은 신경세포가 얼마나 큰지, 어떻게 배열되어 있는지, 그 신경세포들에 특정 전달물질 수용체는 얼마나 많은지, 그리고 뇌의 다른 영역들과 어떻게 연결되어 있는지 등에 따라 해부학적으로 구분된다.[15] 따라서 잠재의식은 단지 뇌의 한 톱니바퀴가 아니라 여러 개의 톱니바퀴가 맞물린 톱니바퀴 장치라고 할 수 있다.

이 책의 혁명적인 주제는 안와전두엽은 감정뿐 아니라 생각을 만들어낸다는 것이다. 이것은 뇌 각각의 부분이 생각과 감정 중 하나를 만들어낸다고 보았던 그간의 사고방식을 완전히 버려야 함을 의미한다. 안와전두엽은 두 가지를 모두 만들어낸다. 그밖에도 이것은 우리 뇌의 사고 기관은 하나가 아니라 두 개임을 의미한다. 바로 의식적인 사고와 잠재의식적인 사고가 그것이다.

잠재의식적 사고는 즉흥적이고 직관적이다. 이것은 의식적으로 의도하거나 주의를 기울일 필요가 없으며, 심지어 의식적인 사고에 의해 쉽게 영향을 받는다. 반면 의식적인 사고는 집중력을 필요로 한다. 의식적인 사고는 논리적으로 추론할 수 있고, 복잡한 계획을 세우거나 까다로운 문제를 해결할 수 있다. 하지만 의식적인 사고는 종종 힘들고 느린 것으로 느껴진다. 대부분 수학 수업에서 그것을 경험해보았을 것이다. 수학문제를 푸는 데는 많은 시간과 정신적 노력이 필요하지 않은가.

심리학자이자 행동경제학자이며 노벨상 수상자인 대니얼 카너먼(Daniel Kahneman)은 직관적이고 무의식적인 생각을 만들어내는 시스템을 '시스템 1'이라 부르고, 이와 반대로 합리적이고 논리적 사고를 하는 시스템을 '시스템 2'라 부른다. 카너먼이 제시한 것과 유사한 예를 들어보자.

사과 하나와 체리 하나의 가격은 합쳐서 1.10유로이며, 사과가 체리보다 1유로 더 비싸다. 그렇다면 사과와 체리는 각각 얼마일까? '시스템 1'은 이 질문에 순식간에 답을 하고 이 수수께끼를 해결된 것으로 여긴다. 게다가 이 대답을 철회하고 싶어하지 않는다. "사과는 1유로, 체리는 10센트(0.1유로)"라는 대답의 장점은 편하게 답할 수 있다는 것이다. 그러나 유감스럽게도 이 답변에는 단점도 있으니 바로 답이 틀렸다는 것이다. 논리적으로 해답을 점검하고 답을 수정하려면 '시스템 2'를 활용해야 한다. 이것은 노력을 요하고 직관적으로 답하는 것보다 시간이 더 오래 걸린다. 즉 "사과가 1유로, 체리가 10센트라고 하면 사과와 체리보다 90센트밖에 더 비싸지 않다"는 것을 확인하는 것에서 시작해 "체리는 10센트가 아니라 5센트(0.05유로)에 불과하다"는 답이 나오기까지 말이다. 이 책에서 나는 전형적인 '시스템 1' 사고가 안와전두엽에서 생겨난다는 것을 보여주려 한다. 잠재의식의 기능은 '시스템 1' 사고를 만들어내는 것 이상이며, 잠재의식적 사고는 전형적으로 감정을 동반한다는 것도 보여줄 것이다.

잠재의식은 사고 시스템이자 감정 시스템이라는 사실은 우리 건강에 중요하다. 안와전두엽은 호르몬계 및 자율신경계와 직접 신경으로 연결되어 있다. 호르몬계와 자율신경계는 체내 모든 기관의 활동을 조절하여, 우리가 감정을 신체적으로도 느끼게끔 한다. 하지만 이런 연결을 통해 잠재의식은 우리를 병들게 만들 수도 있다. 잠재의식으로 인해 호르몬 활동과 체내 기관의 활동이 균형을 잃을 수도 있기 때문이다.

우울증이 있으면 잠재의식을 통한 호르몬 변화가 면역계에 영향을 미치고, 이런 영향은 다시금 뇌에 작용하게 되어, 뇌간이 면역계의 전달물질을 감지하고 행동과 주의력에 영향을 준다. 그러면 진짜 감염병에 걸린 것처럼 활발하게 활동하거나 집중력을 발휘하기가 힘들어진다. 그러기에 우울증에 걸리면 잠재의식적으로 생겨난 생각의 고리를 차단하는 것이 불가능하지는 않지만, 특히 어렵다. 그리고 안와전두엽에서 시작된 호르몬계, 자율신경계, 면역계의 변화가 체내 기관에 영향을 주므로 심혈관 질환에 걸릴 위험이 두 배 정도 상승한다.

화가 나거나 적대감을 느낄 때 잠재의식이 야기하는 호르몬과 자율신경계 변화도 관상동맥성 심장질환과 심근경색을 촉진한다. 그밖에 잠재의식은 면역계의 불균형을 가져와 면역계가 염증과 비슷한 상태에 놓이게끔 한다.[16] 남자의 심장은 여자보다 보통 더 위험하다. 그러므로 축구를 보다가 너무 흥분하지 않도록 조심하라.

잠재의식이 강한 스트레스를 받는 상황도 심장 건강에 좋지 않다. 업무가 힘들거나 갈등이 있을 때, 또는 걱정거리나 문제가 있을 때 그렇다. 스트레스를 받을 때 잠재의식은 행복 시스템의 활동을 저해한다. 스트레스를 받으면 행복감이 느껴지지 않는다.

그러므로 잠재의식에서 나오는 '나쁜 진동'을 의식적으로 알아차리고 그에 대처하는 것이 건강에 중요하다. 이것은 우울증이 있을 때만 그런 것이 아니다(7부 '일상을 위한 구체적인 지침' 참조).

"오늘만 특가로 팔아요"
: 잠재의식이 '득템'에 저항하지 못하는 이유

특별 할인에 저항하는 것은 왜 그리 힘들까? 우리가 그 전에 값비싼 재킷에 관심이 있었던 것이 아닌데도, 그 재킷이 반값으로 가격인하된 것을 보는 순간 이 재킷을 무조건 사야 한다는 마음이 생긴다. 가격이 인하되었다는 사실만으로 우리의 잠재의식은 이 재킷에 엄청나게 높은 가치를 부여한다. 그러고는 북치고 장구치며 뇌의 나머지 부분에 알린다. '이 재킷을 꼭 손에 넣어야 해. 이걸 득템하는 건 어마어마한 이익이야. 놓치는 건 손해 막심한 일이지. 우리가 이걸 사지 않으면 금방 다른 사람이 사버릴 거야. 그러면 우리는 가질 수 있었던 것을 놓치게 된다고.'

잠재의식은 이미 우리의 손가락에 전기 신호를 보내 얼른 재킷을 집어 집으로 가져가라고 충동질한다. 집에 이미 재킷이 넘쳐나고 새로운 재킷을 쑤셔넣을 공간이 없다는 건 안중에도 없다. 심지어는 전혀 다른 품목에 돈을 지출하려고 했다는 사실도…. 그래서 우리는 쇼핑을 하며 원래 생각했던 것보다 더 많은 돈을 쓰고 전혀 계획에 없던 물건들을 구입한다. 이로 말미암은 슬픈 결과는 입지 않는 옷들과 쓰지 않는 스포츠 용품들이 집 어디엔가 처박혀 빛을 발하지 못하게 된다는 것이다.

기업과 상인들은 이를 잘 알기에 이상적인 전략으로 우리 뇌의 어두운 면을 공략한다. 잠재의식이 보너스 포인트 같은 것에 혹하게 만들고, 한 품목을 사면 다른 하나는 '거저' 얹어준다. 이런 특별 세일이 '기간 한정'이며 '재고가 소진될 때까지'라고 강조한다. 조금만 깊이 생각해보면 재고가 거의 남지 않은 품목에 그렇게 비싼 광고를 할 만한 가치가 있는지 의심스러워진다. 때로 특별 할인을 하는 품목에는 '원래 가격'을 지우고 대신 빨간색으로 이미 새로운 '특별가'를 인쇄한 가격표가 붙는다. 이런 가격표까지 일부러 제작한 것을 보면 재고가 빠듯하지 않다는 이야기일 텐데…. 그런데도 잠재의식은 속이 뻔히 들여다보이는 술책에 홀딱 넘어간다.

이 모든 가격인하 품목들이 그렇게 근사해 보일지라도, 그어떤 사업가도 보너스 포인트로 제 살을 깎아먹거나, 상품들을 제 값을 받지 못한 채 팔지는 않는다. 제품의 가격은 곧 그 제품의 가치다. 시즌이 끝날 때쯤 지난 시즌의 제품들은 가치가 하락한다. 재킷 가격이 인하된 것은 생각보다 잘 안 팔렸기 때문이다. 그런 색깔, 그런 디자인, 그런 사이즈의 재킷을 사려는 사람이 적었기 때문이다.

때로 잠재의식은 원래보다 내용물이 25퍼센트나 더 많이 들어 있다는 포장지의 문구에 혹한다. 이 말은 지금까지는 내용물이 실제보다 더 많아 보이게끔 포장 크기가 부풀려져 있었다는 뜻이다. 그리고 포장지에 이제 당 함유량을 30퍼센트 줄였다고 써 있다면, 그것은 전에 함유되어 있던 건강에 좋지 않은 당 함유량의 70퍼센트는 여전히 남아 있다는 뜻이다.

월드컵 경기가 열릴 때면, 갑자기 온갖 제품의 겉면에 국기가 인쇄되어 나온다. 국가적 도취 속에서 치즈 포장지마저도 온전한 열광의 상징이 되어야 하는 것이다. 식품 코너에서 우리는 기껏해야 한 조각의 무료 시식 기회를 누리고는 이어 그 제품을 통째로 구입한다. 계산대 바로 앞에 알록달록한 간식이나 잡화가 진열되어 있는 것도 우연이 아니다. 그런 곳에 세탁기나 구두주걱 같은 걸 진열해놓는 것을 보았는가? 알록달록한 과자나 사탕, 잡지, 혹은 전자 잡동사니를 보며 우리는 "아, 이것도 사야겠네" 하며 가볍게 물건을 계산대에 올린다. 게다가 계산 직전에 달콤한 걸 사달라고 칭얼대는 아이를 달래기란 쉽지 않다.

"지금 사고 나중에 지불하세요"라는 제안도 악의적이다. 잠재의식은 당장에 주어지는 보상에 눈이 어두워 지금 막 생겨난 욕구를 즉각 충족시키고자 한다. 이런 구매가 나중에 가져올 결과를 논리적으로 제대로 생각하지 못한다. 따라서 판매자들이 잠재의식에 불어넣는 충동이 강한 만큼, 우리 역시 잠재적인 욕구를 의식적으로 통제해야 한다. 유감스럽게도 의식적인 통제력이 무의식적인 욕망에 밀리는 경우가 많다.

심리학자 브라이언 넛슨(Brian Knutson)은 물건을 구매할 때 안와전두엽이 미리 판단한 다음 구매 결정에 영향력을 행사한다는 것을 보여주었다. 브라이언 넛슨은 우선 실험 참가자들에게 20달러의 현금을 준 뒤, 그들이 뇌 스캐너 속에 들어가 고급 초콜릿 상자와 같은 상품들을 보도록 했다. 그런 다음 몇 초 뒤 해당 상품의 가격표를 보고는 그 상품을 구매할 것인지 말 것인지 결정하고 스위치를 눌러서 알리도록 했다.

연구자들은 모든 가격을 조작하여 어떤 상품들은 가격을 너무 비싸게, 어떤 상품들은 아주 싸게 매겼다. 실험 참가자들이 가격표가 붙어 있지 않은 상태에서 매력적인 상품을 보자, 우선 뇌 안의 쾌락 중추가 작동해 곧장 그 상품을 갖고 싶은 마음을 불러일으켰다. 그러나 가격표가 등장하자, 가격이 저렴한 상품의 경우 안와전두피질(중간 부분)의 활성화가 증가하고 값비싼 경우에는 활성화가 감소했다.[17]

이처럼 우리 잠재의식은 '득템 알람' 신호를 보내고 행동을 충동질해 손가락을 근질근질하게 만든다. 그리고 물건을 곧장 집거나 '구매!' 버튼을 누르도록 한다. 아니면 반대로 "아. 너무 비싸!"라고 신호를 보내 버튼에서 손가락을 떼도록 한다. 쾌락 중추가 매력적인 상품을 갖고 싶다고 신호할지라도, 잠재의식적인 쾌락 브레이크가 쾌락 중추를 이기는 것이다. 이런 연구 결과 역시 우리에게 잠재의식이 어떤 상품이 지출할 가치가 있는지 없는지 부리나케 구매 결정을 내린다는 것을 보여준다. 우리가 그 상품이 필요한지를 의식적으로 숙고하기도 전에, 잠재의식은 이미 그것을 가지라는 신호를 보낸다.

코로나19로 이동을 제한하는 첫 봉쇄 조치가 내려지고 곧 화장지가 부족해질 거라는 소문이 돌았을 때, 실제로 그런 부족 사태가 올 위험은 굉장히 낮았다. 하지만 마트의 화장지와 파스타 면을 '확실하게' 확보할 수 있는 가능성 앞에서 잠재의식은 사람들로 하여금 화장지와 파스타 면을 대량으로 사들이도록 부추겼고, 그 결과 많은 사람이 이런 잠재의식적 동기에 굴복하여 화장지를 무더기로 사는 바람에 마트에서 정말로 화장지가 부족해지는 지경에 이르렀다. 어떤 집에는 그때 산 화장지가 지금도 쌓여 있다.

잠재의식은 세련된 스포츠 용품을 구입하면 의욕이 솟아날 거라고, 새로 나온 복부 트레이닝 기구로 뱃살을 강철처럼 단단하게 만들 수 있을 거라고 신호한다. 잠재의식은 이런 생각에 매료되어 사실은 지난 5년간 집에 있는 윗몸일으키기 기구를 이용해 운동을 한 횟수가 한 손에 꼽을 정도밖에 안 된다는 것을 의도적으로 무시해버린다. 그래서 나중에 그 가련한 운동기구는 빨래 건조대나 다른 운동기구와 함께 집안 어느 구석에 비참하게 처박히는 신세가 된다.

tips 충동구매 대처법

많은 사람이 의도적으로 계획을 세우지 않고 쇼핑하러 간다. '그냥 가서 뭔가 마음에 드는 거 있으면 사야지' 한다. 쇼핑을 즐기려는 마음이다. 어떤 사람들은 기분이 안 좋으면 쇼핑을 나가서 쇼핑으로 뭔가 스트레스를 해소하고자 한다. 그들의 모토는 '뭔가를 소유하는 게 아니라 쇼핑 행위 자체가 중요하다' 쯤 된다. 쇼핑을 하면 잠깐은 기분이 좋아지지만, 곧 또다시 허탈감이 찾아오고 전보다 더 나아지지도 않는다. 특히 충동구매를 하는 사람들은 자존감이 낮고 우울, 부정적인 감정, 불안장애 혹은 강박장애의 경향을 가지고 있는 경우가 많다.

어떻게 잠재의식을 극복하여 충동구매를 줄일 수 있을까? 여기 몇 가지 팁을 소개한다.

쇼핑 목록을 작성하고 목록에 있는 것만 구매하라. 목적 지향적으로 쇼핑하라. 따라서 목록에 있는 것을 판매하는 상점이나 백화점 코너만 가라. 가령 신발을 구입해야 한다면, 곧장 신발을 파는 상점으로 가고, 공연히 가방이나 전자제품, 액세서리 가게를 기웃거리지 마라. 온라인으로 구입한다면, 신발을 구입할 수 있는 웹사이트만 방문하고 가방 같은 것을 파는 사이트는 들어가지 마라.

목록에는 없지만 매력적이어서 거부하기 힘든 물건을 본다면, 그 제품의 부정적인 면을 떠올려보라. 수프에서 머리카락을 발견한다면 어떻겠는가. 가령 "이 제품을 만드는 건 환경에 부담을 많이 줘" "아이들을 착취하는 기업이야" "이 돈을 벌려면 내가 몇 시간을 일해야 하는지 알아?"라고 말하면서 말이다.

다른 중요한 목표를 위해 일단 돈을 아껴야 한다는 사실을 직시하라.
가령 다음 휴가를 위해 돈을 모아둬야 할 수도 있다.

집에 가서 다시 한번 생각해보자고 혼잣말을 하라. 일단 집에 들어가면 그 물건을 사러 다시 집을 나서는 것이 얼마나 귀찮은지 놀라게 될 것이다. 이렇게 혼잣말을 하라. "굉장히 유혹적이지만 유감스럽게도 오늘 살 수는 없어." 일단 하룻밤을 자고 나서 생각해보라. 다음날 그 물건이 다 팔리고 없다 해도, 세상이 끝나는 건 아니니 말이다. 이 제품을 다음 쇼핑 목록에 포함시킬 수도 있을 것이다. 아울러 교환이 불가능한 상품은 가급적 구매를 피하라. 만일의 경우 환불이 가능한지를 확인하라. 그렇지 않으면, 구매를 후회하는 경우 환불받을 수 없게 될지도 모른다.

'옷장에 넣을 공간이 있을까?' '새 운동기구를 어디에 놓을까?' '그 물건을 어디에 보관할까?' 등 집에 그 물건을 들여놓을 적절한 공간이 있는지 생각해보라. 이미 같은 품목을 충분히 갖고 있다면, 전에 쓰던 것을 우선 사용한 다음에 구매하라.

이런 방법이 잘 통하지 않으면 신용카드와 작별하라. 신용카드를 할부로 사용하지 않도록 하고, 되도록 체크카드를 사용하라. 경우에 따라 현금만 사용하는 방식을 취하고, 물건 구입에 필요한 만큼의 돈만 지니고 나가라. 곧잘 충동구매를 하는 사람들과 같이 쇼핑하지 마라.

인터넷을 서핑하고 싶은 유혹에 빠지지 않도록, 인터넷 브라우저에 광고 차단 옵션을 설치하라. 소셜 미디어는 가능한 한 멀리하라. 소셜 미디어는 광고를 엄청 퍼부어서 그것으로 돈을 벌기 때문이다. 이메일에도 스팸 필터를 살치해놓아라.

충동구매에 저항하는 건 어렵지만, 이 일에 성공할 때마다 뇌는 저항하는 법을 학습할 것이고 다음번에는 충동에 굴복하지 않고 굳건히 버티는 일이 더 쉬워질 것이다.

충동구매, 소용돌이 효과, 생각의 고리. 지금까지 우리의 가련한 잠재의식은 종종 정말 달갑지 않은 모습으로 등장했다. 이것은 잠재의식이 원시의 숲에서 생존하기 위해 발달했기 때문이다. 반면 스마트폰과 냉장고가 있고, 사무실을 들락거리는 현대인들에게는 잠재의식이 계속해서 함정이 된다. 잠재의식은 수백만 년 전 포유류에게서 생겨나 발달했고 특히 진화적으로 유리하도록 작동했다. 이런 기능은 여전히 인간들의 잠재의식에 장착되어 있고, 인간의 결정과 감정과 행동에 영향을 미친다. 이에 대해서는 다음 장에서 살펴보자.

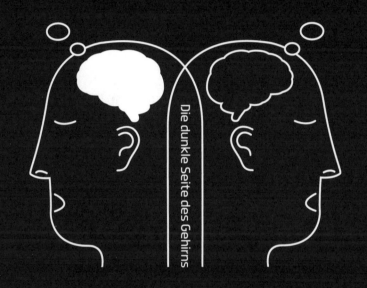

2

Die dunkle Seite des Gehirns

잠재의식의 현실 왜곡을
극복하려면

포유류의 생존 비결
: 잠재의식의 7가지 원칙

2억 년 전 유럽의 한복판. 어느 따뜻하고 화창한 여름날이다. 숲 근처에서 작은 들쥐 비슷한 동물이 땅굴을 뚫고 풀밭 위로 올라온다. 그러고는 자신의 기다란 코를 쏙 내밀고 신선한 공기를 마시려 킁킁거린다.

이런 들쥐와 비슷한 동물이 진화를 통해 포유류로 발달해 나왔다. 먹잇감을 통째로 그냥 삼켜버리는 파충류와 달리, 포유류는 먹을거리를 씹어 먹음으로써 더 많은 에너지를 얻고, 상대적으로 크고 두꺼운 뇌피질로 이루어진 뇌의 연료를 충분히 확보할 수 있다. 이런 뇌피질은 주로 '신피질'로 구성된다. 진화를 거쳐 새로 등장한 것이기에 신피질이라 불린다. 들쥐는 신피질 덕분에 섬세한 감각적 지각과 정교한 소근육 운동, 복잡한 감각 정보들을 인식하고 학습하는 능력을 지니게 되었다.

그밖에도 뇌피질에는 약간 단순하게 구성된 안와전두피질도 있다. 안와전두피질에는 다른 종보다 들쥐에게서 더 발달해 있는 시스템이 자리잡고 있다. 이런 시스템은 진화 과정에서 인간의 경우 잠재의식이라 일컫는 뇌 시스템으로 발달했다(사실 들쥐의 뇌에는 '잠재의식'이라기보다 잠재의식의 전신이라 할 수 있는 영역이 있지만, 여기에서는 들쥐의 경우에도 그냥 '잠재의식'이라 칭하기로 한다).

들쥐는 대부분 땅속에서 산다. 바깥에는 위험한 공룡들이 살기 때문이다. 하지만 들쥐는 먹이를 구하기 위해 집에서 떠나 땅 위로 올라온다. 땅 위에 맛있는 먹이가 많기 때문이다. 들쥐가 커다란 눈으로 바깥을 두리번거리는 동안 들쥐의 신피질은 굉장히 정확하게 여러 먹잇감들을 알아본다.

우선 들쥐는 느릿느릿 기어가고 있는 중간 크기의 딱정벌레를 발견한다. 작긴 하지만 안전한 먹잇감이다. 다른 쪽을 쳐다보니 통통한 메뚜기가 보인다. 크기는 딱정벌레의 거의 세 배이고 딱정벌레보다 더 가까운 곳에 있다. 하지만 들쥐는 메뚜기가 뜀뛰기를 잘하는 탓에 메뚜기를 잡을 가능성이 매우 낮음을 안다. 마지막으로 썩은 나무줄기가 눈에 들어온다. 들쥐는 경험을 통해 이런 나무 둥치의 껍질을 들추면 대부분 맛있고 통통한 바퀴벌레가 있다는 것을 안다. 바퀴벌레는 딱정벌레의 거의 두 배 크기다. 심지어 여러 마리가 있을지도 모른다. 주변을 쭉 둘러보면서 들쥐는 아주 가까운 곳에는 공룡이 없지만, 저 멀리 한 떼가 다가오고 있음도 확인한다. 그러므로 시간이 별로 없다.

이제 들쥐는 어떤 선택을 할까? 들쥐가 이런저런 선택지를 놓고 너무 오래 고민한다면, 살아남아서 포유류의 조상이 되지 못했을 것이다. 시간을 끌면 딱정벌레는 이미 기어가버리고 메뚜기도 뜀뛰기를 해서 사라져버릴 것이다. 게다가 공룡 무리가 점점 다가오고 있으니 변화된 상황을 다시금 가늠해야 할 것이기 때문이다.

따라서 들쥐는 어떤 선택지를 고를지 순식간에 결정해야 한다. 들쥐의 잠재의식이 바로 이를 담당한다. 잠재의식은 각각의 대안에 대해 그 이익이 얼마나 많을지, 성공 또는 실패 확률은 얼마나 될지, 그것이 얼마나 위험할지, 얼마나 대가를 지불해야 할지를 부리나케 평가한다. 진화에서 최적인 것으로 입증된 원칙에 따라 그 확률과 이익과 비용을 계산한다. 전문용어로 말하면 각 선택지에 대한 '주관적 가치(주관적 판단에 따른 재화의 효용에 관한 평가—옮긴이)'가 정해지는 것이다.

잠재의식은 말하자면 많은 대안을 화폐로 환산하고, 그중에서 가장 가치가 높은 화폐를 선택한다. 여기서 '선택한다'는 것은 이런 행동 선택지를 실행하려는 동기부여가 생긴다는 의미다. 그 행동을 하려는 충동(동인), 의욕, 욕망이 생겨나는 것이다. 반면 가장 나쁜 선택지에 대해서는 그것을 하기 싫은 마음 혹은 두려움이 생겨난다.

주관적으로 가장 가치 있는 대안을 계산하는 것은 굉장한 인지적 능력이다. 들쥐는 말하자면 행동선택지(딱정벌레, 메뚜기, 바퀴벌레)와 그와 관련한 다양한 차원(이익과 손실의 크기, 확률 내지 위험, 거리, 기호, 자신의 배고픔, 새끼들의 배고픔, 전에 경험한 유익 또는 손실)을 내용으로 하는 표를 단순한 순위 목록으로 변화시키고 여기서 가장 가치 있는 대안을 고를 수 있기 때문이다. 그리하여 잠재의식은 서로 다른 대안과 그것이 갖는 차원들을 아주 순식간에 하나의 신경 포맷으로 바꾼다. 들쥐는 어떤 선택지를 고를까?

잠재의식의 선택을 결정 짓는 일곱 가지 원칙

들쥐 뇌 속의 잠재의식은 각 선택지의 주관적 가치를 결정하기 위해 진화에서 입증된 일곱 가지 단순한 원칙에 의거해 각각의 정보에 가중치를 둔다. 인간의 경우에도 이런 원칙이 결정에 잠재의식적으로 영향을 미친다.

[원칙 1] 위험한 선택지보다 안전한 이익을 선호한다

위험한 선택지가 그리 위험하지 않고, 그것이 가져올 잠재적 이익이 더 크더라도 안전한 이익을 선호한다. 따라서 들쥐는 안전한 딱정벌레를 선택한다. 위험한 메뚜기나 잡을 가능성이 높은 바퀴벌레보다 딱정벌레 쪽을 우선한다. 메뚜기가 딱정벌레보다 세 배는 더 크고 집에 더 가까이 있을지라도 메뚜기는 너무 대담한 선택지다. 대개 폴짝 뛰어서 도망가버릴 것이기 때문이다. 들쥐는 바퀴벌레가 딱정벌레보다 거의 두 배는 크고 통통한데도 더 안전한 딱정벌레 쪽을 선호한다. 나무껍질 속에 바퀴벌레가 있을 확률은 상당히 높지만 안전하지는 않기 때문이다. 메뚜기에게 살금살금 다가가거나 나무둥치로 가서 나무껍질을 벗기고 바퀴벌레를 수색하는 데는 시간이 걸린다. 메뚜기를 놓치거나 바퀴벌레를 찾지 못하면 헛되이 에너지만 낭비하는 셈이며 위험하게 집 밖을 돌아다니는 꼴이 된다. 그러면 딱정벌레는 이미 사라져버리고 없을 수도 있다. 결국 예상보다 얻는 것이 더 없는 셈이다.

지붕 위의 비둘기보다 손안의 참새가 잠재의식에는 진화적으로 더 성공적인 것으로 입증되었다. 그리하여 들쥐는 크지만 위험한 먹이 대신 작지만 확실하고 안전한 먹이인 딱정벌레를 택한다. 큰 메뚜기나 통통한 바퀴벌레를 손에 넣을 기회는 더 안전한 선택지에 비해 덜 중요하게 여겨지는 것이다. 즉, 가중치가 부여되지 않는 것이다.

들쥐의 뇌에는 잠재의식 외에도 '쾌락 중추'가 장착되어 있다. 신경해부학적 용어로는 측좌핵(nucleus accumbens, 동기 및 충동에 관련된 뇌의 보상체계—옮긴이)이라고 하며 인간의 뇌에도 존재한다. 쾌락 중추는 계통발생적으로 잠재의식보다 더 오래된 것으로 적어도 양서류에게까지 거슬러 올라간다.

쾌락 중추는 먹잇감을 낚아채도록 동기부여를 한다. 먹잇감이 크면 클수록, 쾌락 중추는 더 강하게 발동한다. 그리하여 들쥐의 쾌락 중추는 딱정벌레보다 메뚜기에 더 강하게 동기부여를 한다. 잠재의식이 아직 섬세하게 분화되지 않은 파충류라면 아마 메뚜기를 포획하려 했을 것이다. 하지만 들쥐 뇌 속의 잠재의식은 안전한 선택지와 위험한 선택지를 구분할 수 있고, 쾌락 중추를 억눌러 이런 상황에서 더 안전한 선택지를 택하도록 한다. 들쥐의 잠재의식은 정확한 확률을 계산하지는 못하지만, '안전한 것'과 '위험한 것'은 구분할 수 있고, 그에 따라 동기 부여와 결정을 조절할 수 있다. 이 경우에는 딱정벌레 쪽이 안전한 선택지였다. 들쥐에게는 메뚜기보다는 훨씬 덜 위험한 바퀴벌레라는 선택지도 이 안전한 선택지보다는 좀 못해 보인다.

진화 과정에서 안전한 선택지에 비해 불확실하고 위험한 선택지에는 반감이 느껴지는, 즉 마음이 내키지 않는 의사결정 시스템이 확립되었다. 진화적으로 발달된 위험 회피(Risiko Aversion) 경향이 생겨난 것이다. 만약 들쥐가 대학생으로 중간고사를 준비하고 있다고 해보자. 이를 위해 들쥐는 아직 확실한 해법을 알지 못하는 몇몇 과제를 공부해야 한다. 들쥐는 책상 앞에 앉는다. 그런데 갑자기 잠재의식적으로 끝없이 많은 잔일이 급박하게 떠오른다. 이 일들은 들쥐가 구체적으로 잘 알고 '확실히' 할 줄 아는 것들이다. 예를 들면, 잊고 있던 청구서를 지불해야 한다거나 건조기에 빨래를 넣어야 한다거나 동료에게 무슨 소식인가를 전해줘야 한다거나 소파에 누워 말린 메뚜기를 갉아먹는 일 등이다.

들쥐의 잠재의식은 잘 알지 못하는 폭넓고 '불확실한' 시험 주제들보다 이렇게 범위가 좁고 '확실한' 일들을 더 선호한다. 의식적으로 자신의 잠재의식적 동기를 인식하고 행동을 통제할 수만 있다면 얼마나 좋을까.

[원칙 2] 작고 확실한 이익보다 크고 위험한 이익을 선호한다.

이 원칙은 언뜻 첫 번째 원칙과 모순되는 것처럼 들린다. 하지만 안전하게 확보할 수 있는 딱정벌레의 몸집이 점점 더 작아지는 경우를 상상하면, 쉽게 이해가 될 것이다. 딱정벌레가 작을수록 위험한 선택지인 커다란 메뚜기가 더 매력적으로 다가온다.

안전하게 확보할 수 있는 먹이가 딱정벌레가 아니고 메뚜기보다 약 다섯 배는 작은 집게벌레라고 상상해보자. 그러면 놓쳐버릴 위험에도 불구하고 갑자기 메뚜기가 볼품없는 집게벌레보다 훨씬 더 매력적으로 보인다. 위험을 회피하고 싶은 마음이 위험을 감수하고자 하는 마음으로 바뀐다. 위험 감수(Risiko-Bereitschaft) 경향이 생기는 것이다. 이제 확률은 작지만 커다란 메뚜기를 획득할 가능성에 가중치가 부여되어 그 가능성이 실제보다 더 크게 느껴진다. 작고 맛없는 집게벌레 앞에서 메뚜기는 '잭팟'처럼 느껴지고, 들쥐는 이런 잭팟을 터뜨리기 위해 위험을 감수한다.

이처럼 들쥐 뇌 속의 쾌락 중추는 집게벌레보다 메뚜기 쪽을 공략하고 싶도록 만든다. 메뚜기가 더 커다란 이익을 의미하기 때문이다. 들쥐의 잠재의식은 안전하지만 매력적이지 않은 대안과 위험하지만 매력적인 대안을 구분할 수 있으므로, 쾌락 중추를 억눌렀던 브레이크 페달에서 완전히 발을 떼고 그럼으로써 쾌락 중추는 위험을 감수하고자 의욕적으로 나선다. 이제 메뚜기라는 굉장히 위험한 선택지가 보잘것없는 집게벌레보다 훨씬 더 많은 이득으로 느껴진다.

물론 메뚜기 외에 썩은 나무줄기도 아직 있다. 나무줄기에서 바퀴벌레를 찾을 가능성이 상대적으로 높다면 이제 들쥐는 바퀴벌레가 메뚜기보다는 작지만, 나무줄기를 선택한다. 이때도 잠재의식의 결정에서 위험을 회피하려고 하는 마음이 위험을 감수하려는 마음보다 더 강해지는 것이다. 들쥐는 나무줄기에서 바퀴벌레를 찾을 가능성이 상대적으로 낮을 때만 메뚜기로 결정할 것이다. 어차피 가능성이 낮다면, 작은 이익이 덜 위험하고 비용이 덜 든다 해도 이왕이면 잠재적으로 이익이 더 큰 쪽을 선호할 테니까 말이다. 그리하여 들쥐는 일반 복권보다 슈퍼메가 잭팟을 터뜨릴 수 있는 복권을 구입한다. 당첨될 확률은 일반 복권이 훨씬 더 높지만 들쥐에게는 슈퍼메가 잭팟이 더 가치가 있다.

[원칙 3] 손실이 불가피해 보일 경우 위험한 가능성을 선호한다.

극심한 가뭄이 계속되는 바람에 들쥐는 저장해놓았던 먹이를 모두 소비했다. 먹이를 구하지 못하면 몇 시간이 지나지 않아 굶어죽을 수도 있는 상황. 들쥐는 배가 고플수록, 곧 죽을 확률이 높아질수록 위험을 감수하려는 경향도 더 강해진다. 그리하여 이제 확실한 손실, 즉 생명의 손실 앞에서 들쥐는 어떤 선택지가 성공 가능성이 별로 없거나 굉장히 위험하다 해도 그런 선택지를 선호한다. 들쥐가 자신의 굴 밖으로 고개를 내밀어 근처에 위험한 공룡들이 오가는 것을 본다고 하자. 땅속 집을 떠나는 건 위험한 일이다. 공룡의 먹잇감이 되거나 밟혀 죽을지도 모른다. 하지만 지금은 먹이가 긴급히 필요한 상황이다. 그리하여 배고픔으로 생명을 잃을지도 모르는 상황에서는 커다란 위험을 감수하고 용감하게 둥지를 뛰쳐나간다.

계통발생적으로 오래된 뇌의 시스템들이 여기서 갈등을 빚는다. 한 시스템은 공룡이 두려워 집에 머무르고자 하고, 한 시스템은 눈에 보이는 먹잇감 앞에서 쾌락 중추를 작동시킨다. 그러면 이제 들쥐의 잠재의식이 지휘권을 잡고 들쥐로 하여금 집을 떠나도록 부추긴다. 거의 굶어죽을 판인데, 먹이를 구하려다 생명을 잃을 확률이 높은들 무슨 상관이란 말인가. 아예 기회가 없는 것보다는 아주 높은 위험이라도 무릅쓰는 것이 더 낫게 느껴진다.

이제 잠재의식의 이런 계산은 '만일을 대비하는 식으로' 작동한다. 가령 들쥐가 굶어죽기까지 아직 한 시간은 버틸 수 있을지라도, 잠재의식은 30분밖에 남지 않은 것처럼 높은 위험으로 간주한다. 즉, 굶어죽을 위험이 90퍼센트일지라도, 95퍼센트의 위험을 감수하고 있다는 의미다. 따라서 잠재의식은 신중을 기하여 절박한 위험(여기서는 굶어죽을 위험)을 실제보다 더 위험한 것으로 평가한다. 오늘날 우리의 잠재의식 역시도 상황의 위험을 과대평가한다. 그래서 그다지 드라마틱하지 않은 상황인 데도, 그로 인해 필요 이상으로 더 스트레스를 받는다.

[원칙 4] 커다란 손실을 볼지도 모른다는 불안을 줄이기 위해, 손실이 일어날 가능성이 낮을지라도 비용을 감수한다.

들쥐는 배가 부르고 들쥐 새끼들도 배가 부르다. 근처에 위험한 동물도 없다. 그래서 이제 들쥐는 별다른 걱정 없이 집을 떠날 수 있다. 이제 들쥐의 잠재의식은 추가로 먹이를 마련하도록 부추긴다. 다른 뇌 구조들도 이런 본능에 관여한다. 먹이를 저장하는 데 에너지가 들지라도 잠재의식은 이런 선택지를 선호한다. 이것이 혹시나 나중에 굶어죽지 않을까 하는 불안을 줄여주기 때문이다.

따라서 들쥐는 가능성은 낮지만 커다란 손실, 즉 굶어죽는 것에 대해 위험 회피 경향을 보인다. 먹이를 저장하는 데 드는 비용은 거의 중요하지 않다. 그 비용은 확률상으로는 낮지만 커다란 손실을 볼 가능성에 비해 별로 크지 않은 것으로 느껴진다. 먹이를 비축함으로써 들쥐는 굶어 죽을 가능성에 대비하여 '보험'을 들어 만일을 대비하는 것이다. 들쥐의 잠재의식은 굶어죽을 가능성을 원래 실제보다 더 위험한 것으로 보이게끔 한다. 그래서 들쥐는 먹이를 비축해놓기 위해 상당한 비용을 감수한다.

[원칙 5] 뇌에서는 얻음으로써 생긴 이익보다 잃음으로써 생긴 손실이 상대적으로 더 크게 평가된다.

들쥐는 비축물로서 곤충 한 마리를 집으로 들여오거나 새끼들이 있는 둥지로 가져온다. 가져오는 길에 곤충을 잃어버리면, 잠재의식은 상당히 아까워한다. 이 순간 들쥐의 뇌는 곤충을 획득했을 때의 플러스 포인트보다 잃었을 때의 마이너스 포인트가 더 크다고 느낀다. 딱정벌레를 획득했을 때의 즐거움보다 잃어버렸을 때의 상실감이 더 큰 것이다. 이를 손실 회피(Loss Aversion) 경향이라고 한다.

잃어버리면 너무나 아까울 것이기에 들쥐는 일단 확보한 딱정벌레를 입에 꼭 물고 있다. 잃어버렸을 때의 마이너스 포인트보다 얻었을 때의 플러스 포인트가 더 크다면, 딱정벌레를 물고 가다가 다른 딱정벌레가 나타나면 곧장 물고 가던 딱정벌레를 놓아버릴 것이다. 다른 딱정벌레를 획득하는 것이 이미 잡은 벌레를 잃어버린 불쾌함을 능가할 만큼 즐겁기 때문이다.

마이너스 포인트와 플러스 포인트가, 즉 상실감과 행복감이 서로 똑같은 경우에도 딱정벌레를 물고 가다 조금 더 커다란 딱정벌레를 보면 곧장 물고 가던 딱정벌레를 놓아버릴 것이다. 더 커다란 딱정벌레를 얻는 만족감이 더 작은 딱정벌레를 잃어버리는 불만족감보다 클 것이기 때문이다. 하지만 들쥐가 이미 확보한 딱정벌레를 도로 놓으려면 새로운 딱정벌레가 두 배는 더 커야 한다. 들쥐는 이미 기존의 딱정벌레를 잡기 위해 위험을 감수하고 에너지를 들였으므로 들쥐의 잠재의식은 먹잇감을 얻을 때의 플러스 포인트보다 잃을 때의 마이너스 포인트를 두 배로 높이기 때문이다.

[원칙 6] 두 배의 이익은 뇌에서 두 배의 행복감(플러스 포인트)을 만들지 않는다.

들쥐의 뇌에서는 두 마리의 딱정벌레가 한 마리의 딱정벌레보다 더 많은 행복감(플러스 포인트)을 만들어낸다. 저쪽에 두 마리의 딱정벌레가 있고 이쪽에 한 마리가 있다면, 논리적으로 두 마리가 있는 쪽을 택할 것이다. 두 마리가 있는 쪽이 집에서 좀 멀리 떨어져 있다고 할지라도 말이다. 그러나 들쥐는 딱정벌레를 다섯 마리 이상은 먹을 수가 없다. 따라서 딱정벌레 여섯 마리는 세 마리보다 두 배로 많은 플러스 포인트를 만들어내지 못한다. 들쥐는 딱정벌레 여섯 마리를 잡기 위해, 딱정벌레 세 마리를 잡는 것의 두 배만큼 달리지는 않을 것이다.

이제 들쥐에게는 딱정벌레 10마리나 20마리나 거의 차이가 없다. 게다가 들쥐의 잠재의식은 딱정벌레 두 마리와 한 마리 간의 플러스 포인트(행복감) 차이가 딱정벌레 여섯 마리와 다섯 마리 간의 차이보다 훨씬 더 크다고 인식하도록 만든다. 두 경우 모두 정확히 딱정벌레 한 마리 차이라 해도 말이다. 둘과 하나의 차이는 들쥐에게 아주 중요해서 잠재의식적으로 매우 커다란 차이로 느껴지는 반면, 여섯과 다섯의 차이는 잠재의식적으로 별로 중요하지 않은 것이다.

[원칙 7] 똑같은 이익이라도 상황에 따라 더 좋게 혹은 덜 좋게 평가된다.

앞의 예에서는 단 한 마리의 딱정벌레가 들쥐에게 매력적인 먹이 선택지였다. 하지만 이제 평소 들쥐의 굴 앞에 딱정벌레가 널려 있다고 가정해보자. 이런 상황에서 들쥐가 풀을 헤치고 코를 내밀며 땅 위로 올라와 고작 딱정벌레를 한 마리만 발견한다면, 들쥐의 잠재의식은 마이너스 포인트(상실감)를 만들어낸다. 잠재의식이 보잘것없는 이득을 손실로 취급하기 때문이다.

하지만 시종일관 굴 밖에 작고 쓴맛이 나는 집게벌레들뿐이고 딱정벌레는 아주 드물게 나타나는 상황이라면, 딱정벌레 하나만 잡아도 행복감이 물씬 밀려올 것이다. 이런 상황에서 들쥐의 잠재의식은 다시금 딱정벌레에 높은 주관적 가치를 부여한다. 배고플 때도 마찬가지로 딱정벌레 한 마리는 뇌 속에서 많은 플러스 포인트를 부여한다. 나아가 너무나 배가 고픈 상황인데 딱정벌레는 코빼기도 보이지 않는다면, 작고 쓴맛이 나는 집게벌레 한 마리라도 아주 소중하게 여겨질 것이다.

이런 원칙은 들쥐와 마찬가지로 인간의 잠재의식에도 자리 잡고 있어서 우리의 결정에 영향을 미친다. 들쥐를 주인공으로 이야기한 것은 이런 잠재의식 원칙이 얼마나 진화적으로 오래

전부터 존재해왔고, 우리 뇌에 얼마나 깊이 박혀 있는지를 보여주기 위함이었다. 2억 년 전에 살았던 동물들에 대해서는 물론 추측만 할 수 있을 따름이다. 그러나 이런 원칙은 오늘날 동물 실험에서도 관찰되는 것들이다. 가령 실험쥐에게서 말이다.[1] 쥐와 우리는 1억여 년 전에 살았던 공통 조상에게서 발달해 나온 것으로 보인다.

　이런 원칙이 쥐와 인간 모두에게서 관찰되기에 진화생물학은 쥐와 인간이 공통 조상에서 유래했을 거라고 본다. 참고로, 인간은 50만 년에서 100만 년 전에야 비로소 지구상에 존재하기 시작했다. 따라서 이런 일곱 가지 잠재의식적인 의사결정 원칙은 인간이 살아온 시간보다 최소 100배는 더 오랫동안 작용해왔다고 할 수 있다.

인간이 현실을 왜곡하는 이유

　　잠재의식적인 의사결정 원칙들은 수천만 년 전에 최초의 포유류에서 발달했다. 이런 원칙들은 인간의 잠재의식 안에 장착되어 우리 결정에 영향을 미치고 걱정을 불러일으키고 경솔하게 행동하게 만들기도 한다.

　　이런 잠재의식의 원칙들은 1980년대와 1990년대에 발견되었다. 심리학자 아모스 트버스키(Amos Tversky)와 대니얼 카너먼은 이를 이른바 '전망 이론(Prospect Theory)'으로 정리해 발표했다. 더욱이 카너먼은 이 이론으로 2002년 노벨상을 수상했다. 이제 잠재의식의 원칙들이 인간에게 어떻게 나타나는지 살펴보자.

[원칙 1]
확실한 이익 앞에서는 잠재의식적으로
위험한 선택지들을 꺼린다.

〈그림 5〉의 두 원을 한번 보자. 이 그림은 복권을 나타낸다. 원 안의 각 면적이 그 안에 표시된 금액을 얻을 확률을 나타낸다. 따라서 왼쪽 원에서는 높은 확률로 10유로를 받고 낮은 확률로 30유로를 받게 되며, 오른쪽 원에서는 높은 확률로 20유로를 받고 낮은 확률로 10유로를 받는다. 여러분이라면 어느 쪽 복권을 선택하겠는가?

대부분의 사람은 여기서 직관적으로 오른쪽 원을 선택한다. 높은 확률로 20유로를 받는 쪽이 덜 위험하게 '느껴지기' 때문이다. 위험 회피 경향 때문에 우리는 불확실한 바퀴벌레와 위험한 메뚜기 쪽을 회피하는 들쥐와 마찬가지로 왼쪽 원에 해당하는 복권을 마다하는 경향을 보인다.

〈그림 5〉 모든 원은 복권을 보여준다. 왼쪽 복권에서는 10유로가 적힌 면적에 상응하는 확률로 10유로를 받고, 30유로가 적힌 면적에 해당하는 확률로 30유로를 받는다. 오른쪽도 마찬가지로 그렇게 10유로와 20유로를 받는다. 이 둘 중 어느 복권을 선택할까?

이중에서 어떤 선택지가 '정말로' 더 나은지 알고 싶은가? 그렇다면 약간 수고를 들여 각 복권마다 예상되는 당첨금이 얼마일지를 정확히 계산해보자. 왼쪽 원의 경우 두 직선이 만드는 부채꼴의 각도는 135도다(두 선이 각각 3시 방향과 7시 30분 방향을 가리킨다). 확률로 환산하면 30유로를 받을 확률은 37.5퍼센트이고, 10유로를 받을 확률은 62.5퍼센트다. 그리하여 30유로 ×0.375= 11.25유로, 10유로×0.625=6.25유로이며, 이를 더하면 17.50유로가 나온다. 따라서 왼쪽 복권의 가치는 17.50유로다.

오른쪽 원의 각각의 면적은 왼쪽 원과 동일한 크기이므로, 환산하면 10유로×0.375=3.75유로, 20유로×0.625=12.50유로라서 더하면 16.25유로가 나온다. 따라서 왼쪽 복권이 오른쪽 복권보다 더 기대금액이 높은 유리한 선택지다. 그러나 이렇게 계산해보려면 얼마나 많은 시간과 노력이 드는가. 반면 직관적이고 무의식적인 선택은 매우 빠르고 간단하다. 이 예는 잠재의식적 직관은 우리가 실제 이익에 반하는 불리한 결정을 내리게 할 수 있음을 보여준다.

이제 누군가가 여러분에게 다음 두 가지 선택지를 제공한다고 상상해보라.

❶ 45유로를 그냥 선물받는다.
❷ 동전을 던져서 숫자가 나오면 100유로를 받고, 인물이 나오면 아무 금액도 받지 못한다.

여기서 많은 사람이 ❶번을 고른다. 위험해 보이는 ❷번의 경우 기대금액이 더 높은데도 말이다(100유로×50퍼센트의 확률 =50유로). 따라서 ❷번이 합리적인 결정이다. 하지만 확실히 얻을 수 있는 이익 앞에서 잠재의식은 불확실한 가능성을 더 비관적으로 바라보도록 한다. 따라서 많은 사람이 이 복권에 위험 회피 경향을 보인다. 동전을 던져서 받을 수 있는 100유로의 이득은 확실히 45유로를 받을 수 있는 대안 앞에서 힘을 쓰지 못한다. 들쥐가 확실히 획득할 수 있는 딱정벌레 앞에서 통통한 바퀴벌레를 발견하거나 메뚜기를 포획할 기회를 무마시켜버리는 것처럼 말이다.

잠재의식은 우리에게 불리하게도 위험한 선택지가 확실한 선택지보다 가치가 적다는 신호를 보낸다. 그리하여 위험한 선택지는 실제보다 더 불리하게 느껴진다. 확실한 금액이 35유로 이하로 줄어드는 경우에만, 대부분의 사람이 마음을 바꾸어 위험하게 동전을 던지는 쪽을 고른다.

여기 두 가지 다른 선택지를 한번 살펴보자.

❶ 33퍼센트의 확률로 2,500유로를 받고, 그렇지 않으면 아무 금액도 받지 못한다.

❷ 34퍼센트의 확률로 2,400유로를 받고, 그렇지 않으면 아무 금액도 받지 못한다.

대부분의 사람은 ❶번을 고르며, 그것은 올바른 선택이다.

이 선택지가 더 좋아 보이는 것은 비슷한 확률이지만 ❶번이 더 많은 기대금액을 제공해주기 때문이다. 객관적으로 따져도 ❶번이 더 이득이다. ❶번의 기대금액은 2,500유로×0.33=825유로이고, ❷번 선택지는 2,400유로×0.34=816유로이기 때문이다. 하지만 여기 비슷한 두 개의 선택지가 있다.

❸ 33퍼센트의 확률로, 2,500유로를 받고, 66퍼센트의 확률로 2,400유로를, 그리고 1퍼센트의 확률로 아무 금액도 받지 못한다.
❹ 확실히 2,400유로를 얻는다.

대부분의 사람은 ❹번을 고른다. 이성적으로 계산하면 ❸번이 더 이득인데도 말이다(기대금액이 2,409유로다). ❶번과 ❷번의 경우 우리는 더 높은 금액을 얻을 수 있는 선택지가 확률이 살짝 더 낮다는 것에 별로 신경을 쓰지 않는다. 단 1퍼센트(33퍼센트 대신 34퍼센트)의 차이가 결정적으로 느껴지지 않는다. 하지만 확실한 선택지와 비교해, 이런 1퍼센트가 등장하면, 그것은 훨씬 커다란 것으로 다가온다. 그리하여 갑자기 1퍼센트 때문에 그 선택지가 굉장히 위험하게 느껴지며, 잠재의식적 위험 회피 경향으로 말미암아 이런 선택지를 거부한다. 비합리적으로, 그리고 자신에게 불리하게 말이다.

〈그림 6〉의 연한 회색 부분은 잠재의식이 조장하는 확률 왜곡을 보여준다. 잠재의식은 위험성 있는 이득을 얻을 확률을 실제보다 훨씬 낮은 것으로 평가한다. 이것은 그림의 연한 회

색 부분의 곡선이 대각선 아래에 놓이는 것으로 알 수 있다. 가령 대부분의 사람은 95퍼센트의 확률로 100유로를 얻고, 5퍼센트의 확률로 아무 금액도 받지 못하는 위험한 복권보다 확실히 80유로를 받는 쪽을 선호한다. 하지만 정확히 계산하면 이런 위험한 복권은 95유로의 가치를 지닌다. 따라서 잠재의식은 여기서 확률을 왜곡하여 95퍼센트의 확률이 실제보다 훨씬 적은 확률로 느껴지도록 하는 것이다.

〈그림 6〉에 따르면 그 확률은 80퍼센트보다 더 적게 느껴진다. 즉, 위험성 있는 복권의 주관적 가치는 80유로 아래로 떨어지는 것이다. 따라서 여기서 잠재의식은 위험한 선택지의 가치를 과소평가한다. 그래서 우리는 안전한 선택지를 고른다. 확실한 이익 앞에서는 위험 회피 경향이 생기는 것이다.[2]

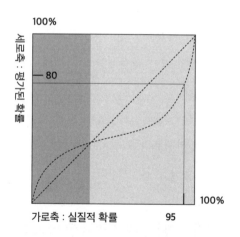

〈그림 6〉 점선으로 표시된 대각선과 곡선의 차이를 보라. 곡선은 잠재의식이 확률을 어떻게 왜곡하는지 보여준다.

마지막으로 일상에서의 두 가지 예를 들어보자. 우리는 어려운 문제를 해결해야 하는 상황에서 그 일을 계속 미루며 중요하지 않은 자디잔 일로 도피하곤 한다. 그냥 그쪽이 더 편해서다. 우리는 페이스북을 이리저리 둘러보는 것이 즐겁다는 걸 안다. 반면 해결해야 할 커다란 문제는 어떻게 접근해야 할지 정확히 알지 못한다. 그런 까닭에 상당한 불확실성과 불안함을 느끼며, 한 시간 동안 그 문제에 골몰한 뒤에도 여전히 해답을 구하지 못할 수도 있다. 또한 답을 내어도 그 답이 최선의 답인지 알지 못한다.

좋은 해결책을 찾을 확률이 약 95퍼센트로 상당히 높다고 가정해보자. 그런데도 잠재의식은 그 확률을 비관적으로 보이게 해 우리는 기껏해야 80퍼센트 정도밖에 느끼지 못한다. 성공할 확률이 95퍼센트지만 뇌의 어두운 면이 확률을 왜곡해 우리는 성공 확률을 80퍼센트도 안 되는 것으로 느끼는 것이다. 80퍼센트 성공 전망이 있는 해결책을 얻기 위해 페이스북을 끌 사람이 과연 있을까?

시험, 발표, 출연 등을 준비할 때 성공 확률은 매우 높을 수도 있다. 이를 95퍼센트라고 하자. 하지만 그것을 준비하는 대신 소파에 누워 동영상이나 보려고 한다면, 잠재의식은 95퍼센트 가능성을 80퍼센트 미만으로 오그라뜨려버린다. 그리하여 다가오는 과제를 준비할 의욕을 잃을 뿐 아니라 쓸데없이 큰 걱정만 하는 형국이 된다.

〈그림 6〉을 통해 우리의 매혹적인 잠재의식이 어떻게 결과

가 불확실한 활동에서 우리를 비관주의로 방해하고 의기소침하게 만드는지, 그리하여 비합리적으로 불리한 결정으로 유도하는지 확인할 수 있다.

[원칙 2]
안전하지만 작은 이익보다 잠재의식적으로 크고 위험한 이익을 선호한다.

앞에서 대부분의 사람이 동전을 던져서 100유로를 얻거나 아무것도 얻지 못하는 위험을 감수하기보다 확실히 45유로를 받는 쪽을 좋아한다고 이야기했다. 하지만 안전하고 확실하게 확보할 수 있는 이득이 줄어들수록 위험한 선택지가 더 매력적으로 떠오른다. 그리하여 어느 시점부터는 위험 회피 경향이 위험을 감수하는 경향으로 바뀐다. 이제 안전하지만 쥐꼬리만한 금액을 가져가는 대신 동전을 던져 100유로를 얻는 선택지가 더 매력적으로 보이는 것이다. 들쥐가 안전하지만 정말 빈약한 집게벌레 앞에서 통통한 메뚜기라는 위험한 선택지를 더 선호하게 되는 것과 비슷하다.

잠재의식은 별로 확률이 없는 이익을 과대평가한다. 굵직한 이익을 얻을 확률이 아주 적더라도 이런 선택지는 실제 가치보다 더 매력적으로 보인다. 확실하지만 시시한 이득보다 더 매력적으로 보이는 것이다.

다음 두 선택지를 예로 들어보자.

❶ 확실하게 10유로를 받는다.
❷ 5퍼센트의 확률로 100유로를 받는다.

많은 사람이 여기서 위험한 ❷번을 고른다. 이것이 실제로는 확실한 ❶번보다 더 기대금액이 적음에도 말이다. 100유로 곱하기 5퍼센트 확률은 5유로밖에 안 된다. 여기서는 100유로라는 짭짤한 이익을 얻을 수 있는 작은 확률이 아주 중요하게 다가온다. 잠재의식은 위험한 선택지가 작고 안전한 선택지보다 더 가치 있다고 신호를 보낸다. 그리하여 안전한 선택지보다 위험한 선택지가 더 좋게 느껴지고, 이런 경우 불리한 쪽을 선택하는 경향이 있다.

이제 룰렛 테이블에서 한 숫자에 돈을 걸거나 복권을 사는 것과 비슷하게 위험을 추구하는 경우를 살펴보자. 커다란 이득을 얻을 가능성이 보이면 우리는 노름에 원래 가치보다 더 많은 돈을 지불할 마음이 생긴다. 아주 드물게 터지는 잭팟을 바라고, 슬롯머신 앞에서 싼값에 즐길 수 있는 게임을 수도 없이 하는 것과 같은 이유다. 물론 장기적으로는 이런 게이머들 덕분에 슬롯머신 업자만 돈을 벌지만 말이다.

드물긴 하지만 큰 금액의 상금에 대해 잠재의식이 느끼는 매력 때문에 노름은 아주 쉽게 중독된다. 판돈이 상대적으로 작은 경우에는 특히 그렇다. 그러므로 도박에서는 아예 손을 떼는 것이 좋다. 즐거운 스릴을 경험하려면 덜 위험한 가능성을 활용하라.

높은 이익을 얻기 위해 위험을 감수하려는 잠재의식의 경향은 〈그림 6〉의 짙은 회색 부분에서 볼 수 있다. 이 부분에서는 곡선이 대각선 위쪽에 놓이는데, 이것은 잠재의식이 확률을 실제보다 더 높게 평가한다는 것을 의미한다. 가령 잠재의식은 100유로를 받을 수 있는 5퍼센트의 확률을 왜곡하여 10퍼센트처럼 느껴지도록 한다. 위험한 선택지의 가치가 말도 안 되게 높게 생각되는 것이다. 그래서 우리는 확실한 10유로를 경솔하게 거부해버린다. 100유로를 받을지도 모른다는 전망이 잠재의식에게 굉장히 큰 유혹으로 다가오기 때문이다.

안전 장비 없이 암벽을 오르는 자유 등반(free climbing)을 하거나 무모하게 오토바이를 타고 질주하거나 고속도로에서 과속하는 것 등 아드레날린이 분출되는 순간에 잠재의식은 결과가 좋을 가능성을 더 과대평가한다. 그리하여 위험한 상황으로 이어지지 않을 확률이 사실은 20퍼센트 정도인데도 25퍼센트 정도로 느껴지게 한다. 따라서 〈그림 6〉은 또한 감정적 잭팟 앞에서 잠재의식이 경솔하고 부주의한 행동으로 우리를 이끌 수 있음을 보여준다. 위험한 상황에서 살아남을 때 쾌락 시스템이 만들어내는 아드레날린 분출은 도박과 마찬가지로 빠르게 중독을 가져오며, 이런 중독으로 말미암아 위험을 감수하고 경솔한 행동을 하려는 잠재의식적 동기가 커진다.

[원칙 3]
손실이 불가피한 경우 잠재의식적으로
위험 감수 경향이 생긴다.

얼마 전 등산을 하다가 내가 계획했던 경로를 이탈했음을 깨닫게 되었다. 그런 상황에서는 이제 두 가지 가능성이 있다. 한 가지는 이미 왔던 길을 되돌아가는 것인데, 이것은 확실한 손해로 느껴진다. 이 구간을 걸어온 것이 헛수고가 되어버리기 때문이다. 다른 한 가지는 되돌아가지 않고, 새로운 길을 찾아 다시 원래 계획했던 경로를 발견할 수 있기를 바라는 것이다. 이 선택지는 위험하다. 그런 길이 있을지 알 수 없기 때문이다. 이와 비슷한 상황에 처해본 사람은 되돌아가는 것이 얼마나 힘들고 고통스러운 일인지, 그리고 돌아가지 않는 것이 얼마나 무모하고 경솔한 일인지 알 것이다.

잠재의식은 확실한 손해를 피하고자 한다. 그래서 어떤 선택지가 손해 보지 않을 가능성을 제공하면 그런 선택지의 가치를 과대평가한다. 여기 두 가지 선택지 중에 하나를 골라보자.

❶ 무조건 85유로를 내는 것.
❷ 95퍼센트의 확률로 100유로를 내고 5퍼센트의 확률로 아무것도 내지 않는 것.

대부분의 사람은 여기서 더 위험한 선택지인 ❷번을 선택함으로써 위험을 감수하려는 경향을 보여준다. 이것은 비합리적이고 불리한 선택이다. 100유로의 손실에 95퍼센트의 확률을 곱하면 결과적으로 95유로의 손실이 예상되기 때문이다. 그래서 ❷번 선택지가 정말로 ❶번 선택지보다 더 많은 손실을 발생시킨다. 하지만 이 경우 100유로를 잃을 위험성은 85유로를 확실히 손해 보는 것보다 잠재의식적으로 그리 크게 생각되지 않는다. 굶어 죽을 지경이 되면 공룡에게 짓밟힐 위험을 그리 크게 여기지 않는 들쥐와 비슷하다. 확실한 손실 앞에서는 위험성이 아주 높은 선택지라도 아예 가능성이 없는 것보다 더 괜찮게 느껴진다.

〈그림 6〉의 연한 회색 부분은 확실한 손실 앞에서 위험을 감수하는 경향이 높아진다는 것도 보여준다. 이때 곡선은 대각선 아래에 위치하는데, 이 경우는 잠재의식이 손실 가능성을 실제보다 더 낮게 평가한다는 것을 의미한다. 〈그림 6〉은 잠재의식이 95퍼센트의 확률로 100유로를 잃을 확률을 왜곡시켜 이 확률이 80퍼센트밖에 안 되는 것으로 느끼게 한다는 것을 보여준다. 따라서 여기서는 손실 가능성이 과소평가되고, 손실을 피할 가능성이 낙관적으로 과대평가된다.

〈그림 6〉에서 우리는 또한 확실한 손실 앞에서 잠재의식이 우리로 하여금 얼마나 경솔한 행동을 하게 만드는지 알 수 있다. 가령 대부분의 교통사고는 부주의한 행동으로 인해 발생한다. 신호등이 노란불인데 코 앞의 교차로를 통과하기 위해 더 강하게 액셀레이터를 밟으면, 빨간색 신호등 앞에서 기다려야

하는 '확실한' 시간 손실을 피할 가능성이 있다. 이와 비슷하게 앞차를 아슬아슬하게 추월하거나 제한 속도를 초과하는 식으로도 시간 손실을 피할 수 있다. 이런 확실한 손실 앞에서 잠재의식은 위험을 감수하고자 하고 사고가 일어날 위험을 과소평가한다. 이로 말미암아 이런 일이 실제보다 더 위험하지 않은 것처럼 느껴진다.

이런 원칙은 더 빠르고 쉽게 목표를 달성하기 위해 규정을 무시하는 많은 상황에 적용된다. 들쥐는 자신의 목숨을 구하기 위해 잠재의식적으로 위험을 감수하고자 한다. 그 결과 굶어 죽을 바에야 공룡이 돌아다니거나 말거나 굴에서 뛰쳐나간다. 오늘날 우리가 그렇게 실존적 위험에 처하게 되는 경우는 드물다. 그럼에도 확실한 손실이 눈에 보일 때 잠재의식적으로 위험을 과소평가함으로써 많은 사고를 일으킨다.

대중 영합주의자를 의미하는 포퓰리스트들은 대중에게 종종 피할 수 없는 손실의 위험을 그려 보인다. 전형적으로는 그들의 문화가 쇠락할 위험이 있음을 환기시키는 것이다. 그리고 난민들, 정치인들, 유럽연합 등을 희생양으로 내세워 그들에게 그 책임을 덮어씌운다. 그러고는 장벽을 쳐서 국경을 통제하거나 유럽연합을 탈퇴하는 것이 위험에서 벗어날 수 있는 길이라고 제안한다. 아주 그럴듯하게 제시되는 이런 작전은 냉철하게 고려하면 말도 안 되는 불합리한 것들이다.

이런 생각이 제시되는 것은 잠재의식이 그것을 실제보다 더 긍정적으로 평가하고 그런 방안에 따르는 단점을 과소평가하기 때문이다. 그 예로, 푸틴 러시아 대통령은 우크라이나의 네오(신) 나치 때문에 러시아가 위기에 처해 있다고 주장하며 이를 막기 위한 '특별 군사작전'을 펼칠 것을 천명했고, 푸틴 추종자들은 그것이 불러올 부정적인 면들을 지나치게 과소평가했다.

[원칙 4]
일어날 확률은 낮지만 큰 손실을 피하기 위해
잠재의식적으로 비용을 지불하고자 한다.

한편, 뻔히 눈에 보이는 손실이 작을수록 많은 것을 잃을지도 모르는 위험한 선택지는 매력이 떨어진다. 그리하여 특정 지점부터는 위험을 감수하려는 마음이 위험을 회피하려는 마음으로 바뀐다. 대부분의 사람은 5퍼센트의 확률로 100유로를 잃느니 차라리 그냥 7유로를 내기를 원한다. 그리하여 확률은 매우 낮지만 100유로를 내야 하는 커다란 손실 앞에서 위험 회피 경향을 보인다. 100유로를 잃을 수 있음을 생각하면 7유로는 이제 그리 크게 생각되지 않는다. 들쥐가 나중에 혹시 굶어 죽지 않을까 생각하며 식량을 쌓아놓는 것을 마다하지 않는 것처럼 말이다.

잠재의식은 100유로를 잃을 수 있는 5퍼센트의 확률을 실제보다 더 높게 생각한다. 계산하면 기대 손실액이 5유로인 것으로 나오지만, 이런 일을 당할 위험이 더 크게 느껴진다. 그런 이유로 일어날 확률은 상당히 낮지만 일어날 경우 커다란 손실을 보아야 하는 일을 대비해 꼬박꼬박 보험료를 낸다. 보험회사는 만일의 경우 입을 수 있는 커다란 손실을 상대적으로 적은 비용을 들여 막고자 하는 잠재의식적인 경향을 활용해 커다란 수익을 창출한다. 보험회사는 우리의 잠재의식적인 위험 회피 경향을 토대로 원래 필요한 것보다 더 많은 돈을 보장해주는 보험을 판매하거나, 나아가 정말 쓸데없는 보험을 비싸게 팔기도 한다. 상조보험이나 동승자 보험 같은 것은 악명 높은 예들이다. 장례식 비용을 미리 준비해야 한다는 명목의 '상조 보험'은 계약 및 유지 비용이 높아서 일반적인 예금보다 오히려 수익률이 떨어진다. 그리고 '동승자 보험'은 사고가 나는 경우 어쨌든 자동차 책임보험으로 보장이 되는데도 굳이 보험료를 지불하게 만든다.

〈그림 6〉의 짙은 회색 부분은 확률이 낮은 커다란 손실을 피하려는 위험 기피 경향을 보여준다. 잠재의식은 손실을 볼 확률을 더 크게 왜곡해 실제보다 그런 일이 일어날 가능성이 더 높은 것처럼 느끼게 한다. 그래서 실제로 손실을 볼 위험은 5퍼센트에 불과한데도 잠재의식은 10퍼센트처럼 느낀다.

지금까지 제시한 원칙은 인간의 잠재의식에 대해 분명한 사실을 알려준다. 잠재의식은 위험을 회피하려는 경우 종종 불필요하게 큰 걱정을 하고, 위험을 감수하려는 경우에는 말도 안되게 경솔한 행동으로 우리의 행복과 건강을 해친다는 점이다. 그리하여 삶에서 중요한 결정을 해야 할 때는 무조건 직관을 믿지 말고 합리적인 사고를 통해 최상의 선택지를 이끌어내야 한다는 것을 명심해야 한다.

어느 젊은이가 직업선택을 앞두고 있다면 그의 잠재의식적인 직관은 어느 정도 위험을 내포한 대안이 장기적으로는 훨씬 이로울 수 있는데도, 당장 안전한 대안을 선호할 수도 있다. 이런 경우 우리는 지적인 사고를 동원해 경제적인 결정과 같은 장기적으로 적절한 최상의 대안 쪽으로 결정을 내릴 수 있을 것이다(결정을 내리는 방법에 대한 조언은 44쪽 '뇌 속 셰프는 누구일까?'와 400쪽 '결정을 위한 꼼꼼한 저울질' 참조).

잠재의식의 왜곡을 통해 우리는 쉽게 조종당한다.

지금까지 소개한 원칙들은 의도적으로 잘못된 정보를 퍼뜨리는 데 놀랍도록 효율적으로 사용되고 있다. 가령 코로나19가 유행한 지 2년째가 되었을 때 한 타블로이드 신문은 중환자실에 백신 접종자가 백신 미접종자만큼 많다며(이것은 사실이었다), 이런 사실에서 예방접종이 아무 소용이 없다는 잘못된 결론을 내렸다. 많은 우익 포퓰리즘 정치인들이 이런 잘못된 결론에 동조하고 나섰다.

그러나 이 기사에서 고려하지 않은 사실은 당시에 성인의 거의 75퍼센트가 예방접종을 받았다는 사실이었다. 중환자실에 입원한 코로나 환자 10명 중 4명이 접종자이고 6명이 미접종자였다면, 인구의 대다수를 차지하는 접종자 중 4명만이 중환자실 신세를 졌고 인구의 적은 부분을 차지하는 미접종자들 중에는 6명이 중환자실에 입원했다는 이야기가 된다. 따라서 중환자실에 입원한 사람들 중에는 접종자 수와 미접종자 수가 거의 비슷할지라도, 실제로는 미접종자들 중에서 중환자실에 입원한 비율이 접종자보다 5배나 많은 셈이었다. 이를 고려하지 않은 사람은 절대적인 수만 보고 단순히 접종이 무용지물이라는 잘못된 결론에 이르렀다. 그리하여 몇몇은 '그렇다면 백신이 효과도 없는데 접종하지 말자'라며 결국 중환자실 신세를 질 정도로 심하게 앓을 위험을 다섯 배나 더 많이 감수했다.

잘못된 정보가 잠재의식이 혹하게 하는 형식으로 제공되면, 우리는 빠르게 모든 논리를 무시해버린다. 잠재의식이 정보들을 논리에 따라 점검할 수 없기 때문이다. 정보들이 덜 복잡할수록 잠재의식은 이를 더 쉽고 편안하게 소화한다. 그리하여 잘못된 정보가 더 빠르게 확산될 수 있다. 잠재의식적 감정이 부추겨질 때는 더욱 그러하다. 두려움과 분노는 늘 이를 위한 이상적인 후보다.

[원칙 5]
**잠재의식은 이익을 얻었을 때의 행복감보다
이익을 잃었을 때의 상실감을
더 크게 느낀다(손실 회피 경향).**

요정이 오늘 여러분에게 멋진 집과 람보르기니, 그리고

100만 유로를 선물한다고 상상해보자. 그랬다가 한 달 만에 예기치 않게 모든 것을 다시 가져가버린다면, 요정이 아예 나타나지 않았던 것보다 훨씬 더 안 좋은 상태가 될 것이다. 한 달 전 상태로 돌아갈 뿐이고 한 달 동안 즐거운 일들을 경험했음에도 말이다.

뇌의 어두운 면은 뭔가를 잃어버리는 것보다 아예 갖지 않았던 편이 훨씬 낫다고 생각한다. 잠재의식에 따르면 이익과 손실이 같은 정도라고 할 때 이익을 긍정적으로 평가하는 정도보다 손실을 부정적으로 평가하는 정도가 두 배나 높기 때문이다. 이익을 얻었을 때의 행복감보다 그 이익을 잃었을 때의 상실감이 두 배로 큰 셈이다.

바닐라 아이스크림을 사면 기분이 좋아진다. 그런데 콘 위에 얹혀 있던 바닐라 아이스크림이 잘못해서 바닥에 떨어지면 좀전의 좋은 기분보다 두 배로 심한 고통이 밀려온다. 그래서 옷장을 정리하며 안 입는 옷을 처분하는 것이 참으로 어려운 일이다. 옷가지들을 버리려 하면 잠재의식이 그 옷을 구입할 때의 만족감보다 두 배나 강한 정도의 불만족감을 만들어내기 때문이다.

진화적으로 먹잇감을 잃어버리는 것은 새로운 먹이를 마련해야 한다는 뜻이다. 그러려면 다시 에너지가 들고, 다시금 위험에 노출되어야 할 수도 있다. 정글에서 먹이를 잃어버리는 것이 언짢은 일이 아니라면, 우리는 더 커다란 먹잇감을 보자마자, 곧장 가지고 있던 먹이를 내던져버릴 것이다. 우리의 쾌락 중추가 더 커다란 먹이를 획득하는 것에 더 커다란 동기부여를 만들어내기 때문이다. 하지만 그러다가 자칫 아무것도 확보하지 못할 위험에 처할지도 모른다. 그래서 잠재의식은 쾌락 중추를 억누를 수 있다. 포유류의 진화 과정에서 먹이를 떨어뜨리는 것은 먹이를 얻는 즐거움보다 두 배는 더 고통스럽게끔 발달해왔다. 그러기에 들쥐는 새로 발견한 딱정벌레가 지금 물고 있는 것보다 두 배는 더 커야 비로소 기존의 딱정벌레를 미련 없이 떨어뜨린다.

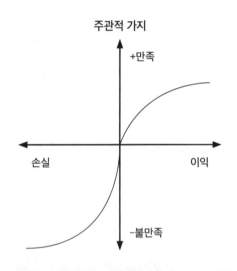

〈그림 7〉 **이익과 손실에 대한 잠재의식적 가치함수.** 손실은 같은 정도의 이익이 야기하는 플러스포인트(만족)보다 더 많은 마이너스 포인트(불만족)를 야기한다. 슈퍼마켓 계산대 앞에 줄을 서서 다른 줄이 훨씬 빨리 줄어드는 걸 보면, 이것은 본인이 더 빠른 줄에 서 있을 때의 즐거움보다 두 배로 더 괴롭다. 그밖에도 두 배로 커다란 이익이 두 배로 커다란 만족감을 만들어내지 않고(곡선이 오른쪽으로 갈수록 평평해진다), 두 배로 커다란 손실이 두 배로 커다란 불만족을 만들어내지는 않는다(곡선이 왼쪽으로 갈수록 평평해진다).

〈그림 7〉은 잠재의식이 이익과 손실을 어떻게 평가하는지를 보여준다. 이익은 양의 값을 갖고(따라서 만족을 유발하고), 손실은 음의 값을 갖는다(즉, 불만족을 유발한다). 그런데 손실이 있을 경우의 불만족 곡선은 이익이 있을 경우의 만족 곡선보다 두 배로 더 급하게 떨어진다.

〈그림 7〉의 곡선에서 우리는 또한 "그렇게 나쁘진 않아"라는 말이 정말로 사실임을 알 수 있다. 잠재의식이 불러일으키는 부정적 감정은 원래 상황 이상으로 더 강렬하다. 잠재의식이 손실 회피 경향을 불러일으켜 상황을 원래보다 더 나쁘게 만들기 때문이다.

실제로 상황은 잠재의식적으로 우리에게 보이는 것보다 그리 나쁘지 않고 그리 중요하지도 않다. 이런 인식은 잠재의식이 부정적 감정을 불러일으킬 때 우리를 위로할 수 있고, 나아가 작은 삶의 위기들을 극복하도록 우리를 도울 수 있다.

잠재의식이 조작해내는 불행의 무게

진화적으로 뇌에 깊이 새겨진 손실 회피 경향으로 말미암아 부정적인 잠재의식적 감정이 긍정적인 감정보다 두 배는 더 큰 무게를 지닌다. 잠재의식이 만들어내는 모든 부정적인 감정은 현재 혹은 미래의 손실과 관련이 있기 때문이다. 그리하여 잠재의식은 람보르기니를 얻을 때처럼 유쾌한 일에 대한 긍정적인 감정보다 람보르기니를 빼앗길 때처럼 불쾌한 일에 대해 부정적인 감정을 두 배는 더 강하게 만들어낸다. 이른바 '수프

속 머리카락'은 수프 맛이 주는 만족감보다 두 배는 더 큰 불만족감을 자아낸다.

게다가 잠재의식은 흡인 효과를 통해 우리 관심과 기억을 지나치게 받아들여 실제로 맛있는 수프 대신 머리카락만 눈에 들어오게 만들고 나중에는 머리카락만 기억에 남게 된다. 그렇게 잠재의식은 손실을 적정 정도보다 두 배는 더 중요하게 여기도록 한다.

이처럼 잠재의식은 부정적인 것에 지나치게 강하게 반응하고 그 중요성을 과대평가하고 지나치게 그것에 주목한다. 진화는 손실 회피 경향과 더불어 우리 뇌의 어두운 면에 잠재의식적인 부정 편향(Negativity Bias)을 심어놓았다.

한번은 노르웨이 세무서에서 보낸 통지서를 받았는데, 거기에는 상당한 금액을 환급받을 수 있다고 적혀 있었다. 하지만 몇 시간 뒤 이 계산은 잘못된 것이며 사실은 아무것도 돌려받을 수 없다는 것을 알게 되었다. 그러자 확 짜증이 밀려와 그날은 정말 기분이 안 좋았다. 사실은 전날과 다름없는 저녁이었는데 말이다.

가령 열차를 이용할 경우 열차가 네 번 연속 정시에 도착하다가 한 번 연착하면 매번 정시에 도착했을 때의 기분 좋음을 합친 것과는 비교할 수 없을 정도로 화가 많이 난다. 우리는 100가지 일을 잘할 수 있지만, 한 번의 실수에 대해 너무나 괴로워한다. 배우자에게 장점이 열 가지는 있어도 맞지 않는 한 가지 특성 때문에 이혼에 이른다. 잠재의식은 손실 회피 경향 때문에 부정적인 작은 것들을 과대평가하고, 그것에 집착하다가 큰 그림을 놓쳐버리곤 한다.

　예술, 정치, 미디어는 잠재의식적인 이런 부정 편향을 십분 활용한다. 비극은 희극보다 깊은 감동을 주기 쉽다. 그래서 최고의 희극은 비극에 뿌리를 둔다. 가령 찰리 채플린이 우리를 울고 웃게 만드는 것은 살려고 노력하며 신사처럼 보이려고 절망적으로 애쓰는 돈 없는 부랑자에게 동정심을 느끼기 때문이다. 언론은 긍정적인 뉴스보다 부정적인 뉴스로 쉽게 시청자들의 감정을 자극할 수 있다. 그리하여 뉴스 진행자들은 "안녕하십니까!"라고 인사하고는 안녕하지 못한 이유를 설명한다. 정치적 연설, 선전, 가짜뉴스도 긍정적인 메시지보다는 부정적인 메시지가 잠재의식적으로 두 배나 먹힌다.

　잠재의식은 긍정적인 메시지보다 부정적인 메시지에 강한 감정을 보이며, 부정적인 메시지를 더 중요하게 여기고 나아가 더 믿을 만한 것으로 분류한다.

　심리학자 베냐민 힐빅(Benjamin E. Hilbig)은 많은 실험에서 실험 참가자들에게 동일한 내용을 부정적인 어감과 긍정적인 어감의 문장으로 제시했다. 예를 들어 실험 참가자들에게 이런 문장을 읽도록 했다. "도미니카공화국에서는 백신을 접종하지 않은 미접종률이 인구의 30퍼센트에 이른다." 그리고 "도미니카공화국에서는 인구의 70퍼센트가 백신접종을 받았다." 그러자 실험 참가자들은 부정적으로 표현된 메시지를 긍정적으로 표현된 메시지보다 거의 두 배로 믿을 만한 것으로 분류했다.[3]

이런 결과는 상당히 경각심을 일깨운다. 우리 모두가 긍정적인 정보보다 부정적인 정보에 잠재의식적으로 더 쉽게 영향을 받는다는 것을 뚜렷이 보여주기 때문이다. 이를 의식적으로 알아차릴 때에만 부정적인 정보를 적절히 객관적으로 평가할 수 있다.

[원칙 6]
잠재의식은 두 배의 이익에 대해
두 배의 플러스 포인트를 만들어내지는 않는다.

그리고 두 배의 손실에 대해 두 배의 마이너스 포인트를 만들어내지 않는다. 도보여행 중에 배가 고파졌다고 상상해보자. 그때 눈앞에 배불리 먹을 만큼 라즈베리가 풍성하게 열린 덤불 하나가 보인다. 이때 덤불을 하나가 아니라 두 개를 찾았다 해도 기쁨은 그로 인해 두 배로 커지지는 않을 것이다. 두 배의 열광을 자아내기 위해서는 덤불이 두 개가 아니라 여러 개는 되어야 할 것이다.

또한 라즈베리 덤불 여러 개를 발견하든 들판 전체가 라즈베리 덤불로 가득한 것을 보든 기쁨에는 별 차이가 없을 것이다. 마찬가지로 복권을 사서 처음에 1,000유로에 당첨되고, 후에 1만 유로에 한 번 더 당첨이 되는 것이 한 번만 1만 2,000유로에 당첨되는 것보다 훨씬 더 기쁘다. 그리고 1,000만 유로를 얻든 1,100만 유로를 얻든 기쁨에는 차이가 없다.

　손실의 경우도 마찬가지다. 막 라즈베리를 따려 하는데, 숲 어딘가에서 불곰이 나타나는 바람에 라즈베리를 따지 못하고 안전을 위해 멀리 물러나야 한다고 해보자. 이것은 정말 안타깝게도 라즈베리를 먹을 수 있는 기회를 놓치는 것을 의미한다. 이때 포기해야 하는 덤불이 하나가 아니라 두 개라고 해도 그 고통은 그다지 더 커지지는 않을 것이다. 최소한 두 배로 커지지는 않을 것이다. 다만 라즈베리가 몇 개 달리지 않은 아주 앙상한 덤불이었을 경우에만 이것을 포기하는 고통이 훨씬 줄어들 것이다.

　이 원칙은 또한 자신의 정원에서 키운 신선한 채소로 만든 음식을 먹는 것이 이미 고급 레스토랑의 가장 비싼 음식을 먹는 것이나 비슷한 만족(플러스 포인트)을 유발한다는 것을 의미한다. 그리고 반대로 부정적인 경험을 하거나 손해를 볼 때 뇌의 어두운 면은 순식간에 세상이 무너지기라도 하는 것처럼 많은 마이너스 포인트를 만들어낸다는 것을 의미한다.

　이것은 〈그림 7〉 곡선의 평평한 부분에서 알 수 있다. 이런 원칙을 응용하여 가령 내야 하는 돈이 있다면 한꺼번에 모아서 내버리면 좋을 것이다. 체납된 세금을 납부하는 날에 다른 범칙금도 내버려라. 두 배로 많은 돈을 낸다고 두 배로 속상하지는 않으니 말이다.

[원칙 7]
기대와 현재 상황은
잠재의식 평가 기능에 영향을 미친다.

얼마 전 스위스 비닝엔 시의회가 사망한 지역사회 구성원의 장례식에 더 이상 관을 무료로 제공하지 않는다는 기사를 우연히 읽었다. 비닝엔 주민들은 그동안 해주던 것을 더 이상 안 해준다고 하니 이를 굉장히 아쉽게 생각했지만, 반면 나는 스위스의 많은 지방에서는 관을 무료로 제공한다는 사실이 새로웠다. 그런 지방에 사는 주민들에게는 아주 평범한 일일 테지만 말이다. 독일에서 가족이 세상을 떠났을 때 갑자기 관이 무료로 제공된다면 유족들은 상당히 놀라며 반길 것이다. 따라서 이익 또는 손실이 야기하는 플러스 포인트나 마이너스 포인트는 기대에 따라 달라진다.

대학생들은 쓸 수 있는 돈도 적고, 상대적으로 작은 공간에서 생활하지만 직장인보다 행복감이 떨어지지 않는다. 공부할 때는 돈도 없고 작은 공간에서 사는 것이 평범한 것이고 따라서 예상되는 일이기 때문이다. 보통 생계를 유지하는 데 재정적으로 별 불편이 없는 한 물질적인 부는 행복감에 그리 많이 기여하지 않는다.

월급이 오르고 나서 처음에 통장에 찍힌 액수를 보면 굉장히 기쁘지만, 두세 달 지나면 오른 월급이 평범한 것이 되고 행복감은 이전과 같은 수준이 된다. 그러다 월급이 더 낮은 직장으로 옮기면, 처음에는 자못 풀이 죽는다. 옛날에는 이 정도 월급에도 행복했었는데 말이다. 하지만 다행히 월급이 깎여서 안 좋은 기분은 오래가지 않는다. 머잖아 다시금 예전처럼 행복하고 만족스러운 기분이 된다. 가까운 사람과 헤어지거나 가까운 사람이 세상을 떠나는 등 다른 손실도 마찬가지다. 대부분의 사람은 남은 세월 내내 슬퍼하지 않고, 일 년쯤 지나면 상실감도 어느 정도 극복된다.[4]

현재의 상황도 이익과 손실에 대한 우리 반응에 영향을 미친다. 배가 고프면 라즈베리 한 줌조차도 너무나 탐나 보이는 반면, 라즈베리를 먹고 막 배가 부른 참이라면 라즈베리 덤불로 가득한 밭을 봐도 별 감흥이 없다. 따라서 잠재의식은 동일한 이득이나 손실에 대해 상황에 따라 다른 플러스 포인트나 마이너스 포인트를 만들어낸다. 배부름은 가치함수의 기울기를 완만하게 만들고 배고픔은 가파르게 한다.

⬭ tips 목표를 적절히 설정하라

목표를 적절히 설정하면 잠재의식적 가치함수에서 이익을 얻을 수 있다. 여기 몇 가지 팁을 제시한다.

잠재의식적 기대를 현실 목표에 맞추면 잠재의식적 불만족이 생기지 않는다. 가령 한참 동안 윗몸일으키기를 하지 않다가 다시 시작한다면, 예전에 50번을 할 수 있었다 해도 일단은 5번을 목표로 하는 것이 좋다. 그러면 6번만 해도 특별한 성공으로 여긴다.

좀 더 커다란 성공을 이루고자 한다면 목표를 약간 영리하게 설정하면 좋다. 훈련이 어느 정도 잘되어 있어 40회를 목표로 설정하면, 41번을 한 뒤에도 한 번만 더 하자 하는 마음이 들 것이다. 이런 경우 30번만 목표로 설정하면 그런 마음이 들지 않는다. 체력 수준이 높지 않은 경우는 30번 정도만 목표로 정하면 29번을 한 뒤 더 이상 못하겠다는 생각이 들어도 목표를 이루기 위해 한 번은 더 하려는 마음이 생긴다.

자칫 실망하기 쉬우니 목표를 너무 높게 설정하지 않도록 주의하라. 윗몸일으키기를 31번 하는 것을 목표로 하여 35번을 하면, 이는 긍정적으로 인식된다. 하지만 목표를 39번으로 설정하고 35번'밖에' 하지 못하면, 이것이 부정적으로 인식된다. 손실 회피 경향으로 말미암아 잠재의식은 윗몸일으키기가 4번 '모자라는 것'에 대해 윗몸일으키기를 4번 '더 했을' 때의 긍정적인 감정보다 훨씬 높은 정도의 부정적인 감정으로 반응한다.

그러므로 현실적인 목표는 기대치보다 약 5~10퍼센트 이상 높지 않게 설정해야 한다. 인간관계를 좀 돌보고 싶다면, 한 달에 친구 10명 대신에 11명에게 연락하는 것을 목표로 삼아라. 어떤 일에 한 주에 10시간이 아닌 더 많은 시간을 할애하고 싶다면 11시간을 목표로 삼아라. 반대도 마찬가지다. 인터넷을 하는 시간을 줄이고 싶다면 우선 한 주에 10시간 하던 것에서 9시간만 하는 것으로 목표를 다시 세워라.

목표 설정은 잠재의식적인 기대 수준을 좌우하고, 이런 기대는 다시 조금 더 나아가고자 하는 동기부여 생성에 영향을 미친다. 그리고 우리가 해낸 것을 성공으로 평가할 것인지 실패로 평가할 것인지도 좌우한다. 비현실적인 목표를 세우면 잠재의식이 기대치를 너무 높게 끌어올려 괜찮은 성과를 내도 만족하지 못하고 좌절감을 느끼기 쉽다.

보통의 성과가 정 불만스럽다면, 도전적인 목표가 필요할 수도 있다. 물론 이런 성과가 정말로 불만족의 원인인지를 우선 자문해보아야 한다. 목표 설정을 하면 보통은 성과가 향상되지만, 목표를 이루지 못하는 경우에는 쉽게 좌절감을 맛볼 수 있다. 이런 경우에는 얼른 예전에는 똑같은 성과가 성공으로 여겨졌다는 사실을 상기하는 것이 도움이 될 것이다.

목표를 비현실적으로 여러 개 설정하지 않는 것도 중요하다. 직업상의 목표에 더하여 휴가, 체중 감량, 운동량 늘리기, 매달 책 한 권씩 읽기, 더 많은 시간 악기 연습하기, 새로운 언어 배우기, 거기다 물론 매일 8시간의 수면 취하기까지…. 이렇게 목표가 너무 많으면 정신만 산만하다. 가령 전보다 윗몸일으키기를 더 많이 하기처럼 변화를 주고 싶은 영역 한두 가지에 한정하여 목표를 정하는 것으로 충분하다.

소유 효과 :
우리가 쇼핑백을 고이 간직하는 이유

손실 회피 경향이란 획득한 것들을 잃고 싶지 않은 마음을 의미한다. 손실이 있을 때 잠재의식은 이익이 있을 때 플러스 포인트를 만들어내는 것보다 더 많은 마이너스 포인트를 만들어내기 때문이다. 현대 문화에서는 우리의 '노획물'을 다른 사람들과 나누지 않고, 우리 '소유'로 간직한다. 그로 인해 손실 회피 경향으로부터 또 다른 현상이 생겨난다. 추가로 자신이 가진 것에 지나치게 강하게 집착하는 것이다.

노르웨이로 이사할 때 나는 먼지가 뽀얗게 쌓인 다락방을 치워야 했다. 그곳에는 10년 이상 쌓아놓은 물건들로 가득했다. 이 기회에 안 쓰는 물건들을 죄다 정리하고 처분하리라 마음먹었다. 내 뇌의 어두운 면은 모든 물건을 다 가져가고 싶어했지만, 나는 이삿짐 트럭을 한 대만 예약했다. 그러고는 가지고 있던 물건들을 e-Bay를 통해 팔아치우려 했다. 하지만 내가 가지고 있던 중고물건을 돈 주고 사겠다는 사람은 없었다. 내가 내 물건들의 가치를 무의식적으로 과대평가하고 있었던 것이 틀림없었다.

북미의 경제학자 잭 네치(Jack Knetsch)는 이와 관련해 한 가지 실험을 했다. 그의 세미나를 듣는 학생들에게 머그컵과 초콜릿 중 하나를 선택할 수 있도록 했다.[5] 컵과 초콜릿은 거의 가격이 같은 상품들이었다. 그리하여 예상대로 절반 정도의 학생이 머그컵을, 나머지 절반이 초콜릿을 선택했다. 그런 다음 두 번째 그룹의 학생들에게 초콜릿을 하나씩 나눠주고는 이어 그 것을 머그컵으로 교환하고 싶은지 물었다. 그러자 열에 아홉은 원래 받은 초콜릿을 계속 가지고 있겠다고 했다. 세 번째 그룹 의 학생들에게는 머그컵을 나누어주었고 이어 이들에게도 머그 컵을 초콜릿으로 교환하겠느냐고 물었다. 그러자 이들 역시 열 에 아홉은 그냥 머그컵을 가지고 있겠다고 했다.

교환으로 인해 재정적인 손실이 빚어지는 것도 아닌데, 대 부분의 실험 참가자는 물건을 교환하려 하지 않았다. 이런 태 도는 단순한 손실 회피 경향으로 설명할 수 없다. 오히려 잠재 의식적으로 이제 머그컵이나 초콜릿이 내것이라는 느낌이 들 기 때문이라고 설명할 수 있다. 이런 마음이 합리적인 효용을 고려하는 대신, 자신의 소유가 된 물건을 무조건 더 이상 내어 주고 싶지 않은 마음을 불러일으켰던 것이다. 그렇지 않았다 면, 각 그룹에서 거의 절반씩의 사람들이 머그컵이나 초콜릿 을 가지고 집으로 돌아갔을 것이다. 잠재의식이 소위 소유 효과 (Endowment Effect)를 만들어내는 것이다.

소유 효과에서 잠재의식은 물건의 가치를 대략 2:1의 비율 로 과대평가한다. 손실 회피 경향에서 손실 쪽을 2:1의 비율로 과대평가하는 것처럼 말이다. 대니얼 카너먼은 자신의 세미나 를 듣는 학생들에게 대학 로고가 새겨진 머그잔을 '지금 당장' 산다면 얼마에 살 것인지를 물었다. 그러자 학생들은 평균 2.5 달러를 주고 구입하겠다고 했다. 이제 다른 세미나를 듣는 학생들에게 선물로 머그잔을 주고는 이것을 되판다면 얼마를 받을 것인지를 물었다. 그러자 그들은 평균 5.5달러가 넘는 가격이라야 되팔겠다고 했다.[6]

합리적인 시장 법칙에 따르면 사고파는 가격은 같아야 한다. 하지만 사람들은 잠재의식이 뭔가가 내것이라는 느낌을 만들어내자마자, 소유를 잃어버리는 것에 대한 보상을 받고 싶어 한다. 실험 참가자들에게 이런 보상은 머그컵 가치의 두 배에 달했다.

마케팅 전략가들은 소유 효과를 십분 활용하여 마케팅을 한다. 나는 최근 한 달 동안 멋진 로봇청소기를 무료로 써봐도 된다는 제안을 받고 그 제안에 응했다. 그런데 집에서 그 청소기를 쓸 때마다 내 잠재의식은 강한 소유 효과를 발동시켰고, '나의' 고급 로봇청소기를 돌려주고 싶지 않게 만들었다. 그것을 다시 잃어버리는 것에 대한 아쉬운 마음은 처음에 청소기를 받아서 포장을 풀 때의 즐거움보다 갑절로 컸다. 슈퍼마켓에서도 비슷하다. 아이가 일단 한번 초코바를 손에 잡으면 이미 늦었다. 이것을 다시 놓게 하는 것은 거의 불가능하기 때문이다. 다른 초코바 두 개를 주지 않는 한 말이다.

우리는 곧잘 귀한 시간과 에너지를 많이 들여 많은 양의 소유물을 비축하곤 한다. 우리가 정말로 쓸 수 있는 것보다 훨씬 많이 물건을 쌓아놓는다. 장롱 속의 옷들 중에는 결코 다시는 입지 않을 것들도 여러 벌이다. 심지어 쓸데없는 쇼핑백도 장롱의 한자리를 차지한다. 그러나 그것을 버리는 건 잠재의식이 싫어하는 일이다. 그리하여 우리는 쓸데없는 물건들에서 해방되는 대신 점점 더 많은 짐에 눌려 살아간다.

다락방 정리를 하면서 내가 가지고 있던 물건 대부분을 그것이 필요한 동료들에게 선물하거나 자선 단체에 기부했다. 깔끔하게 치운 다락방을 머릿속에 그려보는 기분 좋은 상상도 다락방 물건들을 정리하는 데 도움이 되었다. 뇌 속의 모든 플러스 포인트는 잠재의식의 마이너스 포인트를 상쇄할 수 있도록 도움을 준다.

뇌의 어느 부분에서
현실 왜곡이 일어날까?

앞에서 손실 회피 경향, 위험 회피 경향, 위험 감수 경향, 소유 효과는 잠재의식이 만들어내는 것이라고 주장했다. 자, 이제 독자 여러분을 발견여행으로 초대하려 한다. 발견여행을 통해 이런 현상이 정말로 잠재의식, 즉 안와전두엽에서 비롯된다는 것을 보여줄 것이다.

캐나다의 신경심리학자 젱킨 목(Jenkin Mok)은 흥미로운 실험에서 (뇌경색이나 뇌졸중으로 말미암아) 안와전두엽이 손상된 사람들과 건강한 대조군을 대상으로 위험 회피 경향을 연구했다.[7] 실험 참가자는 두 가지 선택지 중 하나를 골라야 했는데, 한 가지 선택지는 확실히 받을 수 있는 금액을 제시했고, 다른 선택지는 금액이 더 높지만 위험성 역시 높았다. 실험 참가자들은 다음 두 선택지 중 어느 것을 고를까?

❶ 확실히 165달러를 받는다.

❷ 90퍼센트의 확률로 250달러를 받는다(10퍼센트의 확률로 아무것도 받지 못한다).

대부분의 건강한 실험 참가자들은 위험 회피 경향을 보여 ❶번을 골랐다. 사실은 ❷번이 더 기대금액이 높은데도 말이다(0.9×250달러=225달러, 따라서 165달러보다 훨씬 많다). 반면에 안와전두엽이 손상된 환자들은 확실하게 받는 돈이 180달러는 되어야만, 위험한 ❷번 선택지를 기꺼이 포기하고자 했다. 따라서 유리하게도 위험 회피 경향이 훨씬 덜했던 것이다.

위험한 선택지가 안전한 선택지보다 받을 수 있는 금액이 훨씬 높지만 확률은 매우 낮은 경우도 있었다(확실하고 작은 집게벌레와 위험하고 통통한 메뚜기 사이에서 하나를 선택했던 들쥐를 기억해보자). 다음 선택지 중 어떤 쪽을 선택하겠는가?

❶ 확실히 20달러를 받는다.
❷ 5퍼센트의 확률로 250달러를 받는다.

여기서 대부분의 건강한 실험 참가자들은 위험한 선택지인 ❷번을 골라 위험 감수 경향을 보여주었다. 역시나 불리한 선택이다. 이 선택지가 안전한 선택지에 비해 기대금액이 적기 때문이다(0.05×250달러=12.50달러). 건강한 사람들은 확실히 받을 수 있는 금액이 30달러 이상은 되어야 위험한 복권을 포기할 마음이 있는 것으로 나타났다. 반면 안와전두엽이 손상된 환자들은 확실히 받을 수 있는 금액이 75달러는 되어야 비로소 위험한 복권을 포기할 의향이 있는 것으로 나타나 높은 손실도 감수하려는 높은 위험 감수 경향을 보여주었다.

그러므로 안와전두엽이 손상된 환자의 경우 위험 회피 경향은 사라지고 위험 감수 경향은 증가한다. 이것은 안와전두엽과 뇌 속의 쾌락 중추 사이의 상호작용에 장애가 생겼기 때문이다. 쾌락 중추는 건강한 사람과 환자들 모두로 하여금 위험과는 상관없이 최대의 이익을 약속하는 선택지를 고르게끔 한다. 언제나 최대의 즐거움을 지향하는 것이다. 이때 잠재의식은 위험 회피 경향을 발휘하여 쾌락 중추를 제어하고, 건강한 사람으로 하여금 불확실한 이익이 더 클지라도, 확실한 이익을 선호하도록 이끈다. 안와전두피질이 뇌 속의 잠재의식적 쾌락 브레이크로 작용하는 것이다.

환자들은 이런 잠재의식적인 쾌락 브레이크가 손상되었기에 훨씬 더 높은 위험을 감수했다. 위험 감수 경향에 반대가 되는 것이다. 심지어 건강한 사람들의 경우에도 잠재의식은 쾌락 중추를 그다지 제어하지 않았다. 잠재의식은 작고 확실한 이익보다 크고 위험한 이익 쪽을 선호하기 때문이다. 그러나 환자들의 경우는 이런 제어 기능이 전혀 존재하지 않았다. 그리하여 과도하게 높은 위험을 감수했다.

위험 회피 경향과 위험 감수 경향은 뇌 스캐너로도 측정 가능하다. 신경경제학자이자 심리학자인 필립 토블러(Philippe Tobler)는 자기공명영상장치(MRI) 속의 실험 참가자들에게 두

가지 복권 중 하나를 선택하도록 했다. 하나는 아주 가능성이 높은 이익을 약속했지만 금액이 작았고(90퍼센트의 확률로 5유로를 받는다), 다른 하나는 높은 이익을 제공했지만 위험성이 높았다(5퍼센트의 확률로 90유로를 받는다). 대안들을 숙고하는 동안 측면 안와전두피질은 확률에 집중했고, 잠재의식은 위험 회피 경향과 위험 감수 경향에 상응하게 확률을 왜곡했다. 안와전두피질의 또 다른 영역은 위험 회피 경향을 강하게 보이는 사람들에게서 특히 활동적이었고 위험 감수 경향을 강하게 보이는 사람들에게서는 안와전두피질의 제3의 영역이 특히 활동적이었다. 이런 결과는 잠재의식이 위치한 안와전두피질의 다양한 영역이 위험 회피 경향과 위험 감수 경향을 조절한다는 것을 보여준다.[8]

잠재의식적인 손실 회피 경향 역시 안와전두엽에서 측정할 수 있다. 심리학자 러셀 폴드락(Russell Poldrack) 팀은 뇌 스캐너 안의 실험 참가자들에게 다양한 경우의 동전 던지기를 제안했다. 앞면이 나오면 돈을 따고, 뒷면이 나오면 돈을 잃는 방식이었지만, 얼마나 많은 돈을 따거나 잃을지는 동전 던지기를 할 때마다 달라졌다.

몇몇 동전 던지기는 매력적이어서 인물이 나오면 많은 돈을 따고 숫자가 나오면 적은 돈을 잃게 되어 있었다. 가령 앞면이 나오면 40달러를 따고 뒷면, 즉 숫자가 나오면 5달러를 잃는 식이다. 하지만 매력적이지 않은 동전 던지기들도 있어서, 앞면이 나오면 조금 따고, 뒷면이 나오면 많이 잃도록 되어 있었다.

가령 앞면이 나오면 10달러를 따고 뒷면이 나오면 20달러를 잃는 것이다.

실험 참가자들은 각각의 동전 던지기에 응할 수도 있고 거절할 수도 있었다. 그러므로 논리적으로는 매력적인 동전 던지기는 받아들이고 매력적이지 않은 동전 던지기를 거부하면 되었다.[9] 그러나 실험 참가자들은 동전 던지기를 선택할 때 분명한 위험 회피 경향을 보였다. 손실보다 이익이 최소한 두 배는 더 많은 동전 던지기만 받아들였던 것이다. 이는 불리한 선택이었다. 손실보다 이익이 많은 동전 던지기에는 다 응하는 것이 가장 성공적인 전략이기 때문이다.

그리고 매력적인 동전 던지기인 경우 안와전두피질의 활동이 증가했고, 매력적이지 않은 동전 던지기에서는 활동이 감소했는데, 매력적인 동전 던지기에서 활동이 증가하는 것보다 매력적이지 않은 동전 던지기에서 그 활동이 더 강하게 감소했다. 따라서 잠재의식은 이익을 얻을 가능성보다 손실을 볼 가능성에 더 강하게 반응하여 손실 회피 경향을 만들어낸다. 그래서 슈퍼마켓 계산대 앞에서 순서를 기다리면서 다른 줄이 훨씬 빠르게 줄어드는 것을 보면 잠재의식은 금세 끓어오른다. 시간을 좀 잃는 것뿐이고 장본 물건은 그대로 있는데도 말이다.

안와전두피질은 소유 효과에도 관여한다. 실험 참가자들은 뇌 스캐너에서 보온병, 프라이팬, 배낭 같은 생활용품의 이미지를 보고는 몇몇 실험에서 그런 제품을 구입하는 데 얼마를 지불할 의향이 있는지를 표시하도록 했다. 이어 다른 실험에서는 그 제품이 자기들의 물건이라고 상상하고 그것을 어느 정도의 가격에 팔고 싶은지를 생각하도록 했다. 그 결과 실험 참가자들은 '자신의' 물건에 대해서는 본인이 그 물건을 구입할 때 지불할 의향이 있는 것보다 훨씬 더 높은 가격을 불렀으며, 이런 높은 금액을 부를 때, 측면 안와전두피질의 활성화가 동반되는 것으로 나타났다. 즉 잠재의식이 소유 효과를 만들어냈던 것이다.[10]

홍미로운 것은 판매직에 종사하는 사람들의 경우는 팔 때 부르는 값이나 구매할 때 지불하고자 하는 가격이 별로 차이 나지 않았다는 것이다. 이에 상응하게 또 다른 연구팀은 그들의 경우 가격을 부를 때 안와전두피질 중앙 부분이 그리 많이 활성화되지 않는다는 사실도 발견했다.[11]

안와전두엽은 묻지 않고 평가를 내린다

이 책의 1부에서 나는 안와전두엽이 대상과 행동을 평가하고 그로써 결정에 영향을 미친다고 이야기했다. 가령 가성비 좋은 물건이 있을 때 '득템 알람'을 올린다든지 해서 말이다(86-87쪽 브라이언 넛슨의 실험 참조).

학자들은 실험을 통해 이를 정확히 연구했다. 그중 한 실험에서 목이 마른 붉은털원숭이에게 세 개의 사진 중 하나를 보게 했다. 첫 번째 사진을 보고 나면 대부분 먹을 물이 많이 나왔고, 두 번째 사진을 보고 나면 먹을 물이 조금 나왔다. 세 번째 사진을 보고 나면 눈 주변으로 불쾌한 공기가 훅 분사되었다. 원숭이들은 이를 빠르게 터득했다. 그래서 몇 번 경험을 한 뒤, 물이 제공되는 사진들은 혀로 핥기 시작했고, 공기 분사가 따르는 사진은 눈을 껌벅리며 수상쩍은 눈초리로 쳐다보았다. 원숭이의 뇌에서는 사진에 따라 안와전두피질 중간 부분의 신경세포가 서로 다르게 활성화되었다. 어떤 세포들은 많은 물이 뒤따르는 사진에 가장 강하게 반응했고 적은 물이 나오는 사진에는 그보다 덜 반응했다. 그리고 공기 분사를 예고하는 사진에는 가장 약한 반응을 보였다. 또 다른 세포들은 그와 반대로, 공기 분사를 예고하는 사진에는 가장 강한 반응을 보였고, 많은 물이 제공되는 사진에는 가장 약한 반응을 보였다. 따라서 안와전두피질의 세포들은 각각의 사진이 보여주는 가치를 반영했다. 이런 신경세포를 평가 세포(Bewertungs-Zellen)라고 불러보자.

이제, 사진들과 보상 또는 공기 분사의 결합을 바꾸었다. 전에 공기 분사를 예고했던 사진에 뒤이어 공기 분사가 아닌 물이 제공되었고, 전에 물이 뒤따랐던 사진에 불쾌한 공기 분사가 뒤따르도록 했다. 그러자 평가 세포들의 활성화도 이런 새로운 상황에 맞추어 뒤바뀌었다(핥거나 눈을 껌벅이는 것도 마찬가지로 변화했다).[12] 인간의 잠재의식 역시 유연해서 새로운 상황에 맞추어 자신에게 유리하게 평가를 내린다.

그밖에도 잠재의식은 현재 상태에 따라 주관적 가치를 변화시킨다. 그래서 배가 무척 고플 때 먹을 것이 보이면 지나치게 높은 가격일지라도 기꺼이 치를 의향이 있다. 반면 배가 부르면 값싼 간식 따위에는 그다지 유혹을 느끼지 않는다. 마트에서는 곧잘 무료 시식 기회를 제공한다. 한입 시식이 소비자의 식욕을 자극해 잠재의식적으로 더 많은 돈을 지불하도록 하기 때문이다.

심리학자 토르스텐 칸트(Thorsten Kahnt)는 여러 시간 아무것도 먹지 않은 배고픈 실험 참가자들을 대상으로 이것에 대해 연구했다. 우선 칸트는 뇌 스캔을 실시하는 가운데, 실험 참가자들로 하여금 더 맛있다고 느껴지는 음식 냄새를 선택하도록 했다. 달콤한 냄새(딸기, 캐러멜, 과자) 또는 짭짤한 냄새(고기찜이나 양파나 구운 마늘)였다. 그런 다음 실험 참가자들은 실제로 자신이 고른 달콤하거나 짭짤한 음식을 먹었고 이어 다시 한번 뇌 스캔을 받았다. 이번에 이들은 예상대로 방금 먹지 않은 음식의 냄새를 선호했다. 짭짤한 음식을 먹었던 사람들은 이젠 달콤한 냄새를 원했다.

잠재의식은 상황에 따라 음식의 평가를 변화시켰고, 그로 인해 냄새의 선호도도 달라졌다. 뇌 스캔 데이터에서 칸트는 바로 이런 선호도의 변화가 안와전두피질(중간 부분)의 뇌 신호에서 말미암는다는 것을 발견했다.[13]

따라서 중간 안와전두피질에는 빠르고 유연하게 상황에 맞추는 평가 세포들이 있다. 이런 평가 세포들은 대상, 행동 등의 주관적 가치를 암호화하며 가치함수의 신경학적 기초를 보여준다. 〈그림 7〉을 기억해보자. 가치함수는 S자 모양의 곡선으로, 이익이 있을 때의 기울기 상승곡선보다 손실이 있을 때의 기울기 하락곡선이 더 가팔랐다. 그러다가 왼쪽과 오른쪽으로 갈수록 기울기가 평평해진다(〈그림 7〉 참조). 긍정적인 것에 특히 강하게 반응하는 평가 세포들은 플러스 포인트를 만들어내고, 부정적인 것에 특히 강하게 반응하는 평가 세포들은 마이너스 포인트를 만들어낸다.

물론, 신경세포의 활동은 한계가 있다. 그래서 이익과 손실에 대한 가치함수의 기울기가 갈수록 평평해진다. 평가 세포는 과자 두 개가 주어지면 과자 한 개가 있는 경우보다 배로 활성화된다. 하지만 과자가 200개 있다고 하여 200배 활성화되지는 못한다. 과자 두 개가 주어지는 경우보다 확연히 차이 나는 반응을 보이기 위해서는 과자가 다섯 개쯤은 있어야 한다. 20개와 200개 사이의 차이는 뇌 활성화에서 더 이상 측정할 수 없었다. 하지만 기본 조건이 변하면, 평가 세포의 활성화도 변한다.

가령 배고픔은 과자에 대한 가치함수의 기울기를 증가시킨다. 그리하여 이제 평가 세포는 과자가 하나뿐이어도 예전에 다섯 개의 과자에 반응했던 것만큼 분명한 반응을 보인다. 한편 평소에는 두 개의 과자를 상으로 받다가 이번엔 한 개만 받으면 안와전두엽의 평가 세포가 뭔가 손해를 봤을 때처럼 활성화된다. 평소처럼 두 개가 아니라 '과자가 고작 한 개뿐이야' 하는 기분이 들기 때문이다.

들쥐는 안와전두엽에 있는 평가 세포의 활동에 근거해 결정을 내렸다. 이런 활동은 위험, 불확실성, 확률에 영향을 받는다. 그밖에도 이익을 얻기 위한, 또는 손실을 피하기 위한 비용의 영향을 받는다. 가령 딱정벌레나 메뚜기를 포획하는 데 드는 시간이나 노력 등의 영향을 받는 것이다. 안와전두엽은 이 모든 요소를 잠재의식적인 가치함수에 맞게 계산하여 여러 선택지 중 자신에게 가장 큰 주관적 가치를 갖는 선택지를 신속하게 선택한다. 이어 딱정벌레, 메뚜기, 초콜릿 등 선택한 것을 얻기 위해 기호와 욕구와 행동의 자극이 생겨난다. 반면 좋지 않은 선택지에 대해서는 내키지 않는 마음이 생겨난다.

미국 신경생물학자들인 카밀로 파도아스키오파(Camillo Padoa-Schioppa)와 존 아사드(John Assad)가 실시한 고전적인 실험은 안와전두엽에서 다양한 요인들을 어떻게 계산하는지를 보여준다. 이들은 붉은털원숭이들에게 달콤한 사과주스와 설탕을 넣지 않은 차 중에서 선택할 수 있도록 했는데 이때 서로 다른 양을 방울로 떨어뜨리는 방식으로 제공했다. 원숭이들은 이 두 음료를 다 좋아했지만, 그래도 사과주스를 좀 더 좋아했다. 따라서 사과주스가 차보다 더 높은 가치를 지녔다. 그래서 동일한 양의 사과주스와 차 중에서 선택하게 했을 때, 단번에 사과주스를 골랐다.

하지만 목이 마른 상태에서 차의 양이 달콤한 사과주스보다 훨씬 많은 경우에는 선택하는 데 어려움을 겪었다. 이제 그들은 여러 요인을 단 하나의 가치 눈금으로 통합해야 했다. 갈증, 음료의 맛, 음료의 양, 두 음료량의 상대적인 비율. 그들은 최적의 선택을 하기 위해 이런 요인들을 이리저리 비교하여 계산했다.

연구자들은 이런 계산이 안와전두피질에서 일어난다는 것을 발견했다. 안와전두피질에서 평가를 담당하는 세포는 어떤 선택지가 주관적인 가치가 가장 높은지 신호를 주었고, 연구자들은 이런 세포들의 활성화 정도를 보고 원숭이가 어떤 결정을 내릴지, 즉 적은 양의 사과주스를 선택할지, 많은 양의 차를 선택할지 읽을 수 있었다.[14] 그런 다음 안와전두엽은 운동 시스템에 신경 자극을 보내어 선택한 것을 쥐고 마시도록 했다.

따라서 주관적 가치는 물질적 가치와 단순히 일치하지 않는다. 갈증이 심한 경우, 적은 양의 사과주스보다 많은 양의 차가 더 높은 주관적인 가치를 지녔기 때문이다. 반면 목이 별로 마르지 않은 경우 적은 양의 사과주스가 많은 양의 차보다 주관적 가치가 더 높아진다.

붉은털원숭이의 안와전두엽에는 평가하는 세포들과 더불어 손실 회피 경향과 위험 회피 경향을 내보이는 세포들도 존재한다. 이러한 사실은 이런 잠재의식적 현상이 뇌에 얼마나 깊이 박혀 있는지를 보여준다. 그리하여 진화생물학적으로 볼 때 인간과 붉은털원숭이의 공통 조상도 마찬가지로 평가 세포들을 가지고 있었을 것이다. 이런 공통 조상은 적어도 2000만 년 전에 살았다. 그러므로 평가 세포가 존재해온 세월은 진화 과정에서 호모 사피엔스가 살아온 기간보다 20배에서 40배 이상 길다고 할 수 있다.

지금 당장의 이익에 끌리는 이유

잠재의식은 즉각적으로 이익을 얻을 수 있는 것을 중요시한다. 그렇지 않으면 이익의 가치가 급격히 떨어져버린다. 당장의 것이 좋은 것이다. 잠재의식적으로 가치를 감가해버리는 원칙을 전문용어로 지연 할인(Delayed Discounting)이라 부른다. 가령 대부분의 실험 참가자는 한 달 뒤에 12유로를 받는 것보다 지금 당장 10유로를 받는 쪽을 선호한다. 즉각적으로 이익을 제공받는 것을 추후에 제공받는 것보다 훨씬 좋아하는 것이다. 나중에 받을 이익이 더 크다 해도 말이다. 현재의 것을 매력적으로 느끼는 현상은 손실 회피 경향과 관련된다. 나중을 기약했다가 이익이 불발되기라도 하면, 지금 당장 이익을 얻는 즐거움보다 아쉬움이 더 뼈저리게 느껴질 것이기 때문이다. 잠재의식이 미래의 것에 유혹을 느끼려면, 미래의 이익이 지금 당장 얻을 수 있는 이익보다 훨씬 크면서도 혹시라도 못 받을 위험성은 매우 작아야 한다.

수많은 연구는 안와전두엽이 행동 선택지를 평가할 때 '지금 당장의 것이 좋은 것'이라는 원칙을 참작한다는 것을 보여준다.[15] 우리의 다른 감정 시스템도 당장의 이익, 즉 직접적인 미래에 굉장히 강하게 반응한다. 장기적인 일은 예측하기 어렵기 때문이다. 그러다 보니 우리는 단기적인 이익에 눈이 멀어 장기적인 리스크를 간과하기 쉽다. 단기적인 이익이 유혹적일수록 장기적인 단점이 잘 보이지 않는다.

달콤한 것과 다른 중독성 물질, 페이스북, 성적 유혹 등 뇌의 쾌락 중추는 손이 닿는 곳에 있는 유혹들에 강하게 끌린다. 그러므로 유혹에 저항하는 가장 단순한 전략은 이런 유혹을 멀리하고 가능하면 제거하는 것이다. 자꾸 손이 가는 과자를 회의 탁자에서 치우거나 과자에서 충분히 먼 자리에 앉는 등 유혹에 저항하는 법을 미리 숙고하고 구체적으로 상상해보는 것도 도움이 된다. 그밖에 당장의 유혹이 어떤 결과를 가져올지, 자신이 원하는 것은 무엇인지를 의식하며 혼잣말을 하는 것도 기적을 일으킬 수 있다. 예를 들면 "맥주가 상당히 당기는군. 하지만 지금 유혹에 넘어가면 내일 숙취 때문에 후회할 거야. 그러므로 이제 맥주가 눈에 보이지 않는 곳으로 가자"라고 말하는 것이다 (또 다른 방법에 대해서는 44쪽 '뇌 속 셰프는 누구일까?', 84쪽 '오늘만 특가로 팔아요' 참조).

뇌의 어두운 면에 깃든 소유 의식

손실 회피 경향이나 소유 효과가 삶을 씁쓸하게 만들 때, 우리는 뇌의 어두운 면에 무기력하게 내맡겨져 있을까, 아니면 의식적으로 이것에 영향을 미칠 수 있을까? 손실 회피 경향은 들쥐와 인간 모두에게 존재한다. 뇌의 잠재의식에 깊이 심겨 있는 것이다. 정도는 서로 다르지만 다양한 문화권에서 손실 회피 경향을 관찰할 수 있다.

인간의 신피질은 안와전두엽을 통제할 수 있다. 따라서 진화론적으로 손실 회피 경향이 깊이 심겨 있다고 해도, 들쥐처럼 손실에 감정적으로 반응하는 대신 인간은 손실 회피 경향에 휘둘리지 않고 이성적으로 생각하고 행동할 수 있다. 잠재의식이 빚어내는 현상에 어떻게 대처할지 의식적으로 결정할 수 있는 것이다.

손실을 기피하려는 경향이 나라와 문화, 종교에 따라 정도 차이를 보인다는 사실도 이에 대한 흥미로운 증거가 될 수 있다. 앞서 소개했던 복권을 선택하는 행동에서도 유럽과 북아메리카 같은 개인주의 문화권과 동아시아 같은 집단주의 문화권 사이에 차이가 관찰된다. 복권에 대한 선호도를 통해 손실 회피 경향이 얼마나 강한지를 계산할 수 있는데, 평균적으로 개인주의 문화권 거주자들이 손실 회피 경향을 더 강하게 보이는 것으로 나타났다.[16] 개인주의 문화에서는 개인적인 성공, 야망, 이익이 더 중요하게 생각되기 때문인 듯하다. 반면, 집단주의 문화에서는 겸손하게 양보하고 서로 돕는 태도가 더 중요하게 느껴지고, 개인적인 손실이 그다지 나쁜 것으로 여겨지지 않는다.

그렇다면 소유 효과는 어떨까? 소유 효과와 관련해서는 문화적 차이가 더 분명히 나타난다. 소유 효과는 진화적으로 인간 출현 이후에야 비로소 생겨났다. 인간에게서 처음으로 소유 개념이 생기고 재화를 축적하는 행동이 시작된 것이다. 물론 영역 표시 행동을 하는 동물들도 있지만, 재화를 거래하고 상당한 재산을 축적하는 것은 인간뿐이다.

소유 개념이 생겨난 것은 인간에게도 그리 오래된 일이 아니다. 인간이 정주해서 살기 시작하면서 비로소 생겨났기 때문이다. 유목 생활을 그만두고 농경, 가축 사육, 무역이 활발해지면서 소유 효과가 생겨났다. 정착 문명은 약 1만 1000년 전에야 비로소 근동 지역에서 발달해 점차 유목 문화를 대체해나갔다. 그리하여 500년 전만 해도 인류의 3분의 1가량은 수렵과 채집을 하며 살았다. 지금은 유목 생활을 하며 살아가는 부족이 몇 되지 않는다.

정착 생활은 인간에게 소유와 부를 안겨주었지만, 소유를 축적하기 위해 많은 노동력과 시간을 들여야 했으며, 한곳에 정착해 살게 되면서 사회적 불평등도 확산되었다. 재산상의 차이, 사회적 지위와 권력이 생겨났고 포획한 메뚜기에 집착하는 들쥐처럼 가진 것에 잠재의식적으로 집착하기 시작했다. 정착 생활을 하게 되고 소유 개념이 생겨나면서 인간은 진화적으로 유익한 잠재의식적 메커니즘인 손실 회피 경향으로 자신과 자연을 거스르기 시작했다. 그리하여 부유하고 강한 사람이 가난하고 약한 사람보다 더 가치 있다고 여겨지게 되었고, 소유물로 자신의 가치를 증명하고 그 소유물을 지키기 위해 기를 쓰게 되었다.

소유를 위해 인간은 숲을 불태우고 동물 종들을 멸종 위기로 몰아넣고 전쟁을 벌인다. 하지만 뇌를 포함한 우리 몸은 진화 과정에서 소유를 위한 옷장이 필요 없는 유목 생활을 하도록 발달해왔다. 약 50만 년에서 100만 년 전에 등장한 호모 사피엔스의 역사에서 정착 생활을 한 1만 1000년은 아주 짧은 시간에 불과할 따름이다. 영화로 따지면 전체 영화 중 마지막 1분에 불과한 것이다.

이 영화에서 인간은 대부분의 세월을 어떻게 살았을까? 즉, 정착 생활을 하기 전에 어떤 모습으로 살았을까? 수렵과 채집으로 먹고사는 유목민들을 관찰하면 이런 질문에 대답할 수 있다. 여러 대륙에서 살아가는 유목민들은 서로 생활방식이 놀라울 정도로 비슷하여, 이들을 보며 정착 생활을 하기 전 수많은 세월 동안 유목 생활을 하며 살았던 과거 인간들의 생활방식을 유추해도 무리가 없어 보인다.

심리학자 코렌 애피셀라(Coren Apicella)는 이에 착안하여 한 유목민 부족을 대상으로 실험을 진행했다. 애피셀라의 실험은 앞서 소개했던 잭 네치의 머그컵과 초콜릿 실험과 유사한 실험이었다. 다만 유목민들임을 감안하여 머그컵과 초콜릿 대신 라이터와 과자를 건넸다. 이 실험 결과는 굉장히 인상적이었다. 자신이 받은 머그컵을 등가의 다른 상품과 교환하려 하지 않았던 서구 대학생들과 달리, 유목민 참가자들의 다수는 자신이 받은 선물을 다른 선물로 교환했다. 전혀 소유 효과를 보여주지 않았던 것이다.[17]

이 실험의 참가자들은 북탄자니아의 외딴 지역에서 수렵과 채집 생활을 하며 서구 문화권과 그다지 접촉하지 않고 살아가는 하자(Hadza)족 사람들이었다. 코렌 애피셀라는 하자족에 속하지만, 경계 지역에 거주하며 여행객들이나 다른 지역 사람들과 자주 접촉하거나 그들과 활발하게 거래하고 현대적인 마트를 들락거리며 살아가는 사람들을 대상으로도 연구했는데, 그 결과 같은 하자족 출신이라도 이런 사람들은 자신이 받은 과자나 라이터를 대부분 다른 것으로 교환하려 하지 않는 것으로 나타났다. 소유 효과를 보여준 것이다.

전혀 소유 효과를 보이지 않았던, 유목 생활을 하는 하자족 집단은 사회적 평등을 지향하는 평등주의적 공동체다. 평등은 유목 생활을 하는 공동체의 전형적인 특성이다. 이들은 집을 가지지 않고 가축을 기르거나 농사도 짓지 않은 채, 30명 정도의 비교적 작은 무리를 이루어 야외에서 생활한다. 여자들은 과일과 감자 등을 채집하고 남자들은 동물을 사냥하거나 꿀을 모은다. 수집하거나 포획한 식량은 캠프로 가져와 모두가 동등하게 나눈다. 식량은 마련한 즉시 조리해 먹고 보관하거나 쌓아두지 않으며 주변의 자원을 다 써버리면 다른 곳으로 이동한다. 의사 결정은 그룹 안에서 이루어지며 리더는 따로 없다. 하자족 사람들에게 마트에서 먹거리를 구입하는 우리의 '현대적' 생활방식은 너무 복잡하고 스트레스와 일거리가 많아 보인다. 그들은 하루에 적은 시간만 먹거리를 찾는 데 보내며 나머지 시간은 '자유'다.

물론 하자족 사람들도 칼, 가죽, 활, 화살과 같은 물건을 가지지만, 개인적으로 소유하는 물건의 양은 스스로 지니고 다닐 수 있을 정도로 제한된다. 다른 사람보다 많이 가진 사람은 자기 물건을 다른 사람에게 나누어주는 것이 일반적이다. 칼 두 자루를 가진 사람은 그중 하나를 칼을 가지고 있지 않은 사람에게 나누어주는 식이다.

하자족 구성원들은 소유 효과를 보이지 않는다. 반면 현대 사회에서는 아직 학교에 들어가지 않은 아이들도 이미 소유 효과를 보인다. 따라서 소유에 대한 집착은 문화적 현상이다. 또한 사회심리학자 윌리엄 매덕스(William Maddux)는 내적 자세가 소유 효과에 얼마나 강력한 영향을 미치는지 밝혀냈다. 매덕스는 대학생들에게 머그컵이나 초콜릿을 준 뒤, 다른 것으로 교환하고 싶은지 물었는데, 그 전에 우선 작문을 쓰도록 했다. 작문 주제는 두 가지였다. 하나는 우정과 친구 관계를 어떻게 돌볼까에 대한 것이었고, 다른 하나는 자신의 개성이나 특기를 떠올리면서 자신이 다른 사람들과 어떻게 긍정적으로 구별되는지를 적어보는 것이었다.

그 결과 개인적인 특성에 대해 글을 쓴 대학생들은 물건을 교환할 의향이 그다지 없어서, 우정에 대해 작문을 쓴 학생들보다 더 강한 소유 효과를 보여주었다.[18] 그러므로 공동체적 가치를 환기시키는 것만으로도 이미 잠재의식적 소유 효과를 줄이기에 충분하다.

손실 회피 경향의 대명사,
확증 편향

　바닐라 아이스크림이나 람보르기니를 잃어버리면 잠재의식은 손실에 대한 좌절감을 만들어낸다. 권력이나 지위를 잃어버려도 굉장히 아파한다. 심지어 뇌의 어두운 면은 생각, 설명, 견해, 확신과 관련해서도 손실 회피 경향을 보여준다. 잠재의식은 '득템'했던 신발 한 켤레를 도로 내어주는 것만큼이나 애써 찾아낸 설명을 도로 포기하는 것을 아쉬워한다.

　비합리적으로 자신의 생각에 집착하는 현상, 그 생각이 틀렸음에도 거기에 집착하고 매몰되는 현상을 전문용어로 확증 편향(Confirmation Bias)이라고 한다. 뭔가에 대한 견해나 설명을 한번 받아들이고 나면 우리는 잠재의식적으로 이런 견해나 설명을 뒷받침해주는 근거들을 우선적으로 수용하며, 손실 회피 경향으로 말미암아 이미 찾아낸 설명을 포기하는 걸 굉장히 싫어한다. 이런 설명에 반하는 징후나 반대 증거가 있어도 아랑곳하지 않고 증거들을 무시하거나 거부한다.

2001년에 어느 무모한 엔지니어들이 유럽 항공기업체 에어버스사의 비행기에 결함이 있는 엔진을 교체하면서 연료 파이프와 딱 맞지 않는 모델을 장착했다. 이 비행기는 캐나다에서 포르투갈로 향하는 대서양 횡단 비행에 나섰는데, 이륙 직후부터 연료 파이프가 마모되어 아무도 깨닫지 못하는 사이에 날개 중 하나에서 등유가 누출되기 시작했다. 얼음처럼 차가운 등유가 엔진 오일 파이프 위로 흘러 증발하면서 오일이 냉각되자, 오일은 더 점도가 높아져 유압이 치솟았다. 조금 뒤 조종사들은 엔진 오일 온도가 이상하게 낮고 유압이 매우 높은 것을 알아차렸다. 이어 탱크 속 연료량 불균형 경고 표시마저 떴다. 조종사들은 바야흐로 난감해졌다. 연료량 불균형을 해소하기 위해 연료펌프를 작동시켜보았지만, 그로 인해 더 많은 연료가 새어나올 뿐이었다. 계기판 표시도 전혀 변화가 없었다.

　　대체 어찌 된 일일까? 이제 결정적인 순간이 왔다. 조종사들은 기내 컴퓨터가 오작동하고 있다는 결론에 이르렀다. 경고 표시들이 잘못되었다고 결론 내리려면 그렇게밖에 설명할 수 없었다. 객실 승무원에게 날개를 좀 봐달라고 부탁하긴 했지만, 별다른 이상은 없는 것으로 보였기에 조종사들은 컴퓨터 오작동 문제라는 자신들의 설명을 확신했다. 잠재의식적으로 이 설명을 확인해주는 정보들만 구했고, 의식적으로 '대안적인' 설명(엔진에서 연료가 새고 있다)을 찾는 대신, 모든 새로운 정보를 기존의 설명에 끼워맞췄다. "음, 뭔가를 분간하기에는 밖이 너무 어두운 것 같아"라고 말하는 대신, "아하, 컴퓨터 오작동이 분명해"라고 말했다.

다행히 조종사들은 만일의 경우를 대비해 항로를 바꾸어 가까운 공항으로 향했다. 그때도 여전히 컴퓨터의 짜증 나는 오작동 외에는 모든 것이 정상이라고 굳게 믿었다. 그런데 얼마 지나지 않아 이번에는 오른쪽 엔진이 고장 났고, 몇 분 지나지 않아 가까운 공항을 약 100킬로미터가량 남겨둔 상태에서 왼쪽 엔진마저 고장이 났다. 기내의 압력이 무너져 곧 천장에서 산소 마스크가 내려왔다. 비행기는 천만다행으로 20분가량을 활공 비행한 후 성공적으로 비상 착륙했다. 그것은 항공 역사상 가장 긴 활공 비행이었다. 부상자가 조금 생기긴 했지만, 승객은 모두 생존했다. 부상자가 생긴 것은 항공기에서 비상 탈출 때 몇몇 승객이 기내 수하물을 들고 슬라이드를 타려 했기 때문이었다. 그들은 이런 상황에서도 손실 회피 경향을 보였던 것이다.

확증 편향은 반대 증거들이 압도적으로 많을지라도 잠재의식적으로 갖게 된 설명이나 견해를 고수하게 한다. 심한 경우, 지구가 평평하다거나 예방접종이 면역체계를 교란시킨다거나 달 착륙은 거짓이라거나 5G 무선탑이 코로나19나 암을 유발한다고 확신한다. 확증 편향에 더해, 사람들은 자신의 견해를 통해 자신이 속한 집단에 소속감을 느끼고자 한다(이에 대해서는 228쪽 '안와전두엽의 은밀한 압력, 동조 현상' 참조).

자기 소유가 된 설명이나 확신은 다락방에 쌓인 고물만큼이나 내어주고 싶지 않은 것이 되어버린다. 이런 설명이나 확신은 우리의 일부처럼 인식되어 그것을 잃는다고 생각하면 심장이 콩콩 뛰기 시작하고 식은땀이 난다.

잘못된 견해나 이론을 신봉한 기간이 더 길수록, 거기에 시간과 노력을 더 많이 들였을수록 잠재의식적인 손실 회피 경향으로 인해 그것들을 포기하기가 더 힘들어진다. 잠재의식의 평가 세포는 자신의 견해에 맞는 정보를 더 가치있는 것으로 평가하며 잠재의식은 그런 정보를 자신의 견해나 세계관에 반하는 정보보다 더 유쾌하게 느끼도록 한다. 자신의 확신에 맞지 않는 정보는 잠재의식적으로 걸러지거나 자신의 세계관에 맞게 재해석되거나 불쾌하고 위험한 것으로 느껴진다. 나아가 처벌처럼 느껴지거나 두려움이나 불안을 유발한다.

안와전두엽은 각자의 관점에서
손실 회피 경향을 만들어낸다

남다른 통찰력이 돋보이는 어느 신경과학 연구는 안와전두엽이 저마다의 관점에 대해서도 손실 회피 경향을 불러일으킨다는 것을 보여주었다. 2004년 미국 대선을 앞두고 한 연구팀은 자신이 확고한 공화당 지지자 혹은 확고한 민주당 지지자라고 표명한 참가자들을 대상으로 실험을 진행했다.

실험 참가자들은 뇌 스캐너 안에서 조지 W. 부시(공화당 후보)와 존 켈리(민주당 후보)의 과거 발언들을 읽었다. 가령 부시가 예전에 엔론 회장 케네스 레이(Kenneth Lay, 그 뒤 어마어마한

회계 부정에 연루되었음이 밝혀짐)에 대해 굉장히 경탄했던 발언을 읽었고, 은퇴 연령을 높여야 하고 사회복지 예산을 줄여야 한다고 했던 존 켈리의 발언도 읽었다. 그런 다음 부시와 켈리가 나중에 다시금 이런 내용과 모순되는 발언을 한 것도 읽었다. 부시는 이전의 발언을 뒤집어 엔론에 대해 비판적인 발언을 했으며, 켈리 역시 노령 연금 수령 나이를 높이지 않을 거라고 발언했던 것이다.

이런 내용을 읽은 실험 참가자들은 잠시 생각해보는 시간을 가진 뒤, 이 발언들이 모순이라고 생각하는지 이야기하도록 했다. 그러자 공화당 지지자들은 민주당 후보 존 켈리의 발언이 파렴치하게 모순적이라고 말한 반면, 부시의 발언은 전혀 모순이 아니라고 보았다. 민주당 지지자들은 정반대였다.

이제 실험 참가자들은 세 번째 발언들을 접했다. 이 발언들은 앞의 모순적인 발언들을 변호하는 것들이었다. 부시는 자신이 엔론의 부패한 경영에 대해 충격을 받았다고 말했고, 켈리는 현재의 사회보장제도는 1990년대에 비해 훨씬 더 많은 돈을 가용할 수 있는 상태라고 했다. 실험 참가자들은 다시금 이런 발언에 대해 생각하고, 앞의 모순을 새로운 정보에 비추어 평가하는 시간을 가졌다. 그런데 이때도 참가자들은 여전히 자기가 지지하는 후보자의 변호는 납득할 수 있는 것으로 여겼지만("이런 실수는 누구나 할 수 있어요"), 상대편 후보의 변호는 전혀 받아들일 수 없는 것으로 보았다("비열한 정치인이 또다시 거짓말로 빠져나갈 궁리를 하는군요").

지지 후보의 모순적인 발언을 읽을 때는 참가자들의 중간
안와전두피질의 활성화가 뚜렷이 증가하고, 변호하는 발언을
읽을 때는 다시금 감소하는 것으로 나타났다.[19] 모순적인 발언
으로 실험 참가자의 관점, 즉 세계관이 위태로워질 때면 잠재의
식이 마이너스 포인트를 만들어냈다. 이때 만들어지는 마이너
스 포인트가 세계관을 정당화하는 발언으로 다시금 바로 세워
질 때의 플러스 포인트보다 훨씬 많았다(손실 회피 경향).

그밖에도 실험 참가자들은 자신의 확고한 세계관에 기초하
여, 잠재의식적으로 자신이 지지하는 후보의 발언이 그다지 모
순적이지 않다고 평가했으며, 그 후보의 변호를 자신의 입장을
뒷받침해주는 증거로 여겼다. 따라서 우리는 무의식적으로 정
보들을 자신의 세계관에 맞도록 해석하고 그 세계관을 확인해
주는 것으로 평가한다.

연구 결과는 잠재의식이 '우리 집단'에 속하지 않은 사람들
의 발언은 무시하는 경향도 보여준다. 이것은 다른 의견을 가진
사람들과 대화하거나 그들을 이해하는 데 적절한 전략은 아니
다. 우리가 잠재의식적으로 우리 세계관을 고수하는 것처럼 상
대도 상대의 세계관을 고집한다는 걸 감안하는 자세를 가지면,
다른 생각을 가진 사람들과의 대화가 더 평화롭고 건설적으로
이루어질 것이다.

우리의 잠재의식과 상대의 잠재의식은 자신의 세계관이 위
태로워지자마자 마이너스 포인트를 만들어내며, 이런 마이너스
포인트는 불안·두려움·분노로 느껴진다. 여기서도 자신의 관점

을 바꾸는 것이 그리 나쁘지 않음을 기억하면 좋을 것이다. 손실이 좋지 않게 느껴지는 것은 잠재의식이 마이너스 포인트를 만들어내면서 과장하기 때문이다.

많은 소셜 미디어(특히 페이스북, 트위터, 그외 이와 비슷한 서비스들)는 서로 다른 생각을 가진 사람들이 평화롭고 건설적으로 교류하는 일에는 전혀 관심이 없으며 오히려 그들의 목적을 위해 확증 편향을 이용한다. 모든 정보가 사용자들의 견해를 기분 좋게 확인시켜주고 공동의 적에 대한 분노를 표현할 수 있도록 해줌으로써 사용자들이 이 공간에 더 오래 머물러 있도록 한다. 그래야 광고의 융단폭격을 더 많이 받을 수 있기 때문이다. 그러나 잠재의식적 확증 편향을 따르는 사람은 늦든 빠르든 어쩔 수 없이 잘못된 가설에 편승할 수밖에 없다.

첫인상이 그렇게나 중요한 것도 잠재의식적 확증 편향 때문이다. 상대가 일단 순식간에 의견을 형성하고 나면, 잠재의식은 이를 변경하는 것을 굉장히 싫어하기 때문이다.

손실 회피 경향에서 비롯된
현상 유지 편향

견해와 입장에 대한 손실 회피 경향은 '현상 유지 편향 (Status quo bias)'에도 기여한다. 1985년 코카콜라 회사는 새로운 콜라 레시피를 개발했다. 블라인드 테스트에서 열광적인 콜라 팬들을 비롯한 대부분의 사람이 새로운 레시피에 훨씬 좋은 반응을 보였다. 그리하여 코카콜라 회사는 그 청량음료를 '뉴 코크(New Coke)'라는 이름으로 출시했다. 하지만 거의 아무도 이 음료를 마시려 하지 않았고, 소비자들은 단순히 친숙하다는 이유로 계속해서 익숙한 맛의 콜라를 원했다.

잠재의식은 새로운 상태가 장기적으로 이익을 가져올지라도 현 상태를 유지하도록 하는 힘을 가지고 있다. '그냥 지금까지 그래왔다'는 이유로 그대로 해야 하는 것들이 얼마나 많은가. 휴가를 갈 때면 똑같은 호텔을 선택하고 제과점에 가면 늘 똑같은 빵을 구입하며 식당에 가면 늘 똑같은 메뉴를 주문하고 여유자금도 늘 똑같이 관리한다. 새로 나온 약 대신에 기존의 약을 고수한다.[20] 사람들은 잠재의식적으로 변화보다는 익숙한 것을 선호하기에 자신의 이성적인 관심사에 반하는 결정을 내리곤 한다.

변화가 유익을 선사함에도 익숙한 것을 간직하고자 하는 수많은 개인들의 잠재의식적 충동이 사회와 경제와 정치에 영향을 미친다. 선거에서는 이미 재임 중이라는 사실만으로 현직 의원이 유리하다. 이런 맥락에서 독일의 연방의회 선거는 '총리 보너스' 선거라고도 불린다. 1957년 콘라드 아데나워(Konrad Adenauer, 제1대 독일 총리)는 "실험하지 마라!"를 모토로 특히 이런 보너스의 혜택을 보고자 했다. 그리고 성공했다. 절대 다수 표를 얻었던 것이다.

도덕·전통·의례·관습 등도 사회 내에서 잠재의식적인 습관의 힘을 통해 유지된다. 변화된 상황에서는 더 이상 의미가 없거나 오히려 부정적인 영향을 미치는 것들인데도 말이다. 가령 동성애자에게 이성애자와 동등한 권리를 보장하지 않는 것은 동성애자 입장에서는 상당히 굴욕적인 일임에도 동성애자가 평등한 권리를 갖게 되기까지는 참으로 오랜 세월이 걸렸다.

현상 유지를 하지 못하거나 기존의 세계관을 상실할 위험이 있을 때면, 잠재의식은 손실 회피 경향으로 인해 두려움과 거부감, 그리고 마이너스 포인트를 강하게 만들어낸다. 많은 구성원이 이런 경향을 가진 사회는 정치 개혁이 단점보다 이점을 더 많이 가지고 있어도 좀처럼 그것을 이루지 못한다. 독일에서는 행정업무를 디지털화하는 일에 정말이지 많은 시간이 걸렸다. 관청에서 현상 유지를 변화시키는 일에 거부감이 많았기 때문이다.

하지만 세상은 끊임없이 변화한다. 때로는 우리에게 유리하게, 때로는 불리하게 변한다. 이것은 불가피한 사실이다. 그러므로 잠재의식적으로 과거에 매달려 있는 대신 변화를 받아들이고 열린 마음으로 적극 대처한다면, 삶이 훨씬 쉬워질 것이다. 잠재의식적 확증 편향이 경제적으로 커다란 불이익으로 이어질 때는 특히 그렇다.

19세기 초에 범선을 만들던 사람들은 증기선이 대세가 될 거라는 사실을 인정하지 않으려 했고, 그 바람에 대부분의 범선 업자가 파산하고 말았다. 20세기 초에 말 사육자들은 자동차가 그들을 시장에서 몰아내는 일은 없을 거라고 생각했다. 그로부터 한 세기가 지난 뒤에는 어떤 일이 일어났는가. 독일의 자랑스러운 내연기관 자동차 기업들이 전기차로 전환하는 일에 뒤처지는 바람에, 얼마 가지 않아 미국의 전기차 제조사인 테슬라가 독일의 모든 자동차 회사를 합친 것보다 더 큰 가치를 지닌 자동차 브랜드가 되었다. 많은 시간과 노력과 정성을 들여서 어떤 일에 크게 성공하면, 그것과 결별하는 것은 잠재의식적으로 너무나 고통스럽다.

혁신을 제대로 평가할 수 있는 지식이 부족하면, 잠재의식적으로 현 상태의 변화에 반감을 갖게 되기 쉽다. 그리하여 코로나19 팬데믹 기간 동안 새로운 mRNA 백신에 대한 지식이 부족한 상황에서 가뜩이나 과학자와 정치인을 불신하는 사람들 중에는 현상 유지 편향으로 말미암아 백신 접종을 거부하는 사람들이 많았다.

언론은 백신에 대한 토론을 보도할 때 '잘못된 균형'을 적용해 이런 현상 유지 편향에 더욱 기여했다. 즉, 보통 100명의 과학자가 같은 의견이라고 할 때 이에 동조하지 않고 반대 목소리를 내는 과학자가 늘 두 사람 쯤은 있는 법인데, 언론은 백신에 대한 토론에서 2명이 100명을 상대로 목소리를 내게끔 했다. 이로써 마치 똑같은 비중을 가진 두 진영 간의 의견 차이인 것처럼 보이게 해 오히려 현상 유지 편향을 부추겼다.

이런 행태는 잠재의식적인 확증 편향을 가진 사람들로 하여금 자신들의 잘못된 의견을, 즉 현 상태를 유지하도록 하기에 충분했다. 과학 전문가가 아닌 이상, 이런 부당함이 쉽게 눈에 들어오지 않는다. 수만 명의 의사와 생화학자들은 아주 특별한 경우를 제외하고 mRNA 코로나19 백신을 접종해도 무방하다고 한목소리를 냈지만, 대중은 단 한 명의 (생화학 분야에 몸담은 적이 없는) 생물학자가 낸 베스트셀러를 보고 백신접종이 '아직 확실히 입증되지 않았다'고 여겼다.

물론 과학자들도 확증 편향의 희생양이 될 수 있다. 역사적으로 수많은 연구자들이 확증 편향으로 인해 소수의 연구자들의 견해를 믿어주지 않고 무시해버렸던 사례들이 많다. 나중에는 그 소수의 말이 맞는 것으로 드러났음에도 말이다. 가령 페니실린을 최초로 발견한 사람은 알렉산더 플레밍(Alexander Fleming)이 아니라 어니스트 뒤센(Ernest Duchesne)이라는 젊은 의대생이었다. 하지만 그의 교수들은 이런 혁신적인 일을 받아들여주지 않았다. 그러므로 앞서 과학자 100명의 의견에 동조하지 않고 자신의 의견을 강하게 확신하는 두 과학자도 이런 소수의 그룹처럼 나중에 그들이 옳았음이 드러날지도 모른다.

역사적 사례를 보면 지배적인 의견에서 벗어나는 소수는 늘 진보적인 사람들이었다. 즉, 예전 것에 집착하지 않고 새로운 것을 들여오고자 하는 사람들이었다. 그러나 코로나19 백신 반대자들은 정반대다. 백신을 반대하는 소수의 의사나 과학자들은 진보적인 사람들이 아니었으며, 더구나 현장에 있는 다른 전문가들이 보기에 "기본적으로 굉장히 능력 있고 존경할 만한 과학자들인데 백신에 대해 특이한 생각을 표명하네?"라고 평할 만한 사람들이 아니었다.

확증 편향과 현상 유지 편향은 우리 모두를 아주 쉽게 조작할 수 있게 만든다. 닳고 닳은 미디어 조작자들은 사람들의 기존 믿음을 확인시켜주는 방식으로 선전과 캠페인을 전개할 때, 사람들이 잘못된 정보에 잠재의식적으로 홀딱 빠지게 된다는 것을 안다. 다음 수순으로 무지를 적극적으로 만들어내고 유지시키며 의심을 심는 것은 그들에겐 식은 죽 먹기다. 이 과정에서 활용되는 무지학(애그노톨로지: agnotology)은 과학적 정보에 대한 사람들의 사회문화적 무지와 의심을 연구하는 학문을 말한다.

　　1960년대에 미국 담배 회사들은 흡연이 건강에 정말 해로운 영향을 미치는지에 대해 의도적으로 의문을 제기하기 시작했다. 그리고 새천년이 시작될 무렵 유리당(free sugar)을 함유한 제품이 얼마나 해로운지를 보여주는 첫 학술 연구들이 나왔을 때, 미국의 제당 및 제과 기업 연합은 새로운 과학적 인식에 대해 의도적으로 의구심을 품게 만드는 언론 캠페인으로 대응했다. "…에 대한 증거는 없다"라는 식의 부정하는 말, 혹은 "…인지 아직 확실하지는 않다"라는 식의 상대화시키는 발언이 이런 캠페인의 전형적인 패턴들이다.

　　심지어 "다르게 보는 사람들도 있어요"라는 말로 새로운 인식에 대한 의문을 조장하고 반대 소견을 제기하며 의도적으로 연구를 의뢰하고 결과를 제멋대로 해석하거나 부적절한 방법으로 연구를 수행하기도 한다. 그런 다음 캠페인이나 언론을 통해 새로운 연구는 이전의 연구에서 밝혀진 효과가 정말로 존

재하는지 의문을 제기하는 것 외에는 아무것도 하지 않았다고
발표한다.

이런 조작에 대처하려면 어떻게 해야 할까? 아동과 청소년들에게 확증 편향과 같은 잠재의식적 생각의 오류에 대해 가르치고, 다른 사람들이 어떤 트릭으로 생각의 오류를 활용해 우리를 조작할 수 있는지를 알려주는 것도 한 방법이다. 그밖에 학생들에게 양질의 저널리즘을 분별하는 방법을 배울 수 있는 기회도 제공해야 한다. 그리고 정확하고 진실된 내용을 객관적으로 보도하고자 애쓰는 언론을 높이 평가해야 한다. 이런 언론의 보도가 자신의 의견과는 종종 불쾌하게 배치될지라도 말이다.

미래를 예측하는
잠재의식의 수정 구슬

자, 이렇게 하여 현실을 왜곡하는 데 잠재의식이 중요한 역할을 한다는 것을 보여주는 퍼즐이 거의 완성되었다. 아직 단 한 부분이 모자라는데, 그것은 바로 잠재의식적인 추측이다. 미래에 대한 잠재의식적인 추측인 예측으로 시작해보자.

예측을 하기 위해 잠재의식은 규칙을 터득한다. 들쥐는 메뚜기가 대부분은 폴짝 뜀뛰기를 하기에 메뚜기를 잡을 확률이 낮다는 것을 배운다. 학습한 확률을 바탕으로 예측하는 것은 생존에 중요한 능력이다. 정확한 예측을 할 수 있다면, 이익을 얻고 손실을 피할 수 있는 선택지를 더 성공적으로 고를 수 있다. 태곳적 숲에서는 정확한 예측이 삶과 죽음을 결정하는 경우가 많았다. 그리하여 잠재의식은 안전을 그렇게 중요시하고, 불안할 때는 머리털이 쭈뼛 곤두서게 되는 것이다.

물론 일련의 다른 뇌 구조들도 예측을 하고 학습 경험을 축적한다. 하지만 위험을 알아차리고 확률을 학습하는 면에서 잠재의식은 뇌의 어떤 시스템보다 뛰어나다. 가령 잠재의식은 우리가 확률을 의식적으로 알아채기 전에 이미 빠르게 확률을 터득한다. 우리 연구팀이 시행한 실험에서 우리는 실험 참가자들에게 어떤 선율을 연주해주었다. 음이 특정 규칙에 따라 이어지는 선율이었다. 하지만 실험 참가자들은 이런 규칙을 알지 못했다. 규칙은 알아채기가 쉽지 않아서 실험 참가자들에게는 음의 순서가 그냥 무작위적으로 들렸다. 참가자들에게 이런 선율을 몇 분간 들려준 뒤, 우리는 이전의 규칙에 위배되는 순서로 음들을 연주해 들려주었다. 그러자 실험 참가자 그 누구도 이를 의식적으로 알아차리지는 못했다.

하지만 뇌 스캐너에서는 중앙 안와전두엽이 다른 뇌 구조와 마찬가지로 그러한 불규칙한 음의 순서에 반응하는 것이 관찰되었다.[21] 의식적으로 깨닫기도 전에 뇌는 이미 소리가 이어지는 순서를 모호하게나마 확률적으로 알고 있었던 것이다.

앞서 말했듯이 이런 지식을 학술 용어로 '암묵적 지식'이라고 한다. 뭔가를 명시적으로는 아니지만 암묵적으로 알고 있는 것이다. 잠재의식은 이런 암묵적 지식에 근거하여 예측함으로써 다음에 무슨 일이 일어날지에 대한 불안을 줄일 수 있다. 그러면 우리는 직관을 갖게 된다. 왜 그런 것인지 의식적으로 말할 수는 없지만, 무슨 일이 있을지 '느낌'을 갖게 되는 것이다. 뇌의 안와전두엽이 손상되면 이런 직관 능력을 잃게 된다.[22]

잠재의식은 빠르게 확률을 학습하고 직관을 만들어내는 능력이 있지만, 상대적으로 단순한 예측만 할 수 있다. 바이러스성 질병의 확산, 치석의 증가, 복리 효과와 같은 기하급수적 성장에 대한 예측이나 논리적 추론이 필요한 복잡한 예측은 하지 못한다. 그러다 보니 논리적 사고를 요하는 경우인데도 그냥 직관적으로 해결해버리거나 지수적 성장을 잠재의식적으로 과소평가한다.

다음에 소개하는 전설은 많은 사람이 알고 있을 것이다. 현자에게 체스를 배운 인도의 왕 마하라자가 현자에게 상을 주겠다고 했다. 그러자 현자는 다음과 같은 규칙으로 체스 칸에 해당하는 쌀을 달라고 했다. 즉, 첫 칸에는 쌀 한 톨, 두 번째 칸에는 두 톨, 세 번째 칸에는 네 톨, 이런 식으로 64개의 각 칸에 이전 칸의 두 배에 해당하는 쌀알을 채워달라고 한 것이다. 인도의 왕은 "아, 그런 별거 아닌 상을 달라고?" 하면서 흔쾌히 허락했다. 왕은 직관적으로 기하급수적 성장을 과소평가했던 것이다. 사실 64개의 체스 칸을 그런 식으로 채워나가다 보면, 지표면 전체를 몇 센티미터 두께로 뒤덮을 만한 쌀이 필요하다.

잠재의식은 예측과 함께
신체 반응과 감정도 만들어낸다

잠재의식적 추측과 그와 연결된 직관은 신체 반응을 동반한다. 뇌는 예측에 상응하도록 몸을 준비시킨다. 이것이 바로 예측이 생존에 중요한 두 번째 이유다. 태곳적 숲에서 사건이 일어난 뒤에야 몸이 반응하면 상황이 위험해질 수도 있다. 그때는 이미 늦을 수도 있다. 그리하여 뇌 속에서는 위험이 예견되자마자 몸을 알람 상태로 전환시키는 시스템이 발달했다. 신체가 알람 상태가 되면 동공이 확장되고 심박동이 빨라지며 식은땀이 난다. 잠재의식도 이런 시스템 중 하나다. 장거리 여행을 앞둔 전날에는 흥분해서 잠을 못 이루는 경우가 많다. 잠재의식은 여행을 떠나기 오래전부터 예견되는 여행 스트레스에 대비해 몸을 준비시킨다. 그리하여 여행이 시작되기 전부터 혈압이 상승하고 속이 울렁거리는 느낌이 든다.

잠재의식의 추측이 우려스러운 것이면 당연히 감정에도 영향을 미친다. 잠재의식이 비행기를 놓치면 끝장이라고 생각한다면 우리는 밤에도 쉽사리 잠을 이룰 수 없을 것이다. 재정적인 걱정, 앞날에 대한 걱정, 시험에 대한 걱정, 건강에 대한 걱정을 할 때도 비슷한 일이 일어난다(걱정에 대처하는 방법에 대해서는 18쪽 '잠재의식적 자동조종 장치', 380쪽 '메디 워킹, 명상적으로 일하기' 참조). 잠재의식이 알람 신호를 보내는 것을 우리는 신체 반응에서 알아챌 수 있다. 그럴 때 이에 휩쓸리지 않고 의식적으로 침착함을 유지할 수 있다. 심호흡을 하고 긴장을 풀고 그냥 흘러가게 놔둬라.

잠재의식이 예측과 함께 만들어내는 또 다른 감정은 놀람, 불안할 때의 긴장, 불안이 해소되었을 때의 긴장 이완이다. 잠재의식은 예측했던 이익을 얻지 못하면 실망감을 일으키고 우려했던 손실이 발생하지 않으면 안도감을 만들어낸다. 게임을 하거나 영화나 소설, 음악 등 예술을 향유할 때 긴장이 잠재의식을 자극하면 즐거운 감정이 생긴다. 긴장이 증가하면 중앙 안와 전두엽의 활성화도 증가한다.[23] 그러나 '실생활'에서는 대부분 그런 긴장을 피하고 싶어한다. 건강검진 결과나 시험 결과를 조마조마하게 기다리는 일을 좋아하지 않을 것이다.

우리의 지각 역시 잠재의식의 예측에 영향을 받는다. 엄청나게 비싼 와인이라서 잠재의식이 고급 와인일 거라고 기대하는 경우 와인 맛이 훨씬 더 좋게 느껴지는 것이 대표적인 예다.[24]

잠재의식은 부족한 정보를 추측으로 메꾼다

잠재의식이 지닌 또 하나의 기발한 특성이 있다. 이런 특성은 간혹 우리를 난감하게 만들기도 한다. 그것은 바로 예측을 위한 정보가 부족하면, 잠재의식이 경험과 습관에 맞게 부족한 정보를 지어낸다는 것이다. 우리는 다른 사람이 우리에 대해 어떻게 생각하는지, 우리가 다른 사람에게 얼마나 호감 가는 존재인지, 시험 결과가 어떻게 나올지, 우리가 뭔가를 할 수 있을지 잘 알지 못한다. 그런 상황에서 뇌의 어두운 면은 수정 구슬(점술가들이 수정 구슬을 들여다보고 미래를 점쳤다고 하는 데서 착안한 말)을 들여다보고, 잠재의식적 사고 습관에 가장 잘 들어맞는 추측을 한다.

　잠재의식이 정보의 부족을 잘못된 가정으로 메꾸면, 잘못된 결론을 내리게 되고 잘못된 감정으로 이어지기 쉽다. 아내와 다툴 때 나는 아내 행동의 동기를 잠재의식의 추측에 따라 해석한다. 그러고는 나의 잠재의식적(!) 추측을 확신한다. 그것이 전혀 사실이 아닐지라도 말이다. 커피가 떨어졌다! 아내가 일부러 나를 화나게 하려고 사놓지 않은 게 분명하다. 어디 커피뿐이겠는가. 물론 상대방은 그런 동기를 부인한다. 그러면 도둑이 제 발 저려서 그렇게 강하게 부인하는 거라며, 부인하는 행동을 오히려 그런 추측이 옳다는 증거로 여긴다. 이쯤 되면 부부싸움은 한층 뜨거워진다.

　잠재의식의 관점은 잠재의식의 정보 부족을 어떻게 채울지를 결정한다. 이것은 장기적 결과를 갖는 결정에도 영향을 미칠 수 있다. 가령 자신의 잠재력에 대해 잘못된 표상을 가진 사람은 자신이 어떤 과제를 해낼 수 있을지에 대해 잘못된 가정을 품을 수도 있다.

　최근에 나는 어느 박사후 연구원 자리가 난 걸 보고 한 제자더러 그 자리에 지원해보라고 알려주었다. 하지만 그 여제자는 박사후 연구원으로 일할 엄두가 나지 않는다며 그 자리에 지원하려 하지 않았다. 그녀는 자신의 실력에 비해 너무 자신감이 부족했다. 그녀의 잠재의식은 이런 일을 감당할 방법을 모르겠다는 정보 부족을 이런 요구에 부응할 수 없다는 가정으로 채워 넣었던 것이다. 그녀는 잠재의식적 예측을 통해 쓸데없이 낙담

했고, 번번이 자신의 능력을 발휘할 수 있는 곳으로 가는 데 실패했다. 그 학생이 박사논문을 쓴 것은 학자가 되기 위해서였지만, 그런 행동은 자신의 원래 관심사에 반하는 불리한 행동이었다. 그녀는 지원서를 작성하는 데 시간을 투자하지 않고 자신의 능력을 의심하는 것으로 시간을 허비했다. 자신의 강점을 의심하는 일에 열심을 내는 것보다 더 안 좋은 행동은 없다. 이미 말했듯이 나는 늘 나 자신의 강점을 메모한 쪽지를 지니고 다니다가 간혹 꺼내보며 강점을 상기한다.

잠재의식적 예측은 다른 사람을 어떻게 평가하고 판단할 것인지에도 영향을 미친다. 어떤 사람을 만났는데 그가 매력적으로 보이는 동시에 자기 분야에서 성공한 사람임을 알게 되면, 우리 잠재의식은 이 사람에게 후광을 덧대어 그의 다른 특성마저도 긍정적일 거라고 추측한다. 지적이고 도덕적으로 흠이 없고 믿을 만한 사람일 거라고 예측하는 것이다.

심각한 범죄로 전과자가 된 사람은 반대로 우리의 잠재의식이 그에게 악마의 뿔을 붙여놓고 그 사람의 모든 특성이 부정적일 거라고 예상한다. 우리의 잠재의식이 긍정적인 특성에 깊은 인상을 받을수록 그 장본인의 후광은 더 강해지며 어떤 특성을 더 혐오스러워할수록 그에게 달린 악마의 뿔은 더 커진다. 심리학에서는 이런 편향을 긍정적 특성과 관련해서는 후광 효과(halo effect)라 부르고, 부정적 특성과 관련해서는 뿔 효과(horn effect)라 부른다. 헤일로(halo)는 영어로 후광이라는 뜻이고, 뿔(horn)은 악마의 뿔을 뜻한다. 물론 우리 스스로는 다른 사람들에게 이마에 뿔이 달린 사람이 아닌, 늘 빛나는 후광을 지닌 사람으로 보이고 싶어한다.

선입견이나 편견을 통해서도 우리는 어떤 사람에게 잠재의식적으로 후광이나 뿔을 덧댄다. 특히 그가 속한 집단, 피부색, 종교, 국적 등에 따라 그렇게 하는 경우가 잦다. 선입견이나 편견은 고정관념에 기초하는 경우가 많다. 누군가가 어떤 그룹에 속해 있으므로 어떤 특성을 가지고 있을 거라고 생각하는 것이다. 가령 외국인은 범죄를 잘 저지르고 여자는 유약하고 남자는 축구를 볼 때 맥주를 마시고 은행원은 고객의 돈만 노린다는 식이다.

편견과 고정관념을 통해 사람의 다면적인 정체성을 단순화하고, 이를 기초로 잠재의식적으로 그 사람의 다른 특성들을 추측한다. 그러나 유감스럽게도 잠재의식의 그런 가정은 빗나가기 일쑤다. 사람은 메뚜기보다 훨씬 복잡하기 때문이다. 가령 잔혹한 행위를 한 사람도 아이들을 좋아하거나 가족을 챙기는 등 인간적인 면이 있을 것이다. 하지만 우리는 잠재의식적으로 그런 생각을 하지 못한다. 다의적인 생각과 복잡한 예측은 잠재의식에겐 힘에 부치는 일이다.

잠재의식은 복잡하고 다의적인 추측이 아닌 단순하고 명확한 추측을 선호한다. 만약 편견으로 타인을 판단하고 분류한다면, 대부분의 경우 스스로를 돌아보지 못한 채 그렇게 하는 것이다. 그러다가 다른 사람이 우리가 단지 독일인이라는 이유로 우리를 나치와 동일시하면 발끈하는 반응을 보인다.

안와전두엽은 편견을 만들어낸다

미국의 심리학자 데이비드 아마디오(David Amadio)는 안와전두엽이 편견을 만들어낸다는 것을 보여주었다. 아마디오는 백인 청년들을 대상으로 한 실험에서 어두운색 피부(흑인) 혹은 밝은색 피부(백인)를 가진 사람들의 사진들을 보여주고 흑인 사진이 보이면 이쪽 버튼을, 백인 사진이 보이면 저쪽 버튼을 누르라고 했다. 그밖에도 긍정적 의미를 가진 단어들('명예', '자유', '다이아몬드', '평화' 등) 혹은 부정적 의미를 가진 단어들('악의', '질병', '폭탄' 등)을 제시하고는 버튼을 누르게 했다. 실험 결과, 긍정적인 단어와 백인 사진을 볼 때 버튼을 누르는 속도가 긍정적인 단어와 흑인 사진을 볼 때 누르는 속도보다 훨씬 빠른 것으로 나타났다.

따라서 '좋다'와 '검다'에 같은 버튼을 누르는 것보다는 '좋다'와 '희다'에 같은 버튼을 누르는 것이 실험 참가자들에게는 훨씬 쉬웠던 것이다. 이것은 미국 백인들을 대상으로 한 전형적인 연구 결과로 잠재의식적 인종주의를 여실히 보여준다. 어두운 피부를 가진 사람들은 흰 피부를 가진 사람들보다 부정적으로 평가되어 잠재의식에서 부정적인 것들과 연결되는 것이다. 심리학에서는 이런 테스트를 암묵적 연관 테스트(Impliziter Assoziationstest)라고 한다.

이어지는 실험에서 연구팀은 뇌 스캐너 안의 백인 청년들에게 검은 피부 혹은 흰 피부를 가진 두 사람의 모습이 담긴 사진을 보여주고는 그 둘 중 누구와 친구가 되고 싶은지 말하도록 했다. 그러자 참가자들이 흑인들을 볼 때와 백인들을 볼 때 중앙 안와전두피질의 활성화가 서로 차이가 나는 것으로 드러났다.[25] 실험 참가자들은 사진 속 인물들을 잠재의식적으로 피부색에 따라 평가했으며 유색 인종을 백인보다 더 부정적으로 평가했다.

평가하지 말고
있는 그대로를 보라

우리는 선입견에 따라 사람을 판단하지만, 그런 평가는 늘 현실을 왜곡한다. 한 개인의 수많은 특성을 정확히 파악하여 그 사람에 대한 결론을 내리는 것은 불가능하기 때문이다. 사람을 판단한다는 것은 어느 정도 그를 자기보다 위에 두거나 아래에 둔다는 의미이며, 이렇게 판단하는 일은 쉽게 잠재의식적인 습관으로 자리 잡을 수 있다. 하지만 이런 습관은 특히 위험하다.

인류의 모든 대학살은 으레 살인자들이 자신은 희생자들보다 더 가치 있는 우등한 존재이고, 희생자는 더 열등한 존재라는 생각에서 기인한다. 사실 놀랍게도 우리 모두는 어느 정도 의식하지 못한 상태로 사람을 계속 판단하며 살아간다. 잠재의식적으로 어떤 사람들이 다른 사람들보다 더 낮다고 생각한다. 가령 우리 가치와 관습에 맞게 행동하는 사람들이 그렇지 않은 사람들보다 더 낫다고 여긴다.

대부분 의사는 특히 괜찮은 사람으로 여기고 범죄자는 괴물로 여기는 경향이 있다. 하지만 사람을 행동이나 소유 혹은 능력과 동일시하는 것은 잘못된 단순화다. 잠재의식은 이런 단순화를 좋아한다. 사람과 행동을 따로 떼어보는 것은 이런 오류를 막아준다. 가령 "그는 짐승이야"라고 말하는 대신에 "그는 짐승처럼 행동했어"라고 말하는 식으로 말이다.

잠재의식 때문에 우리는 자신에 대해서도 판단의 함정에 빠지곤 한다. 대부분의 사람은 자신이 우선 특정한 기준에 도달해야 괜찮은 인간이 된다고 생각한다. 가령 이상적인 몸매에 도달하거나 가정을 이루거나 파트너를 찾거나 특정한 지위에 오르는 것처럼 말이다. 이런 생각 때문에 우리는 아무런 조건 없이, 즉 우리가 저지른 잘못이나 우리를 괴롭히는 문제와 상관없이, 다른 사람이 우리를 어떻게 생각하든 상관없이, 우리가 어떤 일을 이루었든 못 이루었든 상관없이 인간으로서 자신을 존엄한 존재로 받아들이는 것이 어렵다.

유엔 세계인권선언은 모든 인간이 존엄성과 권리를 갖는다고 천명한다. 하지만 뇌의 어두운 면은 조건 없이 스스로를 가치있는 존재로 존중하고, 친구로서 소중히 여기려는 노력을 자꾸 방해하곤 한다. 하지만 우리는 후광도, 악마의 뿔도, 가격표도 없이 우리를 있는 그대로 소중히 여기는 마음가짐을 의식적으로 습관화할 수 있다. 이런 마음가짐을 습관화하면 스스로가 자신에게 고향처럼 편안한 존재가 된다. 잠재의식이 또다시 우리의 존재 가치를 의심하고 있음을 느끼면, 눈을 한번 질끈 감고 다시금 마음의 지향을 바로잡아라. "…하면 …할 텐데, 하지만…"이라는 조건 없이 삶을 선물로 받아들이면 '자존감'이 생기고 마음이 편해진다. 잠재의식도 잠잠해지며 내면의 평화가 조성될 것이다.

상대도 나와 똑같이
생각한다는 잘못된 예측

더불어 살아가면서도 잠재의식의 예측에 걸려 넘어질 때가 많다. 잠재의식은 주변 사람들도 우리와 똑같은 예측 모델을 사용한다고 여긴다. 그들도 우리와 같은 생각을 하고 같은 것을 느낄 뿐 아니라 우리에게 중요한 것을 그들도 중요하게 여길 거라고 생각한다. 잠재의식은 순진하게도 주변 사람들이 우리와 똑같은 현실을 산다고 가정한다.

살아가면서 자신이 파트너에게 굳이 말해주지 않더라도, 파트너가 자신의 생각과 기분을 알 거라는 기대를 가져본 적이 있을 것이다. 내 잠재의식은 아내가 내게 무슨 일이 있는지, 나의 바람과 욕구가 무엇인지를 알아서 그것에 맞게 나를 잘 대접해줄 것으로 기대한다. 지나가면서 슬쩍 내가 무엇을 원하는지 내비칠 수는 있지만, 그것으로 충분해서 그 이상의 노력을 하지 않아도 아내가 내 마음을 알아줘야 한다고 생각하는 것이다. 그러고는 아내가 내 마음을 몰라주고 내가 바라는 행동을 하지 않으면, 당연히 나는 아내에게 무뚝뚝한 태도를 보이며 화를 낼 권리가 있다고 여긴다. 평소 둔감한 아내에게 내가 단단히 화가 났다는 것을 알아차릴 만큼 분명히 표시를 내는 것이다.

파트너 관계에서 둘 모두 상대방에게 이해받기를 원하는데 둘이 동시에 잠재의식적으로 '어쩜 저렇게 내 맘을 몰라 줄까 너무 화가 나. 어떻게 저럴 수 있지? 이건 전적으로 상대방 잘못이야'라고 생각하면, 관계는 당연히 삐걱거리기 마련이다.

이런 상황에서 이제 상대방을 비난하면, 뻔히 예측할 수 있듯이 상대방은 방어 태세를 취한다. 상대방이 방어 태세를 취하면 그것을 자신의 비난이 옳았다는 증거로 여긴다. 이런 메커니즘이 아니라면, 서로 헤어지는 일은 훨씬 줄어들 것이다. 그리고 바로 이런 관계의 스트레스가 건강에 독으로 작용한다.

한 가지 사실을 의식하면 이런 문제에 도움이 될 것이다. 그것은 바로 나를 이해하는 것은 결코 상대의 의무가 아니라는 것이다. 모두는 서로를 이해하고 스스로 자립적으로 행동해야 해야 한다. 서로 상대의 말을 들어주고 공감해주려고 노력하는 파트너들은 행복하다. 우리는 상대가 무슨 생각을 하고, 무엇을 원하고 무엇을 느끼는지 질문을 던질 수 있다. 상대의 질문에도 대답해줘라. 그러면 상대의 삶도 더 수월하게 만들어줄 수 있다. 그렇다고 늘 길고 장황하게 대답해줄 필요는 없다.

결혼생활에서 한 사람에게 매우 중요한 것이 다른 사람에게는 그다지 중요하지 않을 수 있다는 것은 지극히 당연하다.

어떤 것이 자신에게는 그다지 중요하지 않은데, 파트너에게는 중요할 수 있다. 하지만 많은 사람이 그것을 깨닫지 못한다. 그것을 깨달으면 기적이 일어날 수 있다. 상대에게 존중의 마음을 담아 "나는 당신에게 그것이 중요하다는 걸 알고 있어" "그래 당신이 무슨 말을 하는지, 그리고 그것이 당신에게 얼마나 중요한지 알겠어." 또는 "난 당신을 좋아하니까 당신이 무엇에 관심이 있는지 알고 싶어. 조금 더 말해줄 수 있어?"라고 말해보자. 당장 효과가 나타날 것이다.

잠재의식은 루틴 기계다

잠재의식은 굳어진 사고패턴, 습관, 예측을 왜 그리도 고집하는 것일까? 야생의 숲에서는 최대한 정확한 예측이 생존을 가능케 하는 반면, 잘못된 예측은 치명적인 결과를 빚는다. 그리하여 들쥐의 뇌는 딱정벌레와 메뚜기, 바퀴벌레를 잡을 확률이 내재된 예측 모델을 만들어낸다. 들쥐가 예측 모델을 더 자주 확인할수록 예측 모델은 뇌에 더 깊숙이 박히고 잠재의식은 이 모델을 변화시키는 것을 싫어하게 된다.

따라서 오랜 세월에 걸쳐 굳어진 예측 모델은 약간 빗나갈 때가 있어도 금방 폐기되지 않는다. 들쥐가 한번 메뚜기를 포획할지라도 들쥐의 잠재의식은 앞으로 매번 메뚜기를 포획할 수 있으리라고 여기지는 않는다.

하지만 주변 세계가 변화하면 예측 모델은 어쩔 수 없이 부정확해진다. 그래서 잠재의식은 세계가 변치 않고 그대로 지속되었으면 한다. 현 상태가 유지되고, 예측 모델이 확인을 통해 더 굳어지는 것은 진화 과정에서 유익으로 작용했다. 하지만 오늘날에는 잠재의식이 확증 편향과 현상 유지 편향을 통해 우리를 골탕 먹이기 쉽다.

잠재의식은 외적인 루틴을 좋아하며 내적으로도 루틴을 만들어낸다. 잠재의식은 루틴 기계다. 우리의 하루 일과는 우리가 의식하는 것보다 훨씬 더 루틴한 경우가 많다. 아침에 아이들을 유치원에 데려다줄 때면, 대학으로 이어지는 길목에서 늘 한 사람과 마주친다. 그는 늘 같은 시간에 자전거를 타고 출근하는 것이다. 우리는 정확히 같은 시간에 이를 닦고, 같은 시간에 커피를 홀짝인다. 계획하지 않았는데도 하루 일과는 굉장히 루틴하게 진행된다. 우리는 매일 매일 정말 많은 작은 행동을 같은 순서로 수행하며, 종종 늘 같은 시간에 그런 행동을 한다.

그러므로 커다란 습관을 변화시키고자 한다면, 그에 딸린 여러 작은 습관을 바꾸는 것이 도움이 될 것이다. 가령 수면 습관을 변화시켜 아침형 인간이 되고 싶다면, 수면과 관련한 여러 가지 루틴을 바꾸어나가야 할 것이다. 커피는 오전에만 마신다든지, 자기 전에 술을 마시지 않는다든지, 저녁식사 뒤에는 가급적 텔레비전을 끄고 고요한 시간을 보낸다든지 말이다.

생각의 고리, 소용돌이 효과, 자꾸 미루는 행동은 잠재의식적인 루틴, 즉 습관이다. 사람을 쉽게 판단하는 것, 자기중심적으로 행동하는 것, 참을성이 없는 것, 그 외 잠재의식적인 생각의 오류와 비합리적인 상상도 마찬가지다. 이런 일들은 쉽게 습관이 되고 잠재의식은 이를 순식간에 작동시킬 수 있다.

뇌의 어두운 면은 자신의 사고 습관에 굉장히 강하게 달라붙어 있어 이를 변화시키기가 마음처럼 쉽지 않다. 하지만 우리는 계속해서 습관을 변화시킬 수 있다. 이를 위해서는 잠재의식적인 습관에 대항하여 의식적인 습관을 만들어내야 한다. 의식적으로 감정과 분위기를 조절하고 의식적으로 결정을 내리고 문제를 해결하며 의식적으로 다른 사람을 이해하려고 노력하고 의식적으로 타인에게 공감하고 인격적으로 존중해야 한다. 스스로 의식하여 이런 습관을 기르는 것은 우리가 인생에서 이룰 수 있는 가장 큰 성공이다.

이런 의식적인 습관은 세월이 흐르면서 자연스럽게 우리의 피와 살이 되고, 장기적으로 우리 삶의 모습을 좌우하게 될 것이다. 이를 통해 운명을 만들어갈 수 있다. 이런 내적 자세를 심리학에서는 '내적 통제 소재(Internal Locus of Control)'라 부른다. 이것은 자신의 삶을 스스로 통제할 수 있다고 믿는 성향을 말하며, 자신의 삶을 통제할 수 있다는 믿음은 심리적 안정감, 자신감, 건강에 굉장히 보탬이 된다(44쪽 '뇌 속 셰프는 누구일까?', 380쪽 '메디 워킹, 명상적으로 일하기', 394쪽 '변화를 위한 3단계 문제해결법' 참조).

잠재의식을
동기부여 수단으로 사용하는 법

우리는 잠재의식의 현실 왜곡에 대한 지식을 활용해 스스로 동기부여를 하고 개인적인 목표에 더 수월하게 도달할 수 있다. 여기 몇 가지 팁을 제시한다.

하지만 주의하라. 여기서 제시하는 팁은 잠재의식을 통해 스스로를 조종하여 뭔가를 무리하게 달성하자는 것이 아니다. 지나침은 금물이다. 이런 팁은 적절한 시간에 적절한 양만큼 목표를 향해 나아가기 위한 것이다. 때로는 무조건 더 많이 노력하거나 운동을 하거나 일하는 대신, 휴식을 취하거나 쉬거나 잠을 자는 것이 더 중요하다는 사실을 명심하라(385쪽 "'개인 선언'에서 출발하는 시간 관리', 394쪽 '변화를 위한 3단계 문제해결법' 참조).

★ 목표를 달성할 가능성이 높다면, 다음과 같은 말로 목표달성으로 나아가도록 스스로를 독려할 수 있다. "지금 이걸 하면 틀림없이 성공할 수 있어. 하지만 지금 이것을 하지 않는다면, 성공을 보장받

지 못해." 예를 들면, "지금 공부하면 틀림없이 합격할 수 있어. 하지만 지금 미루면 합격하리라는 보장은 없어." 또는 "지금 목표를 위해 매진하면, 프로젝트는 틀림없이 성공적일 거야. 지금 놀아버리면 성공을 보장할 수 없어." 잠재의식은 확실한 이익 앞에서 위험을 피하고자 한다.

★ 생각도 마찬가지다. 긍정적인 사고를 도모하고 싶다면 이런 식으로 말하라. "지금 긍정적인 생각을 하면, 틀림없이 곧 기분이 좋아질 거야. 지금 그렇게 하지 않으면 기분이 계속 안 좋은 상태로 남을지도 몰라." 긍정적인 생각은 삶의 기쁜 일들에 대한 생각, 나의 좋은 점에 대한 생각, 개인적인 가치에 관한 생각이다.

★ 목표를 이룰 가능성이 그다지 높지 않다고 생각하면 이런 식으로 말하라. "지금 이걸 하면 그래도 가능성이 있어. 하지만 지금 이걸 하지 않으면, 가능성은 아예 사라져버려."

★ 어떤 행동을 중단하기가 힘들다면 이렇게 말하라. "지금 이것을 하면, 틀림없이 커다란 손실을 봐. 지금 이걸 하지 않으면, 그래도 가능성이 있어." 어떤 물질에 중독되어 있는 경우 "지금 맥주를 마시면 틀림없이 재발해. 하지만 지금 자제하면 재발하지 않을 수도 있어." 잠재의식은 확실한 손실 앞에서는 리스크를 감수한다.

★ 생각도 마찬가지다. 부정적이거나 악순환적인 생각을 끄고 싶

다면 이렇게 말하라. "지금 이걸 계속 생각하면 틀림없이 기분이 안 좋아져. 하지만 지금 이 생각을 그만두면 그렇게 되지 않을 가능성이 높아."

★ 필요한 행동에 돌입하는 것이 힘들다면, 우선 어떤 작은 걸음으로 바람직한 행동을 시작할 수 있을지를 의식하고 이렇게 말하라. "천릿길도 한 걸음부터야. 이 작은 걸음이 틀림없이 목표에 더 가까워지게 해줄 거야. 하지만 지금 이런 걸음을 내딛지 않으면, 목표는 더 멀어져." 또는 이렇게 말할 수도 있다. "낙방할 위험을 감수하느니 지금 좀 공부를 하는 것이 낫겠어." 잠재의식은 큰 손실을 피하기 위해 확실한 작은 손실을 선호한다.

★ 이 모든 게 다 무슨 소용인가 하는 생각이 들 때도 있을 것이다. 가령 "모르는 게 산더미인데 내가 지금 조금 배운다고 해서 얼마나 도움이 되겠어." 이런 상황에서 이렇게 말하라. "지금 좀 더 배워두면, 나중에 내가 아직 하지 못하는 걸 할 수 있어." 이건 확실한 이익이다.

★ 목표에 가까워질 수 있는 최선의 방법을 선택했다는 말로 잠재의식을 안심시켜라. "지금 이 숙제를 하는 게 시험에 합격할 최상의 방법이야." "지금 건강한 식사를 하는 게 체중감량을 위한 최상의 방법이야." 또는 "지금 검진을 받는 게 이 질환을 조기에 발견할 최상의 방법이야."

★ '내면의 멘토'가 당신에게 말한다고 상상해봐도 좋다. 위의 문장들을 내면의 멘토가 충고하는 형식으로 바꾸어 말해봐라.

★ 당신의 뜻과는 무관하게, 타인이 이런 트릭을 사용해 당신을 조종하려는 게 느껴질 땐 조심하라. 전형적인 문장은 이런 식이다. "지금 당장 서명하면, 틀림없이 커다란 이익을 얻을 거예요. 지금 당장 서명하지 않으면 앞으로 어떻게 될지 보장 못 해요." "이번이 단 한 번뿐인 기회예요. 지금 놓치면 기회는 다시 없습니다." 또는 "상황이 좋지 않고 불확실해요. 하지만 내 말대로 하면 틀림없이 대처할 수 있어요."

3

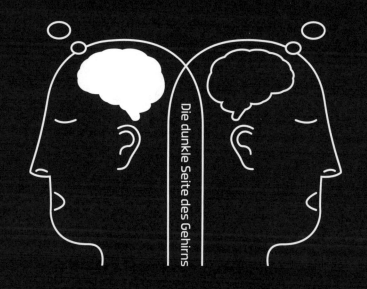

Die dunkle Seite des Gehirns

영장류의 잠재의식과
생존 시스템

영장류의 잠재의식은
어떻게 발달했을까?

들쥐의 잠재의식이 먹이를 선택한 때로부터 수백만 년을 뛰어넘어 지금으로부터 약 6,600만 년 전으로 가보자.

공룡은 멸종되었기에 지금까지 주로 땅 속 굴에 살던 포유류는 땅 위로 올라와 살 수 있게 되었다. 그러자 포유류는 폭발적으로 증가했고, 나무를 서식지로 삼은 포유류로부터 영장류가 발달해 나왔다. 영장류는 수백만 년이 흐르며 원숭이로 진화했고 다음으로 유인원이, 그 다음으로 드디어 인간이 출현했다. 생물학적으로 따지면 인간도 영장류다.

그렇다면 손실 회피 경향, 위험 회피 경향, 평가 기능 외에 영장류의 잠재의식에서는 어떤 기능이 추가되었을까? 이것이 인간의 잠재의식에 의미하는 바는 무엇일까? 이런 질문에 답하기 위해 영장류의 뇌, 특히 안와전두엽(잠재의식이 있는 곳)이 어떻게 발달했는지 알아보도록 하자.

영장류가 이 나뭇가지에서 저 나뭇가지로 넘어다니며 사는 동안 뇌 속의 여러 실용적 기능이 발달했다. 가령 시지각(시각 시스템) 능력 및 시지각과 운동기관의 협응력 같은 것이 그것이다. 영장류의 경우 두 눈이 앞을 향해 있어 시야는 제한되지만, 대신 거리를 가늠하는 능력을 포함하여 공간을 시각화하는 탁월한 능력을 갖게 되었다.

커다란 나뭇가지와 작은 나뭇가지, 나무줄기를 특히 잘 분간하게 되었고, 나뭇가지들을 탁월하게 잡을 수 있는 능력과 뛰어난 촉각 능력을 지니게 되었다. 이런 발달은 세계적인 피아니스트와 바이올리니스트의 등장으로 클라이맥스에 이른다. 이런 발달과 더불어 영장류의 뇌에서는 수많은 시각 및 감각 운동 영역이 생겨났다. 뿐만 아니라 복잡한 움직임을 계획하고 선택하고 실행할 수 있는 능력도 발달되었다. 어떻게 수많은 가지를 거쳐 이 나무에서 저 나무로 이동할지 미리 계획할 수 있게 됨으로써 특히 복잡한 사고를 실행할 수 있는 초석이 놓였다. 이와 동시에 주의력, 행동 조절, 작업 기억을 담당하는 뇌 영역(지적 사고기관인 뇌의 일부)도 발달했다.

하지만 이 모든 기능을 담당하는 영역들은 신피질에서 발달되었으므로 안와전두엽, 즉 잠재의식에 속하지 않는다. 따라서 영장류의 잠재의식에서 어떤 기능이 발달했는지 알아보기 위해서는 다른 부분을 찾아보아야 한다.

신피질이 발달하면서 영장류의 뇌 부피는 신체 크기에 비해 상당히 커졌다. 영장류의 신피질 속 신경세포는 다른 포유류에 비해 더 크고 밀집해 있다. 뇌 부피당 더 많은 신경세포를 가지고 있는 것이다. 신피질에는 또한 기능적인 뇌 영역이 훨씬 더 많이 존재한다. 들쥐와 같은 초기 포유류의 뇌에는 약 20개의 영역이 있었는데, 영장류는 그보다 훨씬 많다. 그리고 인간의 신피질은 뇌 영역이 약 200개로 가장 많다. 20개 정도의 앱만 실행할 수 있는 스마트폰과 200개의 앱이 설치된 스마트폰 간의 차이를 상상하면 될 것이다.

영장류의 뇌가 더 크고 복잡해짐에 따라 태어나서 발달하기까지 오랜 시간이 걸린다. 따라서 부모의 보살핌을 받는 기간도 더 길어진다. 한편 부모의 보살핌은 인간을 제외한 모든 영장류에게서는 어미의 보살핌을 말한다. 아버지가 아이의 정서적, 신체적, 지적 발달에 대폭 기여하는 것은 인간뿐이다. 후손을 키우는 데 아버지가 역할을 하느냐 하지 않느냐가 인간과 유인원 사이의 눈에 띄는 흥미로운 차이라 할 수 있다.[1] 이는 민족을 막론하고 인류 공통이다. 물론 문화적으로 커다란 차이가 있어서 문화권에 따라 아버지의 역할이 거의 부재하다시피하는 경우도 있긴 하다.

후손을 돌보는 일은 영장류에서 놀라울 정도로 발달되어 있으며 복잡한 사회적 행동을 동반한다. 이런 사회적 행동은 집단 내부의 상황에 따라 달라지며 어미 또는 부모들과 자손들 사이의 관계를 넘어선다. 대다수의 영장류는 사회 집단을 이루고 살며, 이런 사회 집단은 다양한 구조로 이루어진다. 개인은 사회 집단 내에서 특정 역할을 하는데, 이런 역할은 나이, 성별, 친척관계, 개인적 특성, 신체 조건, 서로 알고 지낸 기간, 공통의 경험과 상호 협력에 따라 결정된다.

가령 침팬지와 보노보는 무리지어 다니는 동물로, 혼자서는 사냥을 하지 못한다. 다른 많은 포유류 종과 마찬가지로 영장류는 먹잇감 등 자원에 더 잘 접근하기 위해 서로 협력한다. 이런 협력으로부터 영장류 그룹 안의 구성원들 사이에서는 종종 오래 지속되는 동맹이 생겨난다. 그들은 털을 골라주거나 이를 잡아주거나 간혹 먹이를 나누기까지 하며 사회적 관계를 유지한다.

사회적으로 이런 다면적인 행동을 하려면 무리 속의 개개 구성원들을 알아보아야 하고, 그 구성원들의 역할을 알아야 하며, 전에 무슨 일이 있었는지를 알아야 하는 등 꽤 수준 높은 정신 능력을 지녀야 한다.

사회 집단을 이루어 살아가면 여러 가지 유익이 있다. 자손을 양육하는 데 도움을 받을 수 있고 위험한 야생동물이나 이웃 무리를 막아낼 수 있다. 또한 짝짓기 파트너를 더 수월하게 만날 수 있고 먹거리를 비롯한 자원에 더 쉽게 접근하고 지켜낼 수 있다. 물론 영장류 외에 여러 다른 동물도 무리를 지어 생활한다. 하지만 가장 복잡한 형태의 사회적 공동생활은 원숭이와 유인원과 인간 같은 영장류에게서 찾아볼 수 있다. 가령 여러 원숭이 집단에서는 무리 중 두 구성원이 다투면 세 번째 구성원이 끼어들어 입을 맞추거나 평화로운 표정을 짓거나 끌어안거나 맛있는 먹이를 주는 등 다툼을 평화로운 방식으로 중재하는 행동을 보인다.

영장류가 커다란 사회적 능력을 지니게 된 것은 뇌 속의 새로운 영역, 특히 공감·자의식('나'와 '너'를 구별하는 것)·집단의식('우리'와 '너희'를 구별하는 것)을 담당하는 뇌 영역의 생성과 맥을 같이한다. 이로써 우리는 점점 영장류의 잠재의식에 가까워지지만, 이런 새로운 사회적 능력이나 뇌 영역은 잠재의식에 속하지 않는다. 따라서 우리는 계속해서 잠재의식의 새로운 기능을 찾아야 한다.

사회구조가 복잡해지고 사회적 행동이 다양해지면서 영장류의 의사소통 능력도 엄청나게 발달했다. 가령 침팬지는 여러 가지 감정이 담긴 얼굴 표정을 짓는다. 이런 표정으로 두려움·공포·분노·혐오·놀라움·흥분·관심 같은 감정을 전달한다. 얼굴 근육의 복잡한 해부학 덕분에 그들은 웃거나 비웃을 수도 있고 미소를 짓거나 이를 악물거나 입맛을 다실 수도 있다. 아울러 영장류는 굉장히 다양한 모음을 사용한 의사소통이 발달했다. 여러 종의 영장류가 다양한 소리로 영역을 표시하고 집단 구성원을 찾고 경쟁자를 위협하고 포식자가 나타나면 경고한다. 그러나 감정적 의사소통을 위한 이런 새로운 능력도 잠재의식에 기초하는 것은 아니다. 그렇다면 영장류의 잠재의식이 갖게 된 새로운 기능은 무엇일까?

한편, 영장류의 뇌는 기능을 잃기도 했다. 붉은털원숭이, 침팬지, 인간에게선 점점 더 후각 능력이 저하되었다. 그럼에도 인간의 후각은 여전히 예민하다. 우리의 코는 음식, 성적 행동, 사회적·정서적 의사소통과 연관해 수많은 냄새를 처리한다. 후각

피질은 안와전두엽, 즉 잠재의식에도 일부 존재한다. 그렇다면 후각은 잠재의식의 어떤 기능을 대신해야 했을까?

계획적인 사고, 촉각, 시청각 능력은 잠재의식에 속하지 않는다. 공감, 연민, 집단의식, 자의식, 의사소통도 마찬가지로 잠재의식에 속하지 않는다. 그렇다면 이제 잠재의식은 어디에서 어떻게 작용할까?

이런 수수께끼를 풀기 위해 약 2,000만 년 전의 남아시아 정글로 시간 여행을 떠나보자. 우리는 무수한 종류의 나무, 야자수, 덩굴 식물, 화려한 꽃과 알록달록한 새들에 둘러싸여 있다. 나무 위에는 어린 수컷 마카크원숭이가 앉아 있다. 그를 '아부'라고 불러보자. 아부의 뇌에도 인간이 가진 잠재의식의 전신이라 부를 만한 것이 있지만, 들쥐에게서처럼 아부의 경우에도 편의상 그냥 '잠재의식'이라고 칭하자.

귀여운 아부가 주변을 둘러보니 자신의 무리에 속한 원숭이 여럿이 시야에 들어온다. 아부는 이 무리의 신참내기다. 아부는 최근에야 비로소 자신이 자라난 무리를 떠나 한동안 혼자서 정글을 배회하다가 이 원숭이 무리의 일원이 되었다. 이 무리는 몇십 마리 정도의 다 자란 수컷과 암컷, 그리고 새끼 원숭이들로 이루어져 있다.

무리의 서열은 꽤 복잡하다. '알파 수컷'인 킹 루이가 위계질서의 정점에 있고 다음 서열로 그의 두 대리자(권한 대행자)가 높은 지위의 암컷들이 다른 원숭이와 짝짓지 못하게 살핀다. 이세 원숭이 다음 서열로 '알파 암컷'과 다른 암컷들이 뒤따른다.

새끼 원숭이들은 자신의 어미들과 서열이 같은데, 어릴수록 더 서열이 높다. 암컷들과 새끼들 아래 서열은 다른 수컷들이며 아부는 그 수컷들보다도 아래 서열이다. 따라서 아부의 서열은 무리 중 매우 낮다. 하지만 이어지는 몇 년간의 동맹과 사회적 유대관계를 구축해나가면서 아부의 서열은 꾸준히 상승할 것이다. 아부는 이미 킹 루이의 대리자 중 하나와 친해졌다. 다른 대리자는 의심스러운 눈초리로 아부를 유심히 쳐다본다. 특히 아부가 무리의 암컷들에게 젊고 매력적으로 보이기 때문이다.

아부가 무리에 합류한 이래 알파 암컷인 로시는 그를 유심히 주시하고 있다. 로시는 다른 무리에서 흘러들어온 젊은 수컷들을 매력적이라고 생각하는데, 얼굴에 매력적인 홍조를 띤 새 멤버인 아부를 특히 그렇게 생각한다. 하지만 아부의 잠재의식은 무리의 서열을 안다. 아부가 킹 루이나 그의 대리자가 있는 자리에서 로시에게 가까이 다가갈 때면, 아부의 잠재의식은 킹 루이나 그의 대리자들의 위협적인 기세를 감지한다. 그럴 때 그의 잠재의식은 로시에게서 손을 떼고 캉 루이에게 복종하라는 신호를 보낸다.

지금까지 킹 루이와 두 대리자는 로시를 늘 주시해왔다. 하지만 오늘은 무리가 이동하는 날이다. 킹 루이와 대다수의 무리는 이미 길을 떠났고, 아부를 포함해 몇몇 수컷들과 암컷들만 아직 남아 있다. 로시도 남겨진 무리 속에 끼었다. 아부와 짝짓기를 할 의향이 있는 로시는 아부에게 노골적으로 추파를 던진다. 시야가 미치는 곳에는 이제 몇몇 암컷과 그들의 새끼들, 몇

몇 서열이 낮은 수컷과 킹 루이의 대리자 하나뿐이다. 그러나 대리자도 이미 길을 나서는 중이며 아부에게 유리하게도 그는 아부와 관계가 좋다. 게다가 대리자는 오늘 기분이 아주 좋다. 조금 전에 신선한 아보카도들을 획득했기 때문이다. 이제 그는 이동하는 데 더 신경을 쓰고 있다. 아부는 대리자의 표정에서 아부가 로시에게 접근하든 말든 신경 쓰지 않을 거라는 걸 알아차린다. 아부의 잠재의식은 지금 시야에 보이는 원숭이들의 성별과 서열, 로시의 얼굴 표정, 그리고 대리자의 얼굴 표정에 대한 정보를 가지고 있다.

그러고는 순식간에 이런 상황을 판단하고, 로시에게 접근해도 좋다는 초록 신호를 보내기로 결정한다. 아부는 다정한 미소를 지으며 로시에게 다가가고 로시는 입맞춤으로 응답한다. 드디어 아부와 로시는 그들의 욕망에 굴복하는데…. 이어지는 몇 주간 아부는 몇몇 다른 암컷들의 가슴도 정복하게 되며 아직 위계질서 서열에서 한참 아래쪽에 있을지라도 그룹의 가장 많은 새끼 원숭이의 아버지가 된다.

아부의 이야기는 영장류의 잠재의식이 행동 선택지를 재빠르게 판단해야 할 때 사회적 정보를 고려한다는 것을 보여준다. 영장류에게 중요한 사회적 정보는 서열, 나이, 성별, 그밖에도 동료와의 사회적 관계 및 동료들의 감정과 태도다. 서열이 높은 어미의 새끼가 맛있는 아보카도를 먹을 때, 아부는 그 새끼 원숭이에게서 아보카도를 낚아채지 않으려 조심하게 된다. 아보카도가 몇 개 되지 않는데 서열 높은 구성원들이 다 먹어버린다면 그는 꽃과 나무껍질로 만족해야 한다.

영장류에게 서열은 특히 중요하다. 사회적으로 가까워질수록 직접적으로 경쟁하는 일도 더 자주 일어난다. 서열은 먹이나 짝짓기에서 누가 우선권을 갖는지를 정해줌으로써 힘들고 위험한 싸움을 피할 수 있게 해준다. 원숭이들에게서 이해관계가 어긋나 소리를 지르며 갈등을 빚는 경우는 종종 볼 수 있지만, 정말로 몸싸움을 해서 부상을 입는 경우는 극히 드물다. 정도의 차이는 있지만 거의 모든 영장류 무리에 분명한 위계질서가 형성되어 있으며 이는 나이, 친척관계, 동맹, 싸움, 기타 요소들을 통해 정해진다.

많은 무리에서 이런 위계질서는 아주 복잡해서 연구자들도 이를 간파하는 데 오랜 시간이 걸린다. 영장류는 잠재의식에 의해 무리 안의 위계질서를 배워 각 구성원의 사회적 지위와 서로의 관계를 안다. 그리하여 동료가 있는 자리에서 위계질서에 맞는 행동을 한다. 복종을 표시하고 적절한 시기에 상대의 이를 골라주며 사회적 위계질서가 더 높은 구성원에게 얻어맞는 일을 피할 수도 있다.

따라서 잠재의식에 의해 서열에 맞게 다른 구성원들에 대해 복종하는 태도나 지배하는 태도를 보인다. 사회적 관계는 끊임없이 변화하므로 잠재의식에 의해 이런 변화를 유연하게 고려해 자신이 어떤 태도를 보일지를 선택하고 맞춘다.

이것이 의미하는 바는 들쥐와 달리 영장류의 잠재의식은 다면적인 사회적 정보를 고려해 행동의 선택지를 판단하고 부리나케 특정 행동을 실행하도록 고무한다는 점이다. 가령 짝을 짓거나 서열이 더 높은 구성원에게 먹이를 양도하는 행동처럼 특정 선택지를 실행하거나 실행하지 않으려는 의지를 만들어낸 다. 단, 서열이 있는 다른 포유류의 경우에 안와전두엽이 비슷한 기능을 하는 듯하지만 그에 대해서는 아직 확실히 알려진 것이 없다.

영장류의 안와전두엽은 사회적 정보에 관심을 갖는다

들쥐와 마찬가지로 영장류의 잠재의식도 안와전두엽에 위 치한다. 원숭이 안와전두엽의 신경세포들은 서열이 낮은 동료 보다 서열이 높은 동료에게 훨씬 강하게 반응한다.[2] 안와전두엽 은 사회적 지위를 파악하고 가까이 다가가기, 이 골라주기, 먹이 빼앗기 등과 같은 적절한 행동을 하도록 동기부여를 한다.

그밖에 원숭이 안와전두엽의 신경세포는 감정 표현, 성별, 나이, 관계와 같은 사회적으로 중요한 정보에 반응한다.[3] 가령 신경세포는 위협적인 표정이나 호의적인 얼굴 표정에 서로 다 른 강도로 활성화된다. 그런 정보를 고려하여 적절한 태도를 보 이는 것은 무리를 이루어 살아가는 데 매우 중요하다. 영장류의 잠재의식은 바로 이런 일을 하는 것이다.

프랑스의 신경심리학자인 장-르네 뒤아멜(Jean-René

Duhamel)의 독창적인 실험은 이를 흥미롭게 보여주었다. 이 실험의 주인공은 세 마리의 목마른 암컷 원숭이들이었다. 세 원숭이는 같은 공간에서 각자 의자에 앉아 있었는데, 의자에는 물을 공급해주는 정수기가 하나씩 달려 있었다.[4] 중간에는 원숭이 세 마리 모두가 볼 수 있게끔 테이블 형태의 모니터가 설치되어 있었다.

세 원숭이 중 한 원숭이만(단지 이 원숭이만) 앉은 자세로 물을 얻을 수 있었지만, 물을 얻으려면 약간의 수고를 해야 했다. 즉, 화면에 어떤 기호가 나타나면 그 기호를 우선 한동안 쳐다보다가 상징이 희미해지기 시작하면 얼른 레버를 당겨야 했다. 레버를 완전히 당기지 않거나 너무 빠르게 당기거나 늦게 당기면 물이 나오지 않았다. 그 기호를 시종일관 주시하지 않는 경우에도 물을 얻지 못했다.

다른 두 원숭이는 이를 그냥 지켜보아야만 했는데, 이들 중 하나는 셋 중에 서열이 가장 높은 원숭이였다. 모니터의 기호가 수고를 하는 원숭이에게 보상으로 제공되는 물의 양을 표시해주었다. 즉, 모니터의 기호에 따라 물이 아주 적게 나올지, 적당히 마실 수 있을 만큼 나올지, 크게 한 모금 들이킬 수 있을 만큼 나올지가 결정되었다.

연구자들은 우선 안와전두엽의 여러 신경세포가 보상으로 제공되는 물이 많을수록 더 활성화되었음을 발견했다. 이런 평가 세포는 각 보상의 가치를 암호화하고 그에 걸맞게 보상을 획득하고자 강하게 동기부여를 했다. 사실 이건 새로운 사실은 아니었다. 실험의 이런 부분은 평가 세포를 확인하는 역할만 했을 따름이다.

실험의 결정적인 부분은 그 뒤에 이어졌다. 연구자들은 이 부분에서 실험을 기발한 방식으로 변형시켰다. 이제부터는 보상으로 늘 같은 양의 물이 제공됐고, 모니터에 새로운 기호가 등장해 이젠 물의 양 대신에 수고하는 원숭이만 물을 보상으로 받을 것인가, 아니면 다른 두 원숭이 중 하나도 마찬가지로 물을 얻을 것인가를 표시해주었다. 후자의 경우는 불빛으로 서열이 높은 원숭이와 낮은 원숭이 둘 중 어떤 원숭이가 물을 얻을 것인지 표시되었다.

그리하여 이제 수고하는 원숭이에게만 물이 제공되거나 추가적으로 다른 두 원숭이 중 하나에게도 물이 제공됐다. 그러자 일하는 원숭이 안와전두피질의 평가 세포는 추가적으로 다른 원숭이 하나도 보상을 받을 것이라는 표시가 뜰 때보다 자기 자신만 물을 받는 것으로 뜰 때 더 강하게 반응했다.

그리하여 자신만이 물을 얻는다는 표시가 떴을 때, 훨씬 더 열심히 일했다. 자신과 다른 한 원숭이가 물을 얻게 되리라는 표시가 뜨면, 해당 원숭이에게 눈길을 주면서도 종종 레버를 아예 당기지 않거나 재미없다는 듯 너무 일찍 레버를 놓아버렸다. 그러면 이제 물을 받기로 예정된 원숭이는 흥분해서 손짓을 하고 소리 지르고 신경질적으로 반응했다. 한편 추가적으로 제공되는 물이 다른 원숭이에게 주어지지 않고 그냥 바닥으로만 떨어지게 하는 경우에는 자기만 물을 얻을 때처럼 세심하게 일에

임했다.

따라서 원숭이가 자신을 위해 뭔가를 벌어들이는지, 아니면 남을 위해서도 벌어들이는지 하는 사회적 정보는 원숭이의 태도와 원숭이의 안와전두엽에 있는 평가 세포의 활성화에 분명한 영향을 미쳤다. 다른 원숭이가 자기 덕분에 '공짜로' 보상을 얻는다는 정보는 일하는 원숭이에게 일의 가치를 떨어뜨렸다. 일하는 원숭이가 서열이 낮은 원숭이와 특히 좋은 관계이고 서열이 낮은 원숭이가 물을 마실 수 있는 경우에는 평가 세포가 더 활성화되었고 수고하는 원숭이는 더 열심히 일했다.

안와전두피질의 다른 신경세포들은 함께 물을 마실 수 있는 상대의 서열과 정체성, 또는 보상이 일하는 원숭이 자신에게만 제공되는지, 또는 보상을 이쪽 혹은 저쪽 상대와 더불어 얻는지에 반응했다. 따라서 이런 세포들은 지위, 정체성, 사회적 상황을 암호화했고, 이 모든 것은 보상의 주관적 가치에 영향을 미쳤다.

여기서 우리는 안와전두피질의 신경세포들이 먹이와 연관하여 사회적 정보들을 어떻게 통합하는지를 확인할 수 있다. 이런 세포들은 먹이의 양, 다른 구성원들의 정체성, 그들의 사회적 서열, 그들과의 사회적 관계를 고려하고 그에 따라 어떤 행동을 할 것인지 말 것인지를 결정한다.

원숭이의 잠재의식에 대한 이런 연구 결과는 인간에게 무엇을 의미할까? 그것은 인간의 잠재의식도 사회적 정보에 매우 민감하다는 뜻이다. 인간의 경우에도 중간 안와전두피질에 얼굴 정보에 특화된 영역들이 존재한다. 이 영역들은 얼굴 사진에는 반응하지만, 음식 사진이나 시계처럼 사물의 모습이 담긴 사진에는 반응하지 않는다. 다른 사물들이 얼굴처럼 둥글둥글하거나 보기 좋다 해도 말이다.[5]

그밖에 측면 안와전두피질은 기쁨이나 분노처럼 특정 감정을 표현하는 얼굴과 목소리에 반응한다.[6] 인간의 경우에도 잠재의식은 결정을 내리고 행동의 의욕을 불러일으킬 때 그런 사회적 정보를 고려한다. 그리하여 가령 안와전두엽이 손상된 환자들은 어떤 얼굴에 어떤 감정이 표출되고 있는지는 말할 수 있지만, 분노로 씩씩거리는 사람보다 즐거운 표정의 사람과 더 친해지고 싶다는 생각은 하지 못한다.[7]

이전 장에서 나는 사람이 지구상에 탄생한 지 첫 수십만 년 동안에는 원숭이와 반대로 위계질서 없이 평등 사회에서 살았다고 이야기했다. 하지만 위계질서가 있는 정주 문화가 형성되면서, 다시금 잠재의식이 끼어들었다. 유감스럽게도 인간의 뇌 속에서 위계질서가 어떻게 처리되는지 하는 주제에 대해서는 연구가 많이 이루어지지 않았다. 하지만 안와전두엽이 손상된 환자가 더 이상 사회적 위계질서에 합당하게 행동하지 못한다는 사례는 시사하는 바가 크다. 사례에 따르면 그런 환자는 가령 교수와 학생을 별반 다르지 않게 대하며 교수의 말을 툭툭 자르곤 했고, 박사과정 학생에게 농담을 던지듯 교수에게 말장난을 했다.[8]

어느 사회가 위계질서에 따라 조직되면 여러 관습적 행동이 뒤따르게 되고 우리 인간의 잠재의식은 이런 관습에 맞춰 자동적으로 행동에 영향을 미친다. 그에 대해서는 앞으로 장 전체를 할애해서 다루고자 한다. 하지만 그 전에 우선 영장류의 잠재의식에서 발달한 또 하나의 중요한 기능을 살펴보기로 하자.

잠재의식적 모방 압력

영장류의 잠재의식은 어떤 행동을 선택할 때 사회적 정보를 고려하는 것 외에 모방을 통해서도 동료들에게 배우고자 한다. 이런 배움을 심리학에서는 '사회적 학습(soziales Lernen)'이라 부른다. 모든 척추동물이 사회적 학습 능력을 지녔겠지만, 영장류는 특히 동료들에게서 곧잘 배운다. 꼬리감는원숭이는 서로의 행동을 통해 돌로 견과류를 깨는 법을 배우고, 침팬지는 도구를 사용하는 법을 배운다.

동료들이 가진 유용한 정보는 자신의 행동에 영향을 미친다. 모든 것을 직접 시험해보는 대신, 그냥 관찰하는 것만으로도 어떤 행동이 긍정적 결과를 가져오는지 부정적 결과를 가져오는지 배울 수 있다. 이런 식의 사회적 학습에 대한 압력을 심리학에서는 '정보적 사회 영향(informationeller sozialer Einfluss)'이라 부른다.

유인원들에게서 이런 영향이 어떻게 나타나는지 간단한 예로 살펴보자. 앞서 라이프치히 소재 막스 플랑크 진화인류학 연구소의 미하엘 토마셀로(Michael Tomasellos) 연구팀은 침팬지에게 세 개의 상자로 구성된 장치를 보여주었다. 각 상자는 서로 다른 색깔이고, 공을 던져넣을 수 있는 구멍이 뚫려 있었다. 이제 침팬지들은 여러 마리의 다른 침팬지들이 각각 빨간 상자 혹은 파란 상자 안에 공을 던지는 모습을 보았다. 공을 던져 이 두 상자 중 하나에 넣을 때마다 상자에서 땅콩이 튀어나와 각각의 침팬지가 그것을 먹었다. 이어 스스로 시험해볼 수 있게 되자, 침팬지들은 대부분 자기들도 빨간 상자 혹은 파란 상자에 공을 던졌다.[9]

특히 주목할 만한 것은 생물학자 에리카 반데 발(Erica van de Waal)이 남아프리카의 정글에서 수행한 정보적 사회 영향에 대한 실험이었다. 에리카 반데 발은 한 무리의 긴꼬리원숭이들에게 옥수수를 먹이로 주었다. 옥수수는 파란색 혹은 분홍색이 칠해져 있었는데, 분홍색 옥수수에는 불쾌한 쓴맛이 나는 물질이 첨가되어 있었다. 원숭이들은 이를 빠르게 터득해 얼마 지나지 않아 맛있는 파란색 옥수수만 먹었다.

이후 몇 달 휴지기를 가졌다가 원숭이들은 다시 옥수수를 받았다. 이번에는 쓴맛 나는 물질이 첨가되어 있지 않고, 옥수수 색깔만 분홍색이거나 파란색으로 되어 있었다. 따라서 분홍색 옥수수와 파란색 옥수수 모두 맛이 동일했다. 그럼에도 원숭이들은 몇 달 전에 맛있는 것으로 판명되었던, '좋은' 피린색 옥수수만 먹었다. 서열이 낮은 원숭이들은 간혹 '나쁜' 분홍색 옥수수를 먹었지만, '좋은' 파란색 옥수수를 먹을 수 없는 상황에서만 그렇게 했다. 이제 더 이상 맛의 차이가 없는데도 말이다. 원숭이들은 모두 '좋은' 옥수수만 먹고자 했다.

그밖에도 반데 발은 실험이 진행되는 와중에 태어난 여러 마리의 새끼 원숭이들도 '좋은' 옥수수만 주로 먹는 모습을 관찰했다. 어미들에게서 보고 배웠던 것이다. 간혹 분홍색 옥수수를 먹었던 서열 낮은 어미에게서 태어난 새끼 원숭이들만이 '좋은' 것을 얻지 못하자 '나쁜' 옥수수를 먹었다. 따라서 새끼 원숭이들은 모두 자기들의 어미가 선호하는 먹이를 자신도 선호했고, 그 먹이를 고수했다. 어미가 곁에 있든 없든 관계없이 그랬다.

다른 무리 출신으로 다 자란 상태에서 이 무리에 새로 합류한 수컷들도 다른 원숭이들이 어떤 옥수수를 먹는지 보고는 무리가 선호하는 먹이를 자신도 선호하는 모습을 보여주었다. 더구나 그중 몇몇 수컷은 색깔만 반대로 똑같은 실험이 이루어졌던 무리에서 들어온 원숭이들이었다. 그들은 실험에서 분홍색 옥수수는 맛있고, 파란색 옥수수는 쓰다는 것을 경험했다. 그런데 이 원숭이들마저도 새로 들어간 무리의 먹이 선호 기준을 따랐다. 즉, 새로 소속하게 된 무리의 행동을 관찰해 어떤 옥수수가 맛있고 어떤 것이 그렇지 않은지를 분별했던 것이다.[10]

모방 충동은 안와전두엽에서 생겨난다

원숭이들의 잠재의식은 동료 원숭이들의 예를 따르도록, 즉 '좋은' 색깔의 옥수수를 먹도록 종용했다. 침팬지의 잠재의식도 마찬가지로 공을 '좋은' 상자에 던지도록 고무했다. 정보적 사회에 영향을 받는 잠재의식적 충동은 안와전두엽에서 나온다. 인간도 안와전두엽에 의해 다른 사람을 모방하고 다른 사람에게 맞추도록 강요받는다. 불안하거나 정확히 알지 못할 때는 특히 그렇다.

여남은 명의 남자들이 이리저리 뛰어다니는 게임을 모니터로 보고 있다고 상상해보자. 트럼펫 신호가 울리면 거의 모든 남자들이 왼쪽으로 달리고 오른쪽으로 달리는 남자는 거의 없다. 이제 더 많은 수가 왼쪽으로 움직이고 있는지, 오른쪽으로 움직이고 있는지를 가늠하는 것이 실험 참가자에게 주어진 과제다. 이건 그래도 비교적 쉽다.

하지만 거의 반수가 한쪽 방향으로 달리고, 나머지 절반이 다른 쪽을 향해 달리는 경우 과제는 어려워진다. 뇌 스캐너 안에서 이를 평가해야 할 때, 평가하기 전에 다른 사람은 어떻게 대답했는지 알려주면 실험 참가자는 다른 사람의 발언을 따르는 경향을 보인다.

가령 모니터에서 거의 비슷한 수의 남자들이 왼쪽과 오른쪽으로 달리는 걸 본다고 상상해보자. 그리고 나서 다른 사람은 '왼쪽' 버튼을 눌렀음을 알게 되고 추가적으로 그 사람이 비슷한 과제를 특히 잘 풀어내는 사람이라는 정보까지 얻어듣는다. 그러면 이 실험 참가자는 어떤 버튼을 누를까? 아마도 그 사람을 따라 왼쪽 버튼을 누를 것이다. 실험 데이터는 이렇게 다른 사람에게 맞출 때 안와전두피질이 활성화된다는 것을 보여주었다.[11] 우리의 잠재의식은 자신의 추측을 다른 사람들의 추측에 맞추게끔 한다. 우리가 잘 모르는 상태인데 상대는 아주 잘 안다는 생각이 들 때는 특히 그렇다.

모방 압력은 잠재의식을 확장된 게놈으로 만든다

다른 사람이 가진 정보를 고려하고 배우고자 하는 잠재의식의 충동은 생물 종이 다양한 생활 공간에 적응하는 데 도움을 준다. 모방을 통한 학습은 자신의 게놈(유전체)이 가진 능력 이상으로 생물 종을 적응력 있게 만든다. 다양한 서식지에서 동물들은 어떤 식물이 먹어도 괜찮은 것이고 어떤 식물이 독성이 있는지, 어떤 동물이 위험하고 어떤 돌이나 막대기를 도구로 사용할지를 서로에게서 보고 배운다. 이런 사회적 학습을 통해 생물 종은 지역에 따라 다른 생활방식이나 위험이 뇌 속에 암호화되어 있지 않아도, 여러 지역에 성공적으로 퍼져나갈 수 있다.

꼬리감는원숭이의 게놈에서 돌로 견과류 깨는 것을 암호화하는 것은 견과류가 없는 지역에서는 쓸모가 없을 것이다. 하지만 '모방을 통한 학습'을 암호화하는 것은 견과류가 많은 지역에서는 견과류를 돌로 깰 수 있게 해주고, 곤충이 많은 지역에서는 돌로 나무를 두드려 곤충을 얻게끔 할 수 있다. 경험을 저장하면서 잠재의식은 소위 확장된 게놈의 기능을 한다.

잠재의식을 통해 사회적 영향에 민감하고, 사회적 학습에 고무됨으로써 인간은 다양한 삶의 조건에 굉장히 잘 적응할 수 있었다. 약 6만 년 전에 인류는 거의 전 지구적으로 확산되기 시작했으며, 오늘날에는 지구에 서식하는 어떤 생물 종보다 더 광범위한 지역에 거주한다.

인간은 타인들을 보고 배우며 이런 지식을 자녀들에게 전수하는 능력을 지녔다. 그로써 우리의 지식은 세대를 거듭하며 불어난다. 잠재의식은 도구, 의복, 거주공간을 만들고 활용할 수 있게끔 한다. 인간은 이로써 다양한 기후대에 적응할 수 있었다. 열대 기후나 사바나 기후에도 적응했고 더운 지역, 추운 지역을 막론하고 다양한 먹거리를 획득하고 다양한 위험을 감수하며 생활할 수 있었다. 인간은 게놈 이외에도 잠재의식이라는 추가적으로 생존에 중요한 정보들을 저장하는 소중한 저장소를 갖게 되었다. 잠재의식은 출생 이후 거주지에 따라 서로 다른 정보가 채워질 수 있는 저장소다.

잠재의식은 학습 시스템이자 감정 및 생존 시스템이기도 하기 때문에 모든 인간은 태어나서 첫 몇 년간 적응 방법이 유전자에 암호화되어 있기라도 하듯 각각의 생활환경에 적응한다. 잠재의식의 내용은 게놈의 내용처럼 우리에게 그다지 문제가 있어 보이지 않는다. 우리가 어려서 적응한 삶의 중요한 부분은 규칙, 관습, 가치가 있는 사회적 세계다.

수렵하고 채집하는 사회에서 살아가든 현대의 뉴욕에서 살아가든 수만 년 전에 살았든 1000년 뒤에 태어나 살아가든 간에 사람은 자신의 문화에 적응하여 다른 문화에서 살아가는 삶은 거의 상상하지 못한다. 유목 생활을 하는 하자족은 우리와 같은 사회에서 살아가고 싶어하지 않는다. 우리가 하자족처럼 유목 생활을 하고 싶어하지 않는 것과 마찬가지다. 우리가 먼 미래의 사회에서 살고 싶어하지 않는 것처럼 먼 미래에 살아갈 사람들도 우리 시대에 살고 싶어하지 않을 것이다.

잠재의식이 타인들에게서 배우고 영향을 받게끔 하기에 유년기를 거치며 잠재의식은 생활공간의 자연적인 위험도, 상벌을 비롯한 사회규칙도 잠재의식적 생존 시스템으로 편입시킨다. 이런 사회적 생활환경의 규칙, 관습, 가치를 보존하고 지키기 위해 인간의 잠재의식에서는 또 다른 기능이 발달했다. 인간 문화가 생겨나는 데 필수적인 이 기능에 대해 다음 장에서 살펴보기로 하자.

4

Die dunkle Seite des Gehirns

인간 잠재의식의
특별한 점

인간은 왜 규칙을 지키려 할까?

　　30만 년 전 아프리카 열대우림. 호모 사피엔스 종에 속한 세 아이가 부족 어른들이 있는 곳에서 그리 멀리 떨어지지 않은 곳, 그들의 목소리가 다 들릴 만한 거리에서 장난치며 놀고 있다. 남자아이들인 아단과 보케는 각각 열 살과 세 살이고, 여자아이 에바는 일곱 살이다. 몇 년이 지나면 이들도 자녀를 두게 될 것이고, 나중엔 손주들도 두어 오늘날 인간의 조상이 될 것이다. 우리 모두는 세포에 아직도 이들의 유전정보를 가지고 있다. 가장 큰 아이 아단은 나무에 크고 맛있어 보이는 망고가 달려 있는 걸 보고 높이뛰기로 망고를 따서는 껍질을 벗기고 먹기 시작한다. 다른 두 아이가 아단에게 뛰어와서 자기들도 망고를 먹겠다고 한다. 하지만 아단은 나눠먹고 싶지 않다.

　　그러자 가장 막내인 보케가 흥분한 목소리로 "나눠먹어야지. 먹을 게 있으면 나눠먹어야 하는 거 몰라!"라고 다그친다. 에바는 뭐든 나눌 줄을 모르고 혼자 먹어버리는 침팬지 흉내를 내며 아단을 놀린다. 그러자 아단은 금방 태도를 바꾸어 그들과 함께 망고를 나눠먹는다.

이런 눈에 띄지 않는 사건은 인간과 유인원의 몇 가지 기본적인 차이를 보여준다. 이런 차이는 잠재의식을 이해하는 데도 중요하다. 인간은 공동으로 더불어 살아가기 위한 규칙을 가지고 있다. 말하자면 서로를 대하는 규칙이다. 사회학에서는 이를 '사회 규범'이라 한다. 원숭이나 유인원과 달리 이런 규칙은 모든 부족 구성원에게 동일하게 적용되어 각 구성원은 다른 구성원들도 이 규칙에 따라 행동할 것을 기대하고 요구할 수 있다. 다른 사람들이 규칙을 위반하면 세 살배기도 이미 그것을 알아차리고는 감정적으로 반응한다. 이의를 제기하며 다른 사람에게 규칙을 일깨워주고 규칙을 따르라고 요구한다.

물론 모든 구성원에게 동일하게 적용되지 않는 규칙도 있다. 어른들에겐 선거권이 부여되고 아이들에게는 그렇지 않은 경우처럼 현대 사회에서는 그런 예가 적지 않다.

원숭이와 유인원 무리에서는 누가 망고를 먹을지 서열이 정해진다. 인간 사회에서는 규칙을 통해 정해진다. 물론 원숭이 무리에서도 인간과 비슷한 태도들이 관찰되기도 하지만, 이런 행동은 규칙에서 비롯되는 것이 아니다. 가령 침팬지들은 서로서로 보고 배워서 막대기를 통해 개미굴 속의 흰개미를 채취해 먹을 수 있다. 그러나 원숭이와 달리 인간은 다른 사람에게 규칙을 따르도록 요구하고 다른 사람이 규칙을 어기면 비난한다. 갈등을 피하거나 해결하고자 할 때도 그런 규칙을 환기시킨다.

다른 사람의 기대에 부응하여 어떤 일을 하거나 하지 않는 건 인간뿐이다. 규칙을 지키지 않으면 불쾌감이나 분노 등 곳곳에서 '나쁜 진동'이 일어난다.

지난 장에서 나는 원숭이와 인간의 잠재의식이 '정보적 사회 영향'을 고무한다고 설명했다. 잠재의식은 서로에게서 배우게끔 동기부여를 하며, 같은 종에 속한 동료들은 실용적인 이유에서 서로 행동을 맞춘다. 이번 장에서는 한 걸음 더 나아가보려 한다. 오직 우리 인간만이 잠재의식적으로 규칙을 지키도록 동기가 부여된다. 그리하여 인간들은 공연히 불쾌하게 튀지 않으려고 다른 사람들과 똑같이 행동할 때가 많다.

인간들은 규범적인 이유로 행동을 서로에게 맞추려는 압력을 받는다. 이렇듯 서로 행동을 맞추려는 압력을 사회심리학에서는 '규범적 사회 영향(규범적-사회적 영향)'이라고 부른다. 원숭이는 동조해야 한다는 압박 때문에 행동을 서로 맞추는 것이 아니다. 그들이 서열을 지키는 것은 그것을 지키지 않으면 난처해지거나 양심의 가책을 느끼기 때문이 아니라, 그들의 안와전두엽이 계속적인 다툼을 피하도록 만들기 때문이다. 축복인지 저주인지는 모르겠지만, 원숭이들에겐 사회규범이 없다. 그들은 페이스북의 '좋아요' 표시에 전혀 관심을 갖지 않을 것이다. 반면 대부분의 사람에게 그것은 중요하다.

열대우림에서 살아가는 소년 아단은 뇌 속의 쾌락 중추가 망고를 혼자 먹도록 부추겼음에도 결국 먹거리를 나누어야 한다는 규칙을 지켰다. 인간들은 어찌하여 사회규칙을 따르는 것일까? 특히 규칙을 어기는 것이 매력적으로 보일 때도 왜 그렇게 하는 것일까? 우리가 규칙을 따르는 것은 한편으로는 잠재의식이 그렇게 하도록 부추기기 때문이다. 이렇듯 잠재의식적으로 다른 사람에게 행동을 맞추려고 하는 것을 '동조 현상'이라고 한다. 원시 정글에서 사는 아이들의 예에서 어린 동생들은 아단에게 규칙('식량은 나누는 것')을 상기시키고 그것을 지킬 것을 요구한다. 아단은 규칙을 안다. 따라서 규칙을 지키는 행동은 모두가 공유하는 공통적인 기대다. 그리고 아단의 잠재의식적 동조 현상은 망고를 나눠먹게끔 한다. 원숭이 무리에서 서열이 높은 원숭이는 그냥 아무렇지도 않게 혼자서 망고를 먹어버렸을 것이다.

　물론 규칙을 지키는 행동을 잠재의식적인 동조 현상으로만 설명할 수는 없다. 이것은 부분적인 설명일 따름이다. 우리는 종종 순전히 합리적인 이유로도 규칙을 지키기 때문이다. 규칙을 지키지 않으면 처벌 등 부정적인 결과가 빚어질 것이므로 규칙을 지키는 경우도 많다. 그런 처벌을 사회학에서는 '제재(Sanktionen)'라고 한다. 망고를 가진 아이들의 예에서 아단의 행동은 비난과 놀림을 당한다. 수렵과 채집 사회에서는 이외 못마땅한 눈빛이나 제스처로 제제를 받을 수도 있을 것이다. 그러나 그런 사회에서는 그 외에 그리 마땅한 제재 수단은 별로 없을 것이다. 현대의 도로 교통 상황에서 경적을 울리거나 추월하거나 고함을 지르지 않고 눈빛이나 제스처로만 표시한다면 도로에 자못 목가적인 분위기가 넘쳐날지도 모르겠다.

〈그림 8〉 다른 사람을 비난하는 표정은 세계 공통이어서 따로 배울 필요가 없다. 그것은 우리 안에 생물학적으로 내재되어 있다.

규칙을 어기는 행동을 비난하고 싶을 때 사람은 특유의 얼굴 표정을 짓는다. 앙다문 입술에 입꼬리 한쪽을 약간 올리며 옆으로 당긴다(〈그림 8〉 참조). 이런 얼굴 표정은 세계 공통인 듯하다. 어떤 문화권에 거주하든 상관없이 이런 표정을 이해하고 실행하는 것이다. 이런 표정이 상대에게 영향을 미치는 것은 자신의 행동을 타인이 어떻게 평가하는지에 관심을 갖기 때문이다.

타인들의 제재에 더해 매력적인 잠재의식도 우리를 벌한다. 양심의 가책이나 죄책감, 혹은 다른 사람이 우리가 규칙을 위반하는 것을 본 경우 수치심과 무안함을 느끼는 것이 그것이다. 이 모든 징벌의 공통점은 바로 기분이 좋지 않고 나아가 심신이 고통스럽다는 것이다. 남의 잘못을 지적하는 것은 불쾌한 일이며, 스스로 느끼는 양심의 가책은 마음을 괴롭게 한다. 사회적으로 배제당하면 뇌 속 통증 시스템이 활성화된다.

222

동조 현상은 안와전두엽에서 생겨난다

다른 사람에게 맞추고자 하는 동조 현상은 측면 안와전두엽에서 비롯한다. 안와전두피질이 손상된 환자는 사회규칙을 위반하고 있다는 것을 의식하지 못해 더 이상 사회규칙을 지키지 못하는 경우가 많다. 가령 안와전두피질이 손상된 치매 환자는 케이크를 먹을 때 아무렇지도 않게 냉큼 가장 큰 케이크 조각을 가져가기도 하고 마룻바닥에 침을 뱉기도 하며 낯선 사람에게 1미터 미만으로 거리를 가깝게 좁히는 것이 적절하지 않다는 것을 깨닫지 못한다.[1]

건강한 사람들에 대한 메타분석은 일반적으로 어떤 행동이 규칙이나 관습에 위배된다고 판단하는 경우, 당사자의 안와전두피질이(그리고 그에 인접한 섬 피질이) 활성화된다는 것을 보여준다.[2] 안와전두피질은 뺑소니 교통사고를 목격하는 등 타인이 규칙이나 관습을 위배하는 행동을 관찰할 때도 활성화된다.[3]

그러므로 종교적으로 첨예한 갈등이 빚어지는 상황처럼 서로 모순되는 관심사를 가진 두 편이 만났을 때 안와전두엽에서 무슨 일이 일어날지를 쉽게 상상할 수 있다. 그런 경우 공동체 안에서의 갈등을 줄여주어 진화적으로 유익했던 뇌 속 안와전두엽은 이제 갈등을 부추기는 모터가 된다. 자신들의 규칙을 유지하기 위해 두 사람의 뇌 안에서 안와전두엽이 똑같이 활성화되기 때문이다.

동조 현상은 왜 하필이면 잠재의식이 위치한 안와전두엽에 자리할까? 안와전두엽의 중요한 기능은 행동 선택지를 재빠르게 판단하는 것이다. 소위 선택지들을 화폐로 변환시킨 다음, 가장 가치 있는 화폐를 선택하는 것이다. 그런데 인간들에게는 사회규범과 제제가 있기에 망고를 나눠먹을지, 혼자 먹을지 결정하는 것처럼 행동을 선택할 경우에는 사회적 행동규범을 고려해야 한다. 안와전두엽은 행동 선택지를 재빠르게 평가할 때 이런 규범들을 자연스레 고려한다. 인간은 들쥐나 원숭이와 달리 행동 선택지를 평가할 때 배고픔, 망고, 사회규칙, 가능한 처벌 등 다양한 상황을 고려한다. 이것이 바로 인간 안와전두엽의 특별한 강점이다.

뇌의 어두운 면이 부패해지는 경우

이제 잠재의식적으로 규칙을 어기는 행동을 할 때 얻는 이익이 규칙을 지키는 행동을 할 때 얻는 이익보다 더 높아지면 무슨 일이 일어날까? 규칙을 어길 때 얻을 수 있는 유익이 유혹적으로 높아진다면? 그러면 평가 기능으로 인한 충동이 동조 현상을 제압할 수 있다. 그리하여 충분한 이윤이 제공되는 경우, 전두엽은 동조 현상을 포기해버린다. 그 결과는 타락이다. 보험사기나 허위 세금신고가 그래서 일어난다.

물론 원시 정글에서는 뇌물이나 허위 세금 신고 같은 일은 일어나지 않는다. 하지만 돈과 재산이 중요한 현대 문명에서는 잠재의식이 매수되기 쉽고, 그로써 잠재의식은 우리 뇌의 어두운 면이 된다. 이렇게 볼 때 우리 인간은 본성상 부패한 것이 아니다. 잠재의식이 돈과 소유 앞에서 유혹을 느낄 때에야 비로소 어두워지고 탐욕이 생긴다. 가치 평가 기능이 동조 현상을 제압하고 부당한 행동을 하도록 부추길 때 윤리적으로 행동하려면 의식적인 숙고와 행동 통제가 필요하다. 흠 없는 삶을 살려면 잠재의식적인 동기를 인식하고 이를 의식적인 동기로 대체해야 한다.

미국의 정신의학자 그레고리 번스(Gregory Berns) 연구팀은 동조 현상과 평가 기능이 안와전두엽의 서로 다른 부분에서 비롯한다는 것을 보여주었다. 이 연구에서 참가자들은 "나는 미국에 관한 기밀 정보를 결코 적대적인 외국 정부에 넘겨주지 않을 것이다" "나는 발각되지 않을 것이 확실하다 해도, 결코 배우자를 속이지 않을 것이다" "나는 신을 믿는다" "동성애자도 이성애자와 동일한 권리를 가져야 한다" 등등 중요한 규범과 가치가 담긴 진술을 판단해야 했다. 아울러 "나는 아이폰보다 안드로이드폰이 더 좋다" "니콘보다 캐논이 낫다" "고양이보다 개가 더 좋다" 등 좀 더 일상적인 것에 대한 진술도 판단했다.

참가자들은 뇌 스캐너 안에서 각각의 발언이 자신에게 해당하는지 그렇지 않은지를 표시했는데, 특히 중요한 가치가 담긴 진술들을 평가할 때 측면 안와전두피질이 활성화되는 것으로 나타났다. 잠재의식은 동조 현상을 통해 신에 대한 믿음이나 동성애에 대한 판단 등 타협할 수 없는 가치들을 유지하는 것으

로 나타난 것이다.[4]

　그밖에 참가자들은 어떤 발언에 공감하는 것이 윤리적으로 옳아서인지, 아니면 비용-편익을 고려한 선택인지에 대한 질문을 받았다. 가령 배우자를 속이지 않으려는 것이 그런 행동이 잘못된 것이기 때문인지, 아니면 죄가 발각될 위험이 있기 때문인지를 답해야 했다. 이때 뇌 스캔 참가자들이 비용-편익에 대한 숙고를 바탕으로 발언을 선택했을 때는 중간 안와전두피질이 활성화된 것으로 나타났다. 잠재의식은 사회규범 및 어떤 행동의 가치, 유익, 비용을 고려하여 대안을 평가한 것이다.

　선택지들에 대한 이런 잠재의식의 평가 기능은 안와전두엽의 또 다른 영역인 중간과 중앙 영역에서 비롯하는 반면, 동조 현상은 측면 안와전두엽에 위치한다. 그렇기에 잠재의식은 스스로 안에서 갈등을 일으킬 수도 있다. 평가 기능이 동조 현상이 원하는 것과는 다른 행동 선택지를 고르면, 한편에서는 동조 현상이 규칙에 합당한 행동을 할 것을 요구하고, 한편에서는 평가 기능이 규칙을 어길 것을 종용하는 모순적인 상황이 빚어질 수 있다.

　보통 때는 번개 같은 속도로 의사결정을 하는 잠재의식은 부도덕한 제안 앞에서 예외적으로 오락가락하면서 결정을 지체하기도 한다. 우리는 바로 이런 순간을 의식적으로 활용해 원래 가지고 있는 가치와 정체성에 부합하는 결정을 내릴 수 있다.

　물론 우리는 의식적으로도 규범을 지킨다. 가령 개인적인 가치에 부합하게 흠 없이 행동하는 것이 우리에게 중요하기 때문에 규범을 지키려 할 수도 있다. 인간들은 여러 행동 선택지가 사회규범 및 개인적인 진실함과 어느 정도로 양립할 수 있는지, 각각의 행동 선택지가 갖는 유익이 사회규범을 지키는 것 또는 어기는 것에 어느 정도로 영향을 받는지를 의식적으로 숙고하는 탁월한 능력이 있다. 하지만 이런 의식적인 숙고는 대부분의 상황에서 너무 느리고 까다롭다. 그래서 이렇게 의식적으로 숙고하는 경우는 드물고 보통은 이런 숙고를 잠재의식에 위임한다.

이런 잠재의식적 숙고는 종종 아주 유용하다. 당연한 일이다. 그도 그럴 것이 이것은 진화적으로 유리한 것으로 입증된 것이 아닌가. 열대초원에서 사자가 튀어나온 순간에야 비로소 내가 가까운 나무로 올라갈 것인지, 함께 사냥 나간 동료를 사자 쪽으로 밀어서 사자의 먹잇감이 되게 할 것인지를 곰곰이 숙고하기 시작한다면, 나는 한 종(種)의 조상이 되지 못했을 것이다.

안와전두엽의 은밀한 압력,
동조 현상

　잠재의식은 동조 현상을 통해 우리가 규칙을 지키도록 한다. 하지만 동조 현상은 한 걸음 더 나아간다. 우리 뇌의 어두운 면은 평가, 의견, 표현, 가치, 나아가 감정과 믿음에 이르기까지 우리가 속한 집단에 맞추게끔 한다. 가족들이 백신 반대자라면 당신도 그런 의견을 대변할 확률이 높다. 끼리끼리 노는 청소년들은 서로 비슷한 음악을 좋아하고 같은 종교에 속한 사람들은 모두 비슷한 내용을 믿는다. 잠재의식은 서로 맞추고 동조하는 것을 긍정적으로 평가하고, 동조할 때 보상 감정과 같은 긍정적인 느낌을 만들어낸다.

　잠재의식은 자신이 속한 집단에 동조하고 그를 통해 집단에 소속되는 것을 유쾌하게 느끼도록 한다. 집단과 일치된 의견을 가지면 집단에 받아들여지는 반면, 다른 의견이나 가치를 대변하면 금방 아웃사이더가 된다. 따돌림을 당하거나 소외당하는 것은 감정적으로 스트레스를 준다. 소외당하는 것은 사회적 아픔으로 이어지고 이런 고통은 우선 안와전두엽에서 생겨난다.[5] 아주 어린 아이들도 이미 이런 사회적 고통을 피하고자 무리에 맞추고 규칙을 지키는 행동을 보인다. 집단의 구성원들과 다르게 생각하고 느끼다 보니 집단 내에서 '뭔가 특이하게 보이거나' 불쾌하게 눈에 띄면 잠재의식은 빠르게 불편한 마음을 만들어내고 사람들에게 맞추도록 종용한다.

잠재의식적으로 만들어지는 동조 현상은 대부분 아주 강력해서 우리 자신이 더 나은 지식을 가지고 있는 경우에도 집단이 표방하는 잘못된 확신에 합류한다. 1950년대에 심리학자 솔로몬 애시(Solomon Asch)는 동조 현상 또는 '규범적 사회 영향'에 대해 실험했다. 이 실험은 오늘날에도 심리학 분야의 고전적인 실험에 속한다.

이 실험에서 애시는 사람들에게 '표준선' 하나를 제시해주고 이 선의 길이를 서로 다른 길이의 세 선과 비교하도록 했다(〈그림 9〉 참조). 그러고는 한 사람씩 차례로 세 선 중에 어떤 선이 표준선과 길이가 같은지를 큰 소리로 말하도록 했다. 하지만 진짜 실험 참가자들이 알지 못했던 것은 자신이 속한 그룹에서 자기 빼고 나머지 사람들은 모두 애시의 동료들이었다는 사실이다.

진짜 참가자 외에 모든 사람이 확연하게 표준선과 길이가 다른데도 자신 있게 한목소리로 틀린 답을 지목했다. 그런 다음 실험 참가자 차례가 되었을 때 참가자는 굉장히 불안한 기색이었고 도대체 무슨 상황인지 알지 못했다. 그래서 처음에는 대부분의 참가자가 한 번은 정확한 정답을 말했지만, 실험을 몇 번 반복한 뒤에는 슬슬 다른 사람을 따라가기 시작했다. 그리하여 답이 맞지 않다는 걸 알면서도 다른 사람들과 같은 대답을 했다. 집단의 태도에 반하는 행동을 해서 눈에 띄는 건 매우 불쾌하고 불편하기에 대부분의 참가자가 명백히 틀린 대답임에도 큰 소리로 다른 사람들과 일치하는 대답을 했던 것이다.[6]

동조 현상은 거기에서 그치지 않았다. 사람들은 다른 사람들과 다른 대답을 하기가 난처하다는 이유만으로 틀린 답을 말한 것이 아니었다. 다른 연구팀이 이와 비슷한 실험을 진행했는데, 이때는 약간 형식을 바꾸어 큰 소리로 대답할 필요 없이 답을 몰래 종이에 적어보도록 했다. 정확히는 그룹 구성원들이 틀린 답을 큰 소리로 말한 뒤에, 다시 한 번 답을 종이에 적어보게끔 했다. 그랬더니 큰 소리로 말해야 하는 것도 아닌데 참가자들은 종종 틀린 답을 적었다. 집단에 맞추려는 잠재의식적인 압력이 너무 강해서 자신의 지각을 제대로 신뢰하지 못하고 현실을 원래와는 다르게 지각했던 것이다.[7]

〈그림 9〉 애시의 선 실험. 왼쪽이 '표준선'이고 오른쪽에 그와 비교되는 세 선이 있다. 실험 참가자들은 세 선 중 어떤 선이 표준선과 같은 길이인지(A 또는 B 또는 C)를 큰 소리로 이야기해야 했다. 그러자 그룹의 다른 모든 구성원이 B라고 말하면, A가 객관적으로 맞는 대답임에도 대부분의 참가자도 마찬가지로 B라고 말했다.

여러분은 이제 애시의 실험에서 선들의 차이가 너무나 확연해서 자신은 절대로 헷갈리지 않을 거라고 생각할 것이다. 하지만 우리는 굉장히 쉽게 잠재의식적인 동조 현상에 걸려든다. 예일대학교의 심리학자 자밀 자키(Jamil Zaki)는 독창적인 실험에서 청년들에게 여성 얼굴의 매력에 대한 연구에 참여해달라고 부탁했다.[8] 그런 다음 청년들에게 여자 얼굴이 담긴 사진을 여러 장 보여주고는 이미 수백 명의 젊은 남성들이 그들에 앞서 이런 사진들을 평가했었다고 말해주었다. 이제 참가자들은 신중하게 각 얼굴을 '매력 없는'에서 '매력적인'에 이르기까지의 잣대로 평가했다. 이어 다른 남성들이 각각의 사진을 어떻게 평가했는지 평균적인 평점을 볼 수 있었다. 즉, 모두가 자신의 평점을 다른 젊은 남성들의 '일반적인' 평점과 비교할 수 있었던 것이다.

여기서 연구자들이 청년들에게 알려주지 않은 것은 먼저 사진을 평가했었다는 대조군의 평점은 사실 연구자들이 허위로 지어낸 것이라는 사실이었다. 절반가량에서는 이런 대조군의 (허위) 평가가 실험 참가자들의 평가와 일치했고, 또 다른 절반에서는 실험 참가자들의 평가가 대조군의 평가보다 확연히 위에 있거나 아래에 있었다.

그렇게 대조군의 평가를 접한 뒤 실험 참가자들은 다시 한번 뇌 스캐너 안에서 평가를 해야 했는데, 연구 결과 이런 재평가에서 대조군의 평가가 실험 참가자들의 평가에 영향을 미친 것으로 나타났다. 실험 참가자들은 대조군이 매력적이라고 평가한 얼굴을 자기들도 더 매력적으로 평가했고, 대조군이 별로 매력적이지 않다고 평가한 얼굴을 자기들도 마찬가지로 덜 매력적이라고 평가했다. 뇌 스캐너의 측정 결과 새롭게 더 매력적이라고 평가하게 된 얼굴을 볼 때 잠재의식이 자리하는 안와전두피질 또는 쾌락 중추가 활성화되는 것으로 나타났다. 흥미롭게도 돈을 획득할 때도 바로 이런 뇌 영역이 활성화된다.

이것은 참가자가 다른 사람들이 어떤 얼굴을 매력적이라고 평가했다고 믿으면, 참가자들의 안와전두피질도 이 얼굴을 매력적으로 평가하고, 그 얼굴을 보는 걸 이득으로 처리한다는 것을 뜻한다. 스스로는 좀 전에 그 얼굴을 그다지 매력적이지 않은 것으로 평가했을지라도 말이다. 아울러 안와전두엽은 이제 다른 사람이 매력적이지 않다고 평가한 얼굴을 보는 것을 손실로 평가했다. 따라서 잠재의식은 주관적 평가를 집단에 맞춘다. 우리가 깨닫지 못하는 가운데, 우리 뇌의 어두운 면은 사회적 정보에 강력한 영향을 미치고 우리 자신의 평가를 집단의 평가와 동일하게 맞추는 것이다.

이제 두 사람을 상상해보자. 한 사람은 달콤한 디저트가 소개되는 인스타그램 피드를 팔로잉한다. 그곳에서는 수천 명의 사람들이 자신들의 사진과 동영상을 달콤한 것을 좋아하는 수많은 사람들과 나눈다. 다른 한 사람은 채소를 주재료로 한 음식, 과일, 샐러드 같은 건강한 음식에 대한 인스타그램 피드를 팔로잉한다. 이 사람들의 잠재의식에서는 무슨 일이 일어날까? 각 사람의 안와전두엽은 음식에 대한 선호를 자신이 팔로잉하는 인스타그램들의 음식 선호에 맞춘다. 자밀 자키는 이에 대해서도 실험을 했다. 여기서 그는 실험 참가자들에게 과자나 달콤한 간식, 혹은 과일이나 채소 같은 음식 사진을 보여주었다. 그러자 참가자들은 이 음식에 대한 평가를 그룹 구성원들의 평가에 맞추었다. 흥미롭게도 그들의 평가는 그 간식이 건강한 것인지 아닌지와 무관했다. 뇌 측정에서 안와전두엽이 음식의 평가를 그룹의 평가에 맞춘 것으로 나타났다.[9] 조사가 끝난 뒤 실험 참가자들은 음식을 선택해서 먹을 수 있었는데, 이런 선택 역시 그룹의 다른 구성원들이 그 음식을 어떻게 평가했는지가 영향을 미친 것으로 나타났다.

따라서 우리가 어떤 음식을 먹고 싶은지 아닌지는 잠재의식적으로 그룹의 영향을 강하게 받는다. 그러므로 건강한 식생활을 하고 싶다면 건강한 식생활을 하는 사람들과 친하게 지내는 것이 도움이 될 것이다.

이런 경향은 얼굴과 음식뿐 아니라 생활습관, 패션 취향, 미적 감각, 운동, 문화·경제·정치에 대한 의견 등 삶의 많은 분야에 적용할 수 있다. 곳곳에서 잠재의식적 동조 현상이 우리의 의견을 집단에 맞추게끔 압력을 행사한다. 우리는 자신의 개인적 견해가 철저하게 이성적 숙고의 산물이라고 생각할지 모르지만, 우리의 견해는 늘 잠재의식적으로 다른 사람들의 견해에 영향을 받는다. 건강하지 못한 식생활, 운동 부족, 포퓰리즘 추종 등 우리에게 부정적인 결과를 가져오는 견해라 해도 상관없이 그런 영향이 나타난다. 모든 독재자에게 동조는 주된 목표다.

추종자들의 잠재의식적 동조 현상은 독재자가 아주 쉽게 동조를 단결이라고 내세울 수 있게끔 만든다.

우리는 잠재의식적으로
그룹의 결정과 감정에 맞추고자 한다

동조 현상은 우리가 그룹의 결정에 함께하도록 한다. 옹정 (Yong Zheng)이 이끄는 연구팀은 실험 참가자들에게 최후통첩 게임을 하게 했다.[10] 많은 연구자가 최후통첩 게임이라는 기발하고 쉬운 게임으로 사람들의 행동을 연구한다.

이 게임에는 보통 두 사람이 참여한다. 한 사람은 제공자로서 실험이 진행될 때마다 돈을 가지고 상대에게 이 금액을 나눠 가질 것을 제안한다. 가령 제공자가 2유로를 가진 상태에서 상대에게 50센트를 주겠다고 제안한다. 상대가 수락하면 제공자는 1.5유로를 갖고, 상대는 50센트를 갖는다. 하지만 상대가 거절하면 둘 다 아무 돈도 가지지 못한다. 만약 제공자가 30센트만 주려 한다면 상대방은 그것을 불공평하다고 생각하고 그 제안을 거절할 것이다. 따라서 공정한 행동이라고 생각되는 기준이 무너지면 우리는 차라리 30센트의 작은 이익을 포기하고 부당하게 행동하는 제공자도 아무것도 못 가지게끔 함으로써 대리 만족을 하는 것이다.

옹정은 이런 실험을 변형시킨 실험도 실시했다. 이 실험에서는 제공자가 다섯 명을 대상으로 제안하고 각 사람은 제공자의 제안을 받아들일지 거부할지 선택할 수 있었다. 이 다섯 명 중에서 한 사람은 뇌 스캐너 안에 있었는데, 그 실험 참가자가 알지 못하는 것은 자신만 진짜 실험 참가자이고 나머지 넷은 주최측과 모의한 사람들이라는 점이었다.

제안을 받을 때마다 실험 참가자는 우선 이 제안을 받아들일지 거부할지를 주체적으로 결정해야 했다. 그런 다음 다른 사람이 어떻게 결정하는지를 보았다. 거짓 참가자 네 사람은 실험 참가자의 결정과 일치하는 결정을 내리거나 다른 결정을 내렸다. 그럼으로써 실험 참가자가 어떤 제안을 거부했는데, 그 뒤 다른 사람들은 모두 그 제안을 수락하는 것을 보게 되기도 했다. 이어 실험 참가자들에게 다시 한번 재고할 수 있는 기회를 주면, 참가자들은 다시금 집단의 결정을 따라 의견을 바꾸곤 했다. 특히 자신은 부당하다고 생각해 거부했는데, 다른 사람들이 이구동성으로 그 제안을 수락한 경우 실험 참가자들 대부분은 마음을 바꾸어 이 제안을 받아들였다.

이렇듯 실험 참가자가 집단의 결정에 합류하는 경우 뇌 스캔에서는 그의 측면 안와전두피질이(그리고 다른 뇌 구조들이) 활성화되었다. 따라서 잠재의식이 그룹의 결정에 따르도록 우리를 자극한다고 할 수 있다.

잠재의식은 나아가 감정까지도 집단의 감정에 맞춘다. 심리학자 에바 텔저(Eva Telzer)는 중국인과 미국인을 대상으로 실험을 실시했다. 미국인들은 백인들이었고, 중국인들은 중국에서 태어나 미국으로 이주한 지 불과 몇 달 안 된 사람들이었다. 우선 실험 대상자들에게 병원에 입원해 있거나 장례를 치르는 등 안 좋은 상황에 처한 사람들의 사진을 보여주고는 자신이 사진 속의 인물이라고 상상하고 그들의 기분이 어떨지 생각해보라고 했다. 사진 속의 사람들 역시 실험 참가자들처럼 중국인이거나 미국인들이었다.

그로부터 며칠 지난 뒤 실험 참가자들은 뇌 스캐너 안에서 비슷한 실험 과정에 참여했다. 그런데 이번에는 각각의 사진과 더불어 추가적으로 일군의 다른 중국인 혹은 미국인이 그 사진을 보며 어떻게 느꼈는지도 제시되었다. 즉, 각각 사진을 볼 때 자신과 같은 인종에 속한 사람들은 평균적으로 어떻게 느꼈는지, 그리하여 어느 정도의 감정이 '정상적인' 강도인지를 볼 수 있게 했던 것이다.

이런 정보 역시 사실은 실험 주최자들이 가짜로 지어낸 것이었지만 이것은 실험 참가자들의 감정에 뚜렷이 영향을 주었다. 그리고 다른 인종보다 자신의 인종이나 집단에게 더 강한 영향을 받았다. 미국인들은 다른 미국인들이 어떻게 느끼는가에 강한 영향을 받았고, 중국인들도 다른 중국인들에게 더 강한 영향을 받았다. 이렇게 자신의 감정을 집단의 감정에 맞추는 상황에서 안와전두피질이 활성화되었다. 잠재의식이 자신의 감정을 집단의 감정에 맞추도록 영향을 미치는 것이다.[11]

우리는 종종 집단의 다른 구성원들과 같은 감정을 느낀다. 잠재의식은 그런 집단적인 감정을 뒷받침하고 강화하여 우리가 이런 감정을 특히 강하게 느끼게끔 한다. 이것이 혼자 월드컵 경기를 보는 것보다 사람들과 함께 무리지어 보는 것이 훨씬 더 재미있는 이유다. 뉘른베르크 전당대회(1923년부터 매년 열렸던 나치당의 전당대회—옮긴이) 참가자들이 감정적으로 압도되었던 것도 바로 이것 때문이었다. 따라서 집단적인 잠재의식적 감정은 실로 '흥분되는 것'이지만 종종 인류의 역사에 커다란 오점을 남기는 데 관여한다. 오늘날 우리는 전체주의 정권이 빚은 치명적인 결과를 알고 있다. 따라서 집단적 감정에 의식적으로 비판적인 태도를 취하고 경우에 따라 그것과 거리를 둘 수 있을 것이다.

우리가 속한 집단 구성원들의 안와전두엽이 부정적인 감정을 만들어내면, 우리의 안와전두엽 역시 '나쁜 진동'을 만들어낸다. 집단에 속한 다른 사람들이 흥분한다는 이유만으로 우리 자신의 잠재의식도 흥분하는 것이다. 그래서 우리가 신문, 잡지, 많은 미디어 채널, 페이스북 같은 소셜 네트워크와 스스로를 동일시하자마자, 즉 우리가 이런 소식을 만들어내거나 읽는 사람들로 구성된 집단에 소속감을 느끼자마자 잠재의식은 감정을 자극하도록 양산된 뉴스들에 반응한다.

게다가 우리는 잠재의식적으로 긍정적인 뉴스보다는 부정적인 뉴스에 더 강하게 반응하고 부정적인 뉴스를 더 믿을 만한 것으로 여긴다(108쪽 '인간이 현실을 왜곡하는 이유' 참조). 우리의 이런 감정을 자극하는 부정적인 뉴스를 생산하여 유통시키는 것이 바로 여러 언론의 상술이다. 우리는 잠재의식적으로 이에

편승하여 더 부정적인 감정을 느낌으로써 스스로 삶의 질을 떨어뜨리고 건강을 해치는 아이러니를 범하고 있다.

독일의 유명한 여론 조사 기관인 알렌스바흐 연구소의 조사 결과에 따르면, 우크라이나 전쟁이 시작된 이래로 미래를 낙관적으로 보는 독일인의 비율은 최저치로 떨어졌으며 세 명 중 한 명꼴로 세계대전을 가능한 시나리오로 여기는 것으로 나타났다. 많은 사람이 습관처럼 인터넷 브라우저나 스마트폰을 통해 아침부터 저녁까지 좋지 않은 뉴스를 접하고 산다. 안 좋은 뉴스에 아예 눈을 감고 살 수는 없으므로 그처럼 스트레스를 주는 주제를 접하는 시간을 하루 한 번 특정 시간으로 한정하면 좋을 것이다. 그렇지 않으면 하루 종일 스트레스와 불안에 시달리게 되고 이것은 장기적으로 건강에 해롭다.

잠재의식은
도덕을 가리키는 집게손가락

동조 현상에 더하여 우리의 사랑스러운 잠재의식은 도덕적 판단과 도덕적 감정으로 우리 삶에 양념을 친다. 동조하고 순응하는 행동과 도덕은 서로 연관되기에 이는 당연한 일이다. 도덕은 일상생활에서 사회규칙, 예절, 관습의 합의에 따라 행동하는 것이며, 일반적으로 '적절하게' 행동하는 것을 말한다.

우리는 사회에서 무엇이 허락되어 있고, 무엇이 허락되어 있지 않은지를 알고 있다. 생각할 수 있는 모든 상황에 대해 바람직한 행동이 무엇인지 사전에 일일이 다 정해놓지 않아도 그렇다. 칸트를 공부하지 않은 사람도 어떤 행동이 옳고 어떤 행동이 그른지 대답할 수 있다. 이것은 상당한 능력이다. 집단에 따라, 사회에 따라 서로 다른 규칙이 적용되기 때문이다.

가령 독일에서는 다른 사람에게 그가 무엇을 잘못했는지 솔직히 말해도 되는 분위기인 반면, 영국에서 그렇게 잘못을 드러내놓고 지적하는 것은 상당히 야만적인 일로 여겨진다. 영국에서는 누군가의 잘못을 지적하고 싶을 때도 상당히 절제된 표현으로 에둘러 말하는 것이 일반적이다. 내가 영국 랭카스터대학 교수로 일하던 시절, 동료 교수 밑에서 공부하는 학생이 부주의한 행동으로 그 교수의 연구를 모조리 망쳐놓은 적이 있었다. 그 영국인 동료 교수는 상상할 수 있는 가장 가혹한 비난의 말로 쌓인 분노를 날려버리고 싶은 듯했는데, 그때 그 교수가 한 말은 고작 "나는 이런 결과가 전적으로 만족스럽지는 않군요"라는 것이었다.

잠재의식은 사회규칙을 지키는 것에 의무감을 느낀다. 동조 현상이 우리에게 규칙을 지키도록 한다. 즉, 선한 행동을 하고 나쁜 행동을 하지 않도록 한다. 물론 우리의 도덕적 양심은 사회규범 외에 우리 개개인의 윤리적 견해에도 좌우된다. 그리하여 모든 행동 선택지를 도덕적이고 윤리적인 잣대로 꼼꼼히, 그리고 이성적이고 철학적으로 숙고할 수도 있다. 가령 우리는 이마누엘 칸트의 정언명령을 따라서 행동 선택지 중 어느 것이 이런 원칙에 가장 부응하는지 자문할 수도 있다. 일상생활에 좀 더 유용한 버전으로는 "남에게 대접받고 싶은 대로 남을 대접하라" 혹은 "타인이 당신에게 하지 말았으면 하는 일은 타인에게도 하지 마라"라는 모토에 따라 행동을 숙고할 수 있다.

윤리적 지침은 의식적인 결정을 내리는 데 도움이 된다. 하지만 제아무리 도덕철학자라 해도 매번 의식적으로 윤리를 숙고해서 행동하는 것은 너무 느리고 힘든 일이다. 그리하여 대신 더 간단하고 빠른 잠재의식을 신뢰한다. 잠재의식이 어떤 행동을 윤리적으로 일일이 점검할 수는 없지만, 사회규칙을 고려하여 행동 선택지를 순식간에 자동적으로 저울질할 수는 있다. 그렇게 우리는 늘 선악에 대한 잠재의식적 직관을 가진다.

따라서 양심은 단순히 자기 행동의 선악에 대한 의식일 뿐 아니라 어떤 행동을 잠재의식에 따라 '선' 혹은 '악'으로 평가하는 것이기도 하다. 우리가 의식적인 의지와 잠재의식적인 의지를 가지고 있는 것과 비슷하게 의식적인 양심뿐 아니라 잠재의식적인 양심을 가지고 있다. 안와전두엽(잠재의식의 근거지)은 머리 안에서 도덕을 가리키는 집게손가락이다. 교육과 더불어 생겨난 이 손가락은 계속해서 우리 행동에 영향을 미치려 한다.

그러나 잠재의식적인 양심은 기만적일 때가 많다. 우리가 집단의 세계관에 맞게 행동하면 잠재의식은 우리에게 올바르게 행동하고 있다고 신호한다. 정확히 살펴보면 이런 행동이 윤리적이지 않을지라도 그렇다. 어떤 윤리도 집단의 세계관에 맞게 행동해야 한다거나 집단과 일치하는 행동을 해야 한다고 말하지 않는다.

인종주의적인 태도를 가진 사람은 어두운 피부를 가진 사람들을 차별적으로 대하면서 자신은 그들에게 어떤 대접을 받고 싶은지를 고려하지 않는다. 어떻게 하면 어두운 피부를 가진 사람들에게 잘해줄 수 있을지는 고사하고, 누군가 똑같이 자신을 차별적으로 대하면 어떤 기분이 될지도 자문하지 않는다. 하지만 우리는 늘 자신이 그 입장이라면 어떨지를 물어야 한다. 그것은 정말 가치 있는 일이다. 안와전두엽의 압력에 반하여 인간적으로 행동하도록 의식적으로 노력하면 유쾌한 감정이 우리를 신선하게 감쌀 것이다.

자신과 타인을 윤리적이고 공정하게 대하고자 한다면, 생각 없이 자신이 속한 집단의 세계관에 따라 행동하지 말고, 늘 윤리 원칙에 입각해서 행동하고 자신의 행동을 의식적으로 숙고하는 것이 중요하다. 특히 우리와 갈등 관계 혹은 적대 관계에 있는 사람들을 대할 때는 이를 명심해야 한다. 누군가 자신을 그렇게 대해주기를 원하지 않는데 자신은 어떤 타인을 그렇게 대하고 있다면, 내 행동이 잘못된 것은 아닌지 윤리적으로 검토할 시점이다. 그런 검토를 할 때는 비합리적인 파편적 사고가 아닌 온전한 문장으로 사고하는 것이 중요하다. 그래야 잠재의식이 쥐고 있는 생각의 주도권을 앗아올 수 있기 때문이다. 우선 이렇게 질문하면 좋을 것이다. "상대방이 너를 이렇게 대한다면, 네 기분은 어떻겠니?"

안와전두엽 속의 양심

다음으로 안와전두엽이 어떤 행동이 '좋고' 사회규칙에 맞는지 혹은 '나쁘고' 사회규칙에 위배되는지에 따라 행동을 도덕적으로 평가한다는 것을 보여주고자 한다. 안와전두엽이 손상된 환자들이 규칙을 위반하고도 종종 그것을 깨닫지 못한다는 이야기는 앞에서 이미 했다.[12] 그런 환자들에게 '살인하다, 빵을

굽다' 혹은 '도둑질하다, 글을 쓰다'라는 단어 쌍을 제시하고 이 두 단어 중 어떤 것이 도덕적으로 잘못된 행동을 가리키는지 물으면 그들은 더 이상 올바로 판단하지 못한다.[13]

건강한 사람들을 대상으로 한 여러 연구도 사람들이 어떤 행동이 도덕적으로 문제가 있는지, 아니면 일반적인 규범과 관습에 맞는지를 판단할 때 안와전두피질이 활성화된다는 것을 보여주었다.[14] 반면 도덕적 딜레마에 대해 의식적으로 숙고할 때는 안와전두엽이 활성화되지 않는다.[15]

의식적으로 도덕적 판단을 하는 문제에서 자주 등장하는 고전적 딜레마는 '트롤리(trolley) 문제'다. 제동장치가 고장난 열차가 그대로 달리면, 여러 사람이 죽게 된다. 선로 변환기를 작동해 대체 선로로 바꿀 수 있지만 그 선로에도 다른 한 사람이 있다. 자, 선로를 변환해야 할까? '트롤리 문제'와 같은 도덕적 딜레마를 해결하는 면에서 안와전두엽은 속수무책이다.

이 결과는 잠재의식은 즉흥적이고 직관적으로 도덕적 판단을 내리지만, 이성적으로 도덕적·윤리적 숙고는 하지 못한다는 것을 보여준다. 특히 지혜로운 사람들은 도덕적 결정을 내릴 때, 즉흥적으로 잠재의식적 직관을 따르지 않고 의식적으로 도덕과 윤리에 대해 숙고한다. 그래서 지혜로운 사람들이 도덕적 결정을 내릴 때는 안와전두피질이 그리 강한 역할을 하지 못한다.[16] 아울러 지혜에 대한 연구는 '지혜로운 사람'의 전형적인 특징을 이렇게 이야기한다. 지혜로운 사람들은 감정 조절을 잘하고 적극적으로 삶의 의미를 찾으며 서로 다른 가치와 신념에 관용적인 태도를 보이고 결단력이 있으며 친사회적으로 행동하고 다른 사람들에게 종종 조언을 한다. 지혜로운 사람은 잠재의식의 동기를 어리석은 것으로 여겨 그것에 별로 휘둘리지 않는다.

잠재의식적 양심이 안와전두엽에 위치한다는 것은 다음 실험에서 특히 명확히 밝혀졌다. 이마관자엽 변성으로 말미암아 안와전두피질이 손상된 환자들에게 앞서 언급한 '트롤리 문제'와 같은 도덕적 딜레마를 생각해보도록 하자. 대부분 건강한 대조군과 마찬가지로 많은 사람을 구할 수 있는 방법 쪽을 택했다. 그로 말미암아 무고한 사람이 죽더라도 말이다. 하지만 건강한 대조군의 경우는 이런 어려운 결정을 하면서 여러 사람을 구하기 위해 다른 한 사람을 '죽여야' 한다는 사실에 굉장히 불편감을 느꼈다. 반면, 안와전두피질이 손상된 환자들은 전혀 양심의 가책을 느끼지 않았다. 안와전두피질이 많이 손상되었을수록 무고한 사람들을 죽게 만드는 것에 더 거리낌이 없었다.[17]

따라서 우리를 괴롭히는 양심의 가책은 바로 잠재의식에서 비롯된다. 동시에 다른 감정체계에서 비롯되는 여러 감정적 충동을 아주 빠르게 통제할 수 있는 것 역시 잠재의식 덕분이다. 때로는 우리가 의식적으로 통제하는 것보다 잠재의식이 통제할 때 더 빠르다. 만약 잠재의식이 없는 세상이라면 아마 싸워서 얼굴이 긁히고 코가 부러진 환자들로 인해 의료 시스템에 과부하가 걸릴지도 모른다.

죄책감과 수치심을 느낄 때
활성화되는 곳

잠재의식은 스스로 규칙을 지키고, 다른 사람에게도 규범에 맞는 행동을 요구하게끔 한다. 하지만 자신이나 타인이 사회 규칙이나 가치에 위배되는 행동, 즉 '도덕적으로 잘못된' 행동을 하면 뇌 속에서는 무슨 일이 일어날까? 그럴 때 우리 뇌의 어두운 면은 극도로 불쾌한 감정, 소위 '도덕적 감정'을 만들어낸다. 잠재의식은 스스로 규칙을 어길 때 죄책감·수치심·치욕을, 다른 사람이 규칙을 어길 때는 분노·경멸·화·복수심을 일으킨다.

호주의 심리학자 코랄리 바스틴(Coralie Bastin)이 수행한 여러 뇌 연구의 메타 분석은 측면 안와전두엽의 활성화가 다른 뇌 구조의 활성화와 마찬가지로 죄책감·불쾌감·수치심과 연관된다는 것을 보여주었다.[18] 메타분석의 대상이 된 연구 중 하나는 평등과 공정을 추구하는 남아프리카 공화국의 백인 실험 참가자들을 대상으로 이루어졌다. 이들은 흑인과 유대인, 동성애자를 편견 없이 대하고자 하고, 그런 태도를 지닌 사람으로 인정받는 것을 중요하게 생각하는 사람들이었다.[19] 이 테스트 참가자들은 뇌 스캐너 안에서 '가짜' 테스트를 받았는데, 실험 주최자들은 참가자들에게 이 테스트는 동성애, 피부색 등에 대한 그들의 '무의식적인 입장'을 파악하는 것이라고 이야기했다. 이 테스트는 암묵적 연관 테스트였다(180쪽 참조).

이런 테스트 중 몇몇은 그들이 편견에서 자유로운 입장을 가지고 있음을 증명해준다. 따라서 그들은 "테스트 결과 당신은 동성애자보다 이성애자를 무의식적으로 선호하는 경향이 전혀 없는 것으로 나타났습니다. 이것은 동성애자에 대한 편견에서 자유로움을 의미합니다"라는 내용을 전달받았다.

하지만 또 다른 테스트를 한 뒤에는 자신들이 무의식적인 편견을 가지고 있다는 말을 들었다. "테스트 결과 당신이 백인을 무의식적으로 더 선호하는 것으로 나타났습니다. 이런 편견을 가진 사람들은 전형적으로 유색인종에 대해 고정관념을 가지고 있으며 유색인들에게 거리를 두는 태도를 보입니다." 이런 메시지를 전달받은 참가자들은 굉장히 당황하고 무안해했으며 이런 피드백을 받은 것을 부끄러워했다. 그리고 이런 피드백을 받을 때 측면 안와전두피질이 활성화되었다.

또 다른 연구는 참가자들이 당혹스러운 사실이 담긴 문장들, 가령 "나는 내 바지 지퍼가 열려 있었다는 걸 알았어" "나는 그런 자리와 전혀 어울리지 않는 옷차림을 하고 있었어" "낯선 사람을 친구로 착각했지 뭐야"라는 글을 읽고 이를 당혹스럽게 평가할 때도 안와전두피질이 활성화된다는 것을 보여주었다.[20]

이때 당혹감이 심할수록 측면 안와전두엽이 더 활성화된 것으로 나타났다. 참가자들은 가령 파티에서 술에 취해 인사불성이 되는 바람에 친구가 차로 집에 태워다줄 때 친구 차 안에 토하는 상상, 혹은 술에 취한 채 음주운전을 하다가 사고를 내는 상상을 했다. 그런 일은 당혹감을 불러일으켰는데, 다른 사람들이 자신이 실수하는 걸 목격한다고 상상할 때 당혹감이 특히 강했다. 참가자들이 이런 시나리오를 상상하는 동안 참가자들의 측면 안와전두피질이 활성화되었으며 당혹감의 정도가 심할수록 더 많이 활성화되었다.[21]

환자 대상의 연구는 이런 활성화가 바로 도덕적 감정을 동반한다는 것을 보여준다. 예를 들어 실험 참가자들이 노래방에서 노래하는 모습을 동영상으로 찍은 뒤, 그들이 특히 이상하게 부르는 부분을 재생해서 그들에게 보여주자, 건강한 대조군은 굉장히 당혹스러워하고 무안해하는 반응을 보이며 부끄러워 손으로 얼굴을 가리거나 식은땀을 흘리거나 심장이 더 빨리 뛰고 혈압이 오르는 등의 반응을 보였다. 반면, (전두측두엽성) 치매로 인해 안와전두피질이 손상된 환자들은 그냥 무덤덤한 반응을 보였다. 신체 반응도 전혀 보이지 않았고 당혹스러움도 느끼지 않았다.[22]

죄책감·수치심·당혹감의 차이

죄책감·수치심·당혹감은 상당히 비슷하게 느껴지지만 차이가 있다. 배우 알렉 볼드윈이 소품용 총을 들고 있다가 전혀 나쁜 의도 없이 카메라맨을 쐈을 때, 그는 정말 난감해했고 무엇보다 죄책감을 느꼈다. 그러나 수치심이나 부끄러움은 그다지 느끼지 않았다. 잠재의식은 자신의 행동이 타인의 불행을 초래했다고 생각하면 죄책감을 만들어낸다. 자기 행동에 죄책감을 느끼고 후회하고 만회하려 하고 사과하고 용서받고 싶어한다(죄책감이 부정적인 생각의 고리가 되는 경우는 18쪽 '잠재의식적 자동조종 장치' 부분의 조언을 참조하라).

죄책감은 잠재의식의 평가에 기인한다. 모든 사건은 복합적인 일련의 행동이 바탕이 되어 일어난다. 그런데 잠재의식은 특정 행동을 그 사건의 명백한 원인으로 지목하면서 모든 것을 단순화시켜버린다. 재난에서 살아남은 사람들은 심한 죄책감에 시달리는 경우가 많다. 다른 사람들은 죽었는데 자기들은 살아남았다는 사실 앞에서 다른 사람들의 죽음을 어떻게든 막을 수 있지 않았을까 하는 마음이 들기 때문이다.

자신의 잘못을 도덕적으로 결함이 있거나 열등한 증거로 보면 죄책감은 수치심이 된다. 이때의 수치심은 개인적인 은밀함을 존중하고 보호하려는 의미에서의 부끄러운 감정과는 약간 다르다. 잠재의식이 자신에게 흠이 있다고 여길 때, 우리는 수치심을 느낀다. 잠재의식은 스스로를 모자라고 무가치하고 무능력한 존재로 보며 이에 대해 수치심을 만들어낸다. 그러면 우리는 퇴각하여 쥐구멍에라도 숨고 싶어진다.

그러므로 보통 죄책감보다 수치심이 더 고통스럽다. 죄책감을 느끼는 것은 스스로 뭔가를 잘못했다는 의미이고 수치와 부끄러움을 느끼는 것은 잠재의식에게 스스로가 잘못된 '존재'라는 뜻이기 때문이다. "부끄러운 줄 알아"라는 비난(대부분 아이들에게 그런 말을 한다)은 상대가 열등감을 느끼게끔, 따라서 인간으로서 모자란 존재로 느끼게끔 하려는 것이다. "얼마나 멍청하면/무능하면 …을 하냐?"라는 말도 비슷한 효과를 낸다.

가족·집단·종족·국가와 관련해 부끄러움을 느낄 수도 있다. 그런 부끄러움을 치욕이라 부른다. 나치는 독일인들의 치욕이다. 나는 이에 대해 의식적으로 부끄러움을 느끼지는 않는다. 나 스스로는 나치와 아무 관련도 없기 때문이다. 우리 부모님도 이미 나치 세대는 아니다. 하지만 이런 치욕은 잠재의식적으로 독일인으로서의 내 정체성을 구성한다. 그래서 나는 나치 시대에 저지른 독일인들의 야만적인 행위를 잠재의식적으로 부끄러워하고 독일인이라는 이유로 이런 범죄를 잠재의식적으로 개인적 흠으로 느낀다. 치욕스러운 느낌은 안와전두피질의 활성화를 동반한다.[23]

당혹감은 죄책감이나 수치심 없이도 느낄 수 있다. 의도하지 않은, 보통은 갑작스럽고 무해한 규칙 위반 때문에 당혹감을 느끼는 일은 흔하다. 다른 사람들이 있는 곳에서 소리 내어 방귀를 뀌었을 때는 당혹스럽다. 당혹감은 빠르게 지나가며 수치심보다는 덜 강력하다. '누구에게나 일어날 수 있는 일이기' 때문이다.

우리가 공감하는 사람들이 당혹스러운 상황에 처하면 우리도 당혹스럽다. 대리 당혹감을 느끼는 것이다. 이 역시 안와전두엽의 활성화를 통해 생겨난다. 실험 결과 친구들이 당혹스러운 일을 겪을 때가 낯선 사람이 그럴 때보다 안와전두엽이 더 활성화되는 것으로 나타났다.[24] 다른 연구에서와 마찬가지로 이 연구에서도 안와전두피질 외에 그것과 인접한 섬엽(insular lobe)도 활성화된 것으로 측정되었다. 호감가는 사람들이 리얼리티 쇼에 출연해 당혹스러운 상황에 처한 것을 보며 함께 당혹스러워할 때도 마찬가지로 안와전두피질이 활성화된다.[25]

우리가 속한 집단 구성원들이 당혹스럽게 행동할 때도 마찬가지다. 부모는 자녀가 남들이 보는 공공장소에서 불쾌한 모습을 드러낼 때 당혹스럽고 무안하다. 청소년들에겐 부모가 그들을 창피하게 만드는 것보다 더 당혹스러운 일이 없다. 그러므로 그런 상황에서 청소년들의 안와전두엽이 특히 활성화되는 것은 놀랍지 않다.

죄책감과 당혹감에 대한 연구에서 청소년들과 성인들 모두 똑같은 시나리오를 읽었다. 시나리오는 "당신의 아버지가 슈퍼마켓에서 로큰롤에 맞춰 춤을 추기 시작한다"는 식의 것이었는데 시나리오를 읽을 때 청소년들의 측면 안와전두뇌엽이 어른보다 더 활성화되는 것으로 나타났다. 아울러 청소년들의 안와전두엽은 가령 "너 친구들이랑 놀러가고 싶어서 아버지에게 거짓말하는 거지"라는 비난을 들었을 때처럼 죄책감을 일으키는 시나리오에서도 성인보다 더 많이 활성화되었다.[26]

따라서 청소년들의 잠재의식은 특히 도덕적 감정에 민감하다고 할 수 있다. 청소년들이 규칙을 잘 어긴다는 이미지가 강하지만, 사실 그들은 잠재의식적인 규칙과 가치를 유지하고자 하는 동기부여를 강하게 받는다. 나름의 방법으로 규칙과 가치를 지키고자 이런저런 행동을 할 따름이다. 1970년대에는 '펑크족'이 굉장히 도발적인 존재들로 여겨졌으나 지금은 그들 대부분이 평범한 조부모들이 되지 않았는가.

우리가 죄책감을 느끼며 다르게 행동했더라면 좋았겠다고 생각하는 경우 잠재의식은 후회와 아쉬움을 만들어낸다. 뇌 스캐너 안의 실험 참가자들에게 과거에 다르게 행동했더라면 부정적인 결과를 막을 수 있었는데, 그러지 않아 다른 사람에게 손해를 끼쳤던 일을 떠올려보라고 요구하자 후회와 아쉬움이 없는 기억을 떠올릴 때에 비해 측면 안와전두엽이 활성화된 것으로 나타났다.[27]

죄책감·수치심·당혹감은 매우 복합적인 감정이다. 이런 감정에서 잠재의식은 사회규칙, 사회적 상황, 다른 사람들에게 미치는 결과를 고려한다. 강아지들은 나쁜 짓을 하고 나서 눈을 동그랗게 뜨고 우리를 쳐다보지만 강아지들의 이런 태도는 진화적으로 벌을 피하기 위해 형성된 것이라 할 수 있다. 강아지들은 큰 소리로 방귀를 뀌는 것이 왜 당혹스러운 일인지 결코 이해하지 못할 것이다.

잠재의식은 분노와 화를 유발한다

우리 뇌의 어두운 면은 타인이 사회규칙이나 가치를 위반할 때도 감정을 만들어낸다. 그럴 때 느껴지는 감정이 바로 분노다. 실험 참가자들에게 친한 친구가 그들에게 굉장히 인색하게 행동하는 것을 상상해보라고 하자, 측면 안와전두피질이 활성화되는 것으로 나타났다.[28]

또 다른 실험은 '신뢰 게임'을 하는 도중에 실험 참가자들의 화를 돋구는 방식으로 이루어졌다. 신뢰 게임은 이렇게 진행된다. 우선 돈을 가지고 있는 1번 참가자가 2번 참가자에게 돈을 보내줄 수도 있고, 아니면 혼자 돈을 다 가질 수도 있다. 돈을 보내주면 이 돈은 세 배가 되어 2번 참가자에게 가고 그러면 2번 참가자는 받은 돈을 다 가질 수도 있고 일부를 다시 1번 참가자에게 돌려보낼 수도 있다.

가령 1번 참가자가 10유로를 가지고 있어 2번 참가자에게 2유로를 보내면 그 금액은 세 배가 되어 2번 참가자는 6유로를 받게 된다. 2번 참가자가 다시금 2유로를 1번 참가자에게 돌려보내기로 결정하면 게임은 끝이 나고 두 참가자는 다른 참가자들과 더불어 새롭게 게임을 시작한다.

참가자들이 신뢰 게임의 규칙을 충분히 숙지한 상태에서 이제 1번 참가자가 2번 참가자에게 돈을 보낸다. 이때 그는 자신의 신뢰가 배반당하지 않고 최소한 자신이 보낸 금액만큼은 다시 돌려받게 될 거라고 기대한다. 2번 참가자에게 아무런 돈도 안 주고 모조리 본인이 가질 수도 있었으니 말이다. 이런 상황에서 돌려받지 못하고 기대가 수포로 돌아가면 1번 참가자는 잠재의식적으로 이를 배신이라 느끼게 된다. 협력의 제안이 거부되고 신뢰가 배신당했기 때문이다. 실험 결과 이렇게 화가 나는 상황이 조성되면 측면 안와전두피질이 활성화되는 것으로 나타났다.

아울러 실험에서 협력의 제안이 반복해서 거절당하면 참가자들은 빠르게 그에 상응하게 기대를 변경하게 되고 그러면 상대가 협력하지 않아도 안와전두엽이 거의 활성화되지 않았다.[29] 우리가 기대에 의식적으로 영향을 미칠 수 있다면 분노에도 당연히 영향을 미칠 수 있다. 그러므로 모두를 신뢰하라. 그러나 한 번 배신한 사람은 다시 그럴 거라고 예상하라.

최후통첩 게임에서 참가자들이 불공정한 제안을 받을 때도 안와전두엽의 이런 영역이 활성화되는 것으로 드러났다. 그런 제안은 물론 종종 실험 주최자가 꾸민 것이다. 공정하지 않은 행동은 잠재의식적으로 분노를 유발한다. 규칙을 어기는 것으로 여겨지기 때문이며 이것은 인간의 기본 가치인 공정에 위배되기 때문이다. 흥미롭게도 측면 안와전두엽은 스스로 협력적인 행동을 보이지 않을 때, 따라서 스스로가 협력해야 한다는 규칙을 어길 때도 활성화된다. 잠재의식은 다른 사람이 규칙을 어길 때 그들이 처벌받는 걸 보고 싶어하는 것처럼 우리 스스로 규칙을 어길 때도 스스로를 벌한다.[30]

잠재의식은 법을 어겼어도
동기가 좋으면 용서해주려 한다

도덕적 감정은 사회규칙과 가치를 유지하는 데 기여한다. 이것은 사회통제를 위한 잠재의식적 수단이다. 또 하나의 수단은 바로 처벌이다. 다른 사람이 규칙을 어기거나 불공정한 행동을 하거나 협력을 거부하거나 배신하거나 속이면, 뇌의 어두운 면은 복수심을 만들어낸다. 대부분은 이런 욕구를 무시해버리는 것이 더 건강하다. 메타분석은 실험 참가자들이 금전적인 수단이나 사회적 배제나 제안을 거부하는 등의 조처로 게임 상대자를 처벌할 수 있을 때, 중앙 안와전두피질이 활성화된다는 것을 보여준다.[31]

누군가가 규칙을 어겨 처벌을 받아야 하지만, 규칙을 어긴 이유가 충분히 납득이 갈 때도 안와전두피질이 활성화된다. 실험 참가자들은 어떤 사람이 자신의 갓난 아기가 비용이 많이 드는 수술을 해야 했기에 회삿돈을 횡령하는 범죄를 저질렀다는 꽤 납득할 만한 내용의 시나리오를 읽었다. 실험 참가자들은 탐욕 때문에 돈을 횡령하는 것처럼 비열한 동기로 법을 어긴 경우에는 자비를 베풀기를 원하지 않지만, 이런 범법 행위에 대해서는 도덕적으로 어느 정도 용인해줄 수 있다고 생각했고 좀 온건한 처벌을 해야 한다고 보았다. 이처럼 도덕적으로 납득할 만한 시나리오를 판단할 때는 측면 안와전두피질이 활성화되었다. 동기가 좋은 걸 감안해 잠재의식이 범법 행위를 용서해준 것이

다.[32]

우리는 성폭행범을 현장에서 붙잡아 그를 구타하는 등 선의의 동기에서 규칙을 어긴 사람에게 잠재의식적으로 공감한다. 오래전에 유괴된 소년 아콥 폰 메츨러의 목숨을 구하기 위해 경찰관이 유괴범에게 고문으로 협박한 일이 있었다. 이런 경우 우리는 잠재의식적으로 경찰관에게 공감한다. 이 사건에서 판사들도 잠재의식적으로 경찰의 행동을 이해하는 쪽으로 마음이 기울어 있었다. 그래서 경찰관의 행동이 비록 좋은 의도였지만 처벌받아야 한다는 이성적인 결정을 내리기가 쉽지만은 않았다.

하지만 잠재의식적 느낌 대신 합리적 숙고에 근거해 판결을 내리는 것이 바로 법치주의 국가의 주요 특성이다. 정의감은 우리를 속일 때가 많다. 잠재의식이 비합리적인 상상으로 이런 감정에 영향을 미치기 때문이다.

집단 정체성과
외집단에 대한 반응

우리 뇌의 어두운 면은 매일 같이 우리가 집단에 조화롭게 맞추도록 부추긴다. 규칙을 고분고분 따름으로써 불쾌하게 튀는 일이 없도록 한다. 앞에서도 여러 차례 거론했듯이 이런 압력에 따른 반응을 '동조 현상'이라 한다. 나아가 잠재의식은 집단과 스스로를 동일시한다. 동조와 집단 정체성(Gruppenidentität)은 잠재의식의 측면에서 그 그룹에 속해 있음을 의미한다. 집단 소속감(Gruppenzugehörigkeit)은 잠재의식의 아주 강력한 욕구다. 흥미로운 문제와 갈등을 일으킬 수 있으므로 잠재의식적인 집단 정체성을 조금 더 자세히 살펴보자.

1950년대 사회심리학자 무자퍼 셰리프(Muzafer Sherif)는 여름 캠프에 참가한 소년들을 무작위로 두 그룹으로 나누었다. 그러자 곧 각 그룹에서는 집단 정체성이 생겨났다. 소년들은 자신의 그룹에 고유한 이름을 붙였고 각각의 그룹에 소속감을 느꼈다. 그룹을 무작위로 나누었음에도 잠재의식적으로 자기 그룹에 속한 구성원들을 타 그룹 구성원들보다 더 좋게 평가하기 시작했다. 두 그룹 간의 시합에서는 곧장 상대 그룹에 욕설을 퍼붓고 드잡이질을 하는 일이 벌어졌다. 그나마 두 그룹 모두에게 유익이 되는 작업, 즉 캠프의 물 공급 시설을 함께 고치는 공동 프로젝트를 진행하자 그룹 사이의 적대감이 감소되었다. 그런 협업에서는 공동체 감정이 생겨나 그룹 간의 차이를 곧장 극복하도록 했다.

몇십 년 뒤 이와 비슷한 연구가 뇌 스캐너를 도구로 시행되었다. 연구팀은 실험 참가자들을 역시나 무작위로 '사자'와 '호랑이'라는 두 그룹으로 나누었다. 참가자들은 우선 자기 그룹과 타 그룹 구성원들의 얼굴을 익혔고 이어 뇌 스캐너 안에서 모니터에 등장하는 각각의 얼굴을 보고 그 사람이 자기 그룹에 속하는지 타 그룹에 속하는지를 표시하도록 했다. 그러자 자기 그룹의 얼굴들을 볼 때 중앙 안와전두피질(및 다른 뇌 구조들이)이 더 활성화되는 것으로 나타났다. 잠재의식이 얼굴들을 집단 정체성에 따라 다르게 평가했던 것이다.

실험이 끝난 뒤 참가자들은 자기 그룹에 속한 얼굴들에 더 호감을 느낀다고 시인함으로써 이렇게 서로 다른 평가가 어디서 기인했는지를 짐작케 했다.[33] 그룹이 그저 무작위로 묶였다는 사실은 안와전두엽에는 별 상관이 없어 보였다.

잠재의식적인 집단 정체성에서 기인하는 '우리'와 '너희', 즉 자기 집단과 외집단(外集團)의 대립은 다른 그룹을 배제함으로써 더 분명해진다. 잠재의식의 측면에서 집단 정체성과 집단 소속감은, 그와 더불어 집단에 대한 충성심은 너무나 중요해서 그것을 위해 건강과 기타 중요한 삶의 요소들을 기꺼이 희생할 정도다. 드잡이질과 싸움, 나아가 전쟁을 생각해보라. 잠재의식은 집단 정체성을 위해 진실마저도 희생한다. 즉, 자신의 집단이 싫어할 것 같은 생각보다 자신의 집단에 어울리는 생각에 더 높은 가치를 부여하는 것이다.

잠재의식은 더 가치있는 생각을 선택하는데 그런 생각이 참이냐 거짓이냐 하는 것은 부차적인 문제다. 종교를 신봉하는 많은 사람들은 생물학의 기본 명제에 배치되더라도 개의치 않고 기적, 초자연적인 힘, 환생 혹은 부활을 믿지 않는가. 잠재의식은 아무리 진실이라도 집단의 입장과 모순된다면 진실을 거부하는 경향이 있다.

아울러 잠재의식은 내집단(內集團)에 속하지 않은 사람들의 생각을 무시해버리는 경향이 있다. 가령 철두철미한 미국의 민주당 지지자들은 잠재의식적으로 공화당 지지자들의 말을 무시해버린다. 공화당 지지자들도 마찬가지다(162쪽 '안와전두엽은 각자의 관점에서 손실 회피 경향을 만들어낸다' 참조). 뇌의 어두운 면은 지각에 영향을 미쳐서 다른 그룹의 시각은 그냥 간과해버린다.

연구에 따르면 축구팬들은 실제로 파울을 범하는 비율이 거의 동일한데도 자신의 팀에서 범하는 파울은 그다지 자주 인지하지 못하고 상대팀에서 범하는 파울을 더 자주 인지한다. 따라서 양팀의 팬들은 같은 축구경기를 서로 다른 눈으로 보고,

서로 다른 현실을 살아가는 셈이다. 각 편은 자신의 팀이 상대 팀보다 더 공정한 경기를 했다고 굳게 믿는다. '제 눈에 안경'을 썼기 때문이다.

영리한 잠재의식은 제아무리 분명한 문제해결 방식이라도 이런 해결책이 집단의 세계관에 배치되면 그것을 거부한다. 집단 정체성이 위험에 처하지 않도록 하기 위함이다. 코로나19 팬데믹 기간 동안 미국 공화당원들은 마스크를 쓰지 않고 백신 접종도 하지 않을 것을 표방했고, 그 결과 코로나 바이러스로 인한 사망자가 민주당원들보다 공화당원들에게서 두 배로 많아지는 사태를 빚었다.[34]

그렇다면 자신의 오류와 좋은 해결책을 어떻게 알아차릴 수 있을까. 우리 모두에게 도움이 되는 방법이 있다. 그것은 우리 집단의 입장과 배치되는 시각을 의식적으로 호기심 있고 열린 태도로 대하는 것이다. 동시에 팩트의 정확성과 진실성을 지향해야 한다. 상대편의 시각에서 보도하는 뉴스들을 읽고 〈뉴욕 타임스〉 혹은 〈도이체 벨레〉 같은 신뢰할 만한 팩트 체커들이 본인이 지지하는 편과 상대편의 뉴스에 대해 뭐라고 썼는지 관심을 가져야 한다.

의식적으로 상대편 집단이나 파벌과의 공통점을 찾아보는 것도 도움이 될 것이다. 확증 편향에 걸려들지 않으려면 타 집단 구성원들의 진술도 흥미롭거나 설득력이 있지 않은지 의식적으로 숙고하는 것이 중요하다.

안와전두엽은 외집단에 어떻게 반응할까?

　　몇몇 흥미로운 신경과학 실험은 잠재의식이 낯선 사람에게 어떻게 반응하는지를 보여준다. 우선 안와전두엽은 타 집단의 구성원들에게 그다지 공감하지 못하는 것으로 나타났다. 호주 연구팀은 호주의 백인 실험 참가자들에게 외견상 호주인으로 보이는 백인과 아시아인으로 보이는 사람이 바늘로 뺨을 찔리는 동영상을 보여주었다. 참가자들이 동영상 속 백인들은 내집단 구성원으로, 아시아인들은 외집단 구성원으로 보게끔 의도한 것이다.

　　실험 결과 참가자들이 다른 백인 호주인들의 얼굴이 바늘로 찔리는 것을 본 경우 측면 안와전두피질(아울러 인접한 섬피질 역시)의 활성화가 증가한 것으로 나타났다. 하지만 아시아인이 바늘로 얼굴을 찔리자 이런 뇌 영역이 거의 반응하지 않았다.[35]

　　다음 실험은 좀 더 드라마틱하다. 이 실험은 내집단 혹은 외집단 구성원들에 대해 폭력을 행사하고자 하는 잠재된 의지를 연구하려는 데 목적이 있었다. 이 실험에도 호주의 백인 대학생들이 참가했는데, 뇌 스캐너 안에서 참가자들은 젊은 백인 남성이나 전형적으로 아랍 무슬림을 연상시키는 젊은 남성들의 사진을 보았다. 어두운 피부에 무슬림 기도 모자를 쓰고 무슬림 이름을 가졌으며 콧수염 없이 턱수염을 풍성하게 기른 사람들이었다.

　　여기서도 연구팀은 실험 참가자들이 백인이니만큼(참가자

중 이슬람교를 믿는 사람은 아무도 없었다) 사진 속의 백인 남성들은 내집단 구성원으로, 아랍 무슬림들은 외집단 구성원으로 비추어지게끔 했다.

사진 속 인물들은 손에 무기나 위험하지 않은 물건을 들고 있었지만 물건은 잘 알아볼 수 없는 경우가 많았다. 사진들이 아주 잠깐만 보였기 때문이다. 참가자들은 실험에서 자신들이 경찰 신분이 되어 상대를 쏠지 말지 순식간에 결정해야 했는데, 이 과정에서 어두운 피부의 아랍인을 백인보다 훨씬 위험하다고 느꼈고 아랍인들에게 더 자주 총을 쐈다. 아랍인을 쏘고 이어서 그 사람이 손에 든 것이 무기였음을 알게 되면, 무기를 손에 든 백인을 쐈을 때보다 측면 안와전두피질이 더 강한 반응을 보였다.[36] 잠재의식은 타 집단의 구성원들에게서 더 민감하게 위험을 감지하고 이 위험을 제거했을 때 더 강하게 반응했던 것이다.

외집단 구성원이 내집단 구성원을 공격할 때도 동일한 뇌 영역이 활성화된다.[37] 이런 결과는 측면 안와전두엽이 내집단을 지키고 방어하는 데 강한 관심이 있음을 보여준다. 우리는 일상에서 이런 일을 자주 경험한다. 스포츠 경기에서 자신의 팀을 목청껏 응원하거나 상대팀에게 야유를 보내는 행동도 그에 속한다.

자신이 응원하는 팀이 지거나 라이벌팀이 득점하면 심한 좌절감을 느끼는데, 감정적으로 이런 경험을 할 때도 측면 안와전두엽이 활성화되는 것으로 나타났다. 반대로 자기 팀이 득점

하거나 라이벌팀이 실수해서 점수를 따지 못할 때는 쾌락 중추가 활성화되었다.[38] 측면 안와전두엽은 자기가 응원하는 팀의 서포터즈들에게 고통이 가중되는 것을 볼 때는 활성화되지만 상대팀의 서포터즈들이 괴로워할 때는 활성화되지 않았다.[39]

안와전두엽의 활성화를 도구로 실험 참가자가 내집단 구성원의 고통을 줄여주기 위해 스스로 기꺼이 고통을 감내할 준비가 되어 있는지도 예측할 수 있었다. 우리는 자기 집단 구성원의 아픔을 짊어짐으로써 집단을 위해 희생하도록 잠재의식적으로 동기부여가 되는 것이다.

잠재의식은 집단의 정체성을 개인의 정체성으로 여긴다

잠재의식은 자신을 자신의 집단과 동일시한다. 가령 우리는 정체성을 묻는 질문(나는 누구일까?)에 종종 국적·종교·마을 공동체·가족·사회계급·계층 등 자신이 속한 집단의 특성으로 자신을 정의하곤 한다. 우리가 소속감을 느끼는 집단의 관점에서 대답하는 것이다. 하지만 원래 '정체성'이라는 것은 한 사람을 타인과 구별 짓는 특성들을 의미한다. 따라서 정체성은 사람을 유일무이하게 만드는 특성이지 집단의 모든 이와 공유하는 특성이 아니다. 고유한 특성은 개인의 과거, 출생 시기와 장소, 지문, 게놈, 얼굴 같은 것이다.

매순간 자신과 자신의 정체성을 어떻게 파악할 수 있을까? 스스로를 섬세하게 지각하면서 그렇게 할 수 있다. 지금 내 몸은 무엇을 느끼는가? 근육과 내부 장기와 피부는 어떤 느낌인가? 신체 컨디션은 어떠한가? 기분은 어떠한가? 나의 자세는 무엇을 표현하는가? 표정 또는 목소리는 어떤 내적 자세를 표현하는가? 나는 자신과 다른 이의 존엄성을 존중하는가?

다른 집단과 명확히 구별되는 특징으로는 옷 입는 스타일, 헤어스타일, 행동거지, 걸음걸이, 말하는 스타일, 표정 등이 있다. 사회학자 피에르 부르디외(Pierre Bourdieu)는 이런 특성을 '아비투스(Habitus)'라 불렀다. 아비투스는 우리가 어떤 집단에 속해 있는지를 보여준다. 우리가 잠재의식적으로 자신을 내집단과 동일시하기 때문에 아비투스는 잠재의식적 정체성의 일부이기도 하다. 아비투스는 잠재의식에 아주 깊이 새겨져 있어서 매우 한결같은 모습을 보인다. 부르디외는 개인적인 아비투스는 심지어 불변하는 것으로 여겼다. 그러나 정말로 원한다면 의식적으로 아비투스를 변화시킬 수 있다. 물론 시간과 연습이 필요하다.

아비투스는 집단 정체성의 상징이다. 이것이 중요한 것은 잠재의식적 동조 현상은 감정적인 요소를 지니기 때문이다. 잠재의식은 감정 시스템이기도 하다는 점을 기억하자. 잠재의식은 집단에 받아들여지고 소속감을 느낄 때 강한 보상 감정을 만들어낸다. 집단에 속해 있는 것에 대한 감사, 집단 혹은 민족, 종교 공동체, 집안 등에 대한 자부심, 집단을 위협하는 사람들에 대한 공격심도 만들어낸다. 구성원들이 자신의 집단에 먹칠을 했을 때는 잠재의식이 집단적인 수치심을 불러일으킨다.

우리는 잠재의식적으로 집단 정체성을 개인 정체성으로 여긴다. 그러나 이런 혼동은 그리 유익하지 않을 때가 많다. 사회적 정체성을 잃으면 개인적 정체성도 잃어버릴 것 같은 우려가 들기 때문이다. 이런 우려 때문에 무비판적이고 맹목적인 태도를 갖기 쉽다. 그러면 특정 종파나 음모론, 극단적인 정치 분파, 포퓰리즘 신봉자들처럼 잠재의식적으로 집단에 매몰될 수 있다.

하지만 자신이 속한 집단에 대해 부적절하게 무비판적인 태도를 취하고 있는지 아닌지를 어떻게 알 수 있을까? 우리가 속한 집단이 우리에게 어떤 견해를 갖고 어떤 행동을 하게 하는지 의식적으로 평가해보면 알 수 있다. 집단이 사람들에게 더 공감하고 인권을 보호하도록 하는가? 아니면 다른 사람들의 자유를 빼앗고 폭력을 행사하도록 하는가? 더 죄를 짓고 테러나 전쟁을 도모하도록 하는가? 속해 있던 집단을 등지는 것이 쉬운 일은 아니다. 하지만 집단 정체성을 잃는다고 하여 개인 정체성까지 잃어버리는 것은 아님을 깨닫는다면 그 걸음이 좀 더 쉬울 것이다. 자기가 속한 집단이 좀 이상하다 싶으면, 집단의 이름으로 다른 사람들에게 폐를 끼치기 전에 더 바람직한 집단으로 옮겨가는 것이 좋을 것이다.

동조 현상의 진화

앞에서 뇌의 어두운 면이 어떻게 동조 현상을 만들어내는지 이야기했다. 이런 사회적 압력 때문에 오늘날에는 문제가 발생하기도 하지만, 동조 현상이 없었다면 인간은 진화에서 살아남지 못했을 것이다. 진화가 진행되면서 동조 현상은 어떻게 형성되었을까?

약 1,500만~2,000만 년 전에 첫 유인원이 등장했고, 200만~300만 년 전에 최초의 인간이 등장했으며, 50만~100만 년 전에 호모 사피엔스가 등장했다. 정확한 연대는 알려져 있지 않지만, 최소 30만 년 전에 이미 현생 인류와 유전적, 해부학적으로 동일한 인류가 존재했을 것이다. 신피질이 어마어마하게 분화하면서 인간은 여러 가지 독특한 정신 능력을 갖게 되었다. 타인에게서 배우고 타인과 협동하는 능력도 그에 속했다. 협동 능력은 진화적으로 특히 유익했다. 하지만 신뢰성 있는 협동은 참여자들이 규칙을 따라야만 가능하다. 합의 사항을 지키거나 전반적인 협력 과정에서 서로를 동반자적인 태도로 대하고 마지막에 타인의 몫을 취하지 않는 등의 규칙을 말이다. 이런 합의는 명시적으로 이루어질 수도 있고 암묵적으로 기대될 수도 있다.

물론 우리는 수십만 년 전에 일어난 일들을 추측만 해볼 수 있다. 하지만 협동 공동체로 더불어 살기 위한 규칙이 만들어졌을 때 해부학적으로 그런 규칙을 지키도록 압력을 행사하는 뇌, 잠재의식적인 동조 현상을 가진 뇌가 진화적으로도 유리했을 것임은 명백하다. 그리하여 각 구성원은 의식적, 잠재의식적으로 규칙을 지키고 다른 구성원이 그 규칙에 맞게 행동할 것을 기대하거나 요구할 수 있다.

그러므로 동조 현상이 생물학적으로 인간의 두뇌에 내재되어 있다고 볼 수 있다. 미하엘 토마셀로 연구팀의 놀라운 발견도 이런 이해를 뒷받침해주었다. 이 연구에 따르면 두 살배기들도 이미 사회규칙을 지키고 다른 아이들이 자신들의 행동을 긍정적으로 평가해주기를 원하는 것으로 나타났다.

반면 유인원은 동조 현상을 보이지 않는다. 침팬지, 오랑우탄, 두 살배기 유아를 대상으로 진행된 실험에서 연구자들은 세 개의 상자를 한 공간에 나란히 놓아두었다.[40] 각 상자는 색깔이 서로 달랐고 위에 구멍이 뚫려 있어서 공을 집어넣을 수 있도록 되어 있었다. 침팬지, 오랑우탄, 인간 유아는 각각 스스로 시험해봄으로써 빨간 상자에 공을 집어넣었을 때만 상이 주어진다는 것을 빠르게 터득했다. 침팬지와 오랑우탄이 빨간 상자에 공을 던졌을 때는 견과류가 상으로 주어졌고, 아이가 던졌을 때는 초콜릿이 주어졌다. 상을 받은 침팬지, 오랑우탄, 유아는 이제 한쪽 옆으로 옮겨 앉아서 다른 동료들이 들어오는 것을 보았다. 침팬지들이 참가한 경우는 침팬지 세 마리가, 오랑우탄이 참가한 경우는 오랑우탄 세 마리가, 인간 유아를 대상으로 했을 때는 유아 셋이 방으로 들어왔다. 새로 들어온 동료들 각각은 공두 개씩을 가지고 있었고 실험 참가자들이 보는 가운데 공두 개를 연달아 (전에는 아무런 보상이 주어지지 않았던) 파란색 상자에 던져서 공을 던져넣을 때마다 각각 보상을 받았다. 그 뒤 다시 원래의 실험 참가자들 차례가 되었고 그들은 다시금 공하나를 세 상자 중 아무 곳에나 던져도 되었다. 자, 이들은 이제 어떤 상자에 공을 넣을까?

침팬지와 오랑우탄은 거의 모두가 다시금 원래처럼 빨간 상자에 공을 던졌다. 동료들의 행동에 별다른 의미를 두지 않았던 것이다. 반면 대부분의 유아들은 파란색 상자에 공을 던졌다. 따라서 다른 아이들의 행동에 맞춰서 자신의 행동을 변경시켰던 것이다.

그리고 이제 연구자들은 두 살배기 아이도 사회적 압력을 느낀다는 것을 보여주는 관찰을 하게 되었다. 한 아이는 공을 파란 상자에 던져넣은 아이들이 지켜볼 때는 그 아이들이 지켜보지 않을 때보다 파란 상자에 공을 더 자주 던져넣었다. 이것은 명백히 이미 두 살배기 아이들도 자신의 행동을 집단의 행동에 맞춘다는 것을 보여준다. 다른 아이들이 자신의 행동을 어떻게 평가할지를 중요하게 생각하기 때문이다. 우리 인간들은 다르게 행동하려는 '이기적인' 마음도 지녔지만, 동조 행동을 보일 때가 더 많다. 때로는 의식적인 숙고에 따라 그렇게 하지만, 대부분은 잠재의식이 우리로 하여금 다른 사람들이 기대하는 대로 행동하게끔 하기 때문이다.

유아들도 이미 다른 사람들이 규칙을 지키는 행동을 하도록 요구한다. 이 역시 미하엘 토마셀로 연구팀의 연구 결과로, 실험 중 세 살배기 아이 둘은 알록달록한 모형들을 간단히 분류하는 놀이를 했다. 이때 연구자들은 아이를 각기 다른 방에 있게 하고 한 아이에게는 파란색 모형은 모두 커다란 파란 상자에 넣고, 빨간색 모형은 모두 작은 빨간 상자에 넣으라고 말해주었다. 파란 모형을 빨간 상자에 넣어서는 안 되며, 빨간 모형을 파란 상자에 넣어서는 안 된다는 말도 덧붙였다. 그리고 다른 아이에게는 커다란 모형은 다 커다란 파란색 상자에 넣고, 작은 모형은 다 작은 빨간색 상자에 넣으라고 설명해주었다. 그러나 커다란 모형 중 몇몇은 빨간색이었고 작은 모형 중 몇몇은 파란색이었다. 따라서 두 아이가 배운 규칙이 동시에 충족되도록 모형들을 분류하는 건 불가능했다.

이제 '짓궂은' 연구자들은 두 아이가 한 테이블에 앉아 게임을 하도록 했다. 그러자 두 아이 모두 상대 아이가 몇몇 모형을 '잘못된' 상자에 넣고 있다는 걸 빠르게 파악했고, 흥분해서 이의를 제기했다. "그렇게 하면 안 돼!" "아냐, 그렇게 하면 안 돼!" 누군가 규칙을 어기면 감정적으로 불안해져서 어린아이들의 잠재의식도 이미 화와 분노를 일으켰다. 그밖에도 아이들은 각각 상대 아이가 그 놀이를 '올바르게' 하도록 이끌고자 했다. "그건 여기에 넣어야 해!" "이렇게 해야 해!" 하면서 자신이 아는 규칙대로 하도록 요구했다.[41] 세 살배기 아이들은 자신의 집단에 속하지 않으며 전혀 다른 규칙을 갖고 있는 사람들도 있음을 깨닫지 못했다.

성인 중에서도 많은 사람이 이런 사실을 알지 못하고 무조건 그들의 위대한 신이 다른 신앙을 가진 이들까지도 모두 통치하기를 원한다. 그렇지 않다면 세상은 더 관용적이고 평화로워질 텐데 말이다.

나의 잠재의식이 다른 사람에게 경찰관 역할을 할 때

잠재의식의 사회적 통제는 자신과 직접 관계가 없는 규칙 위반에 대해서도 흥분하게 한다. 보행자 신호등 앞에 당신과 낯선 사람, 단 둘이 서 있다고 해보자. 두 사람뿐 주변에는 아무도 보이지 않는다. 이제 당신이 빨간불에 길을 건너려 하면 상대가 "색맹이에요?"라고 소리를 지를지도 모른다. 상대는 당신에게 그렇게 지적해주는 것이 본인에게는 아무런 유익이 없더라도 그렇게 한다. 그러므로 상대방의 행동은 이성적으로는 설명되지 않는다. 고전적인 사회학은 이것이 대체 왜 그런지를 이성적으로 설명해보고자 노력했다. 이 경우 잠재의식을 고려하면 설명이 쉬워진다. 잠재의식은 종종 경찰관 행세를 하여 다른 사람의 잘못을 바로잡아주려 한다. 큰 소리로 지적은 못 하고 못마땅한 눈길로 곁눈질만 할지라도 말이다.

어떤 상황에서 제3자를 질책할지 말지는 상황에 따라, 사회적 관습에 따라 달라진다. 영국에서 살던 시절 나는 신호등 앞에서 보행자가 빨간불에 횡단보도를 건너가는데도 사람들이 아무 말도 하지 않는 것에 놀랐다. 대신 버스를 탈 때는 정류장에 도착한 순서를 정확히 지켜야 한다는 것을 알았다. 순서를 어기고 먼저 타려는 순간 사람들이 입을 모아 화를 낼 것이기 때문이다.

나와 상관없는 사람의 잘못을 지적하는 건 인간과 동물의 중요한 차이다. 도둑이 다른 사람의 물건을 훔치는 것을 보면 우리는 가만히 보고만 있지는 않을 것이다. 반면 침팬지는 어떤 침팬지가 다른 침팬지의 먹이를 훔치는 걸 봐도 그저 무관심하기만 하다. 자신의 먹이를 훔쳐가는 경우에만 즉시 반격한다.[42] 인간에게서는 사회규칙을 지키려는 무의식적인 압력이 발달했고 이런 압력은 제3자에 대해서도 적용된다.

규칙을 위반하는데도 처벌하지 않으면 현대 사회는 유지되지 않을 것이다. 경찰이 없다면 우리 사회는 며칠 내로 무너질 것이다. 경찰조차도 통제를 받아야 한다. '내부 수사'를 책임지는 부서가 없다면 경찰도 얼마 안 가 문화적으로 타락하고 말 것이다. 경찰들도 잠재의식을 가지고 있고 간혹 그 유혹에 넘어가니까 말이다.

따라서 잠재의식, 나아가 인간 자체는 기본적으로 나쁜 존재일까? 정반대다! 잠재의식이 태곳적 숲에서 살아가기 위해 발달되었다는 점을 기억하라. 잠재의식은 이런 삶을 살아가는 데 완벽한 도구다. 하지만 정주 생활과 더불어 사회적 불평등이 시작되고 부의 소유에도 차등이 생기게 되었다. 이런 상황에서 잠재의식은 점점 뇌의 어두운 면으로 자리 잡게 되었다. 나아가 욕심이 생기고, 도둑질이나 부정 부패에 유혹을 느끼게 되었다. 따라서 잠재의식이 없다면 가능하지 않았을 현대 문명이 그 소유로 인해 잠재의식을 어둡게 했고, 그런 다음 잠재의식이 계속해서 자신의 시기심과 탐욕으로 문명을 손상시키는 아이러니가 빚어지고 있는 것이다.

잠재의식은 '정상적(normal)'이고자 할 뿐

동조 현상이 의미하는 것은 우리 인간은 잠재의식적으로 그냥 '정상적(normal)'이고 평범해지고자 하며 다른 사람들 역시 정상적으로 행동할 것을, 따라서 규범과 관습에 맞게 행동할 것을 원한다는 것이다. 아이도 이미 그것을 원한다. 하지만 이것은 현대 사회에서는 전혀 쉽지 않다. 현대인들은 명시적이고 암묵적인 규범과 관습이 굉장히 복잡하게 얽혀 있는 사회에서 적응하고 살아가야 한다.

규범과 관습은 사회집단에 따라 차이가 있고, 심지어는 서로 배치되기도 한다. 이와 같은 상황은 계속해서 잠재의식적 갈등의 소지를 만들어낸다. 나의 잠재의식이 나와 타인이 내 규범에 맞게 행동하는 것을 원한다면, 이런 태도는 다른 관습을 가지고 있거나 다른 가치를 믿고 있어서 나와 동일한 기준으로 판단하지 않는 사람이나 집단과 모순을 빚게 된다. 이럴 때 나의 잠재의식은 다만 다른 모든 사람이 '정상적'이기를, 상식적이기를 바랄 따름이다.

하지만 내가 정상적이고 상식적인 것으로 여기는 것은 내가 속한 집단을 기준으로 한 판단이다. 다른 사람들이 정상적이지 않게 행동하면 잠재의식은 분노와 공격심을 만들어내며 이런 상황은 차별, 적개심, 테러, 심지어 전쟁으로 이어질 수 있다. 우리 뇌의 어두운 면은 다른 사람들이 '정상적'이기를, 그렇지 않으면 그냥 세상에서 사라져주기를 원한다.

인류 역사가 시작되고 난 뒤에도 한동안은 이런 잠재의식적 갈등의 소지가 존재하지 않았다. '정상적'이 되는 것이 처음에는 그리 복잡하지 않았기 때문이다. 이런 주장은 오늘날 수렵·채집 문화권에 속한 사람들을 통해 입증된다. 이들 문화권을 관찰해보면 호모 사피엔스가 등장하고 나서 첫 몇십만 년간 어떻게 살았는지를 짐작할 수 있다. 이런 문화권에서 사람들은 단순하고 평등한 공동체를 이루고 살아간다. 그 공동체에는 몇 안 되는 원칙만 존재하는데 그중 한 가지는 나누는 것, 즉 공유하는 것이다. 그런 사회에서는 이 원칙에 근거하여 모두가 비슷한 정도로 소유한다. 즉, 모든 구성원은 '정상적인' 정도로만 소유

한다.

공유라는 기본 원칙은 진화를 통해 인간에게 들어오게 된 원칙이기에 생물학적으로 '정상적인' 원칙이다. 세 살배기 아이들도 협력해서 뭔가를 얻자마자 나눠가진다. 심리학 연구에 따르면 정주 문화권에 사는 아이들도 그렇게 한다.

가령 현대 사회의 아이들은 서로 협동해서 두 줄을 함께 잡아당김으로써 얻은 간식을 자원해서 자연스레 나눠먹는다.[43] 따라서 아이들은 처음에는 천성적으로 협동적이고 평등하게 행동하는 것이다. 수렵과 채집 문화에서 이것은 '정상'적인 것이며 이것이 인간과 다른 영장류의 차이다. 영장류의 경우는 서열이 먹이를 어떻게 배분할 것인지를 결정하며 모두가 제일 많이 갖고자 한다.

또한 수렵과 채집 문화에는 원숭이나 유인원과는 대조적으로 지배적인 위계질서가 없이 모든 구성원이 동등하다. 모두가 똑같은 권리와 똑같은 발언권을 지닌다. 물론 남녀가 평등하다. 집단의 모든 구성원이 '보통(평범한)' 정도의 힘을 가지고 있다. 유목민 부족의 경우에는 재산과 권력에 차이가 없으며 모두가 비슷한 옷차림, 비슷한 헤어스타일을 하고 똑같은 신을 믿는다. 이들 부족 구성원들은 특이하게 행동하다가 튀는 문제 같은 건 알지 못한다.

수렵과 채집 문화에서 모든 구성원이 평등하고, 동등한 권리를 갖는 것은 성별에 따른 노동 분업과 모순을 빚지 않는다. 가령 하자족에서 여자들은 열매와 감자 등을 채집하고, 남자들은 사냥하거나 벌꿀을 모은다. 여성들과 달리 남자들 사이에서만 경쟁이 있다. 훌륭한 사냥꾼이 여성들 사이에서 특히 매력적으로 여겨지기에 남자아이들도 이미 서로 경쟁을 한다. 하지만 여자아이들은 경쟁하지 않는다.[44]

따라서 '정상적'이라는 것은 모두가 같다는 의미가 아니다. 모든 구성원은 생김새나 인격이 제각기 다르다. 어떤 구성원들은 특별한 기술을 가지고 있거나 특별한 과제를 담당한다. 하지만 모두가 집단과 조화를 이룬다. 구성원이 가진 매력과 임무 및 능력이 서로 다르다는 사실은 모든 구성원이 동등한 가치를 지닌다는 사실과 모순되지 않는다. 현대 문명에서 잠재의식은 전자와 후자를 동일시한다. 그래서 더 많이 배웠거나 매력적이거나 부유한 사람은 '더 가치있는' 사람으로 여겨진다. 하자족 사람들은 원시 사회의 사람들과 마찬가지로 그런 사고를 이해하지 못할 것이다.

상호 평화롭게 공존하는 삶은 이웃 부족 간의 교류로도 확대된다. 부족끼리도 서로 의존한다. 젊은 여성들은 자신의 부족을 떠나 다른 부족에게 받아들여진다. 이렇게 함으로써 근친 교배를 피할 수 있기도 하다. 서로 다른 부족이나 씨족 구성원들 간에 심각한 분쟁이 발생한 경우 대부분은 노래 대결 같은 것으로 평화롭게 해결한다.

사회적 차이는
뇌의 어두운 면을 달구는 연료다

수십만 년간 이어진 인간의 삶에서 사실 동조 현상은 전혀 복잡한 것이 아니었다. 그러나 농경이 시작되고 약 1만 1000년 전 신석기 시대 초에 정주 생활이 시작되면서 사정은 달라졌다. 이제 재산을 축적하기 위해 일하게 되었고 농경에 시간과 노력을 투자했으며 수확물을 모든 이와 단순히 나눠갖지 않게 되었다. 그러기에는 들인 노동이 아깝다는 생각이 들었다. 사람들은 이제 소유를 둘러싸고 담을 쌓았고 최초의 도시들이 탄생했다. 소유와 권력의 위계질서가 발생했고 소유를 어떻게 다룰지에 대한 여러 새로운 규칙도 생겨났다.

수렵과 채집 문화에서 정주 문화로 옮겨가면서 아이들에 대한 교육도 달라졌다. 수렵과 채집 문화의 규칙들은 한눈에 들어오는 것들이라서 그런 문화권에서 자라는 아이들은 정주 문화권의 아이들보다 배워야 할 규칙이 훨씬 적다. 그러다 보니 교육도 더 간단하다. 아이들은 서로 협동하도록 교육받고 개인적인 자율성이 존중되어 어른들이 제재하는 경우는 드물다. 부모는 평등원칙에 따라 상대적으로 제한된 권위만 가지며 제한된 권위만 필요로 한다. 아이들은 스스로 세계를 발견하고 스스로 배우고 싶은 것을 배우도록 고무된다.

아프리카의 유목민 부족인 아카족(Aka)과 보피(Bofi)족의 아이가 먹을 것을 나누지 않으면 제스처를 취하거나 놀리는 식으로 다른 아이들이 나눌 것을 요구한다. 제재는 보통 이 정도로 끝이다. 하지만 아카족과 보피족 구성원들이 정착해서 농사를 짓게 되자마자 아이들을 신체적으로 처벌하기 시작한다. 문명 생활이 시작되면서 아동을 대상으로 한 폭력은 확연히 증가했는데[45] 이것은 아이들을 현대 문명에 적응시키는 일에 훨씬 더 커다란 압력이 동원된다는 것을 보여준다.

다양한 정주 문명은 소유를 축적하고 자기들만의 복잡한 규범과 역할 체계, 관습과 종교를 점점 발전시켰다. 이것은 갈등의 불씨를 유발하여 사람들은 자신의 도시·나라·종교를 위해 전쟁에 참전했다. 땅이나 소유를 놓고도 전쟁이 벌어졌지만, 문화를 두고도 전쟁이 벌어졌다. 전쟁에서 양편은 맹목적인 열정으로 자신들의 가치와 규범을 관철시키고자 한다. 여기서도 우리는 원래 진화에서 협동적인 행동을 뒷받침하고 갈등을 경감시키는 데 도움을 주었던 잠재의식이 뇌의 어두운 면으로 변하여 갈등과 폭력을 유발하는 것을 알 수 있다.

모순적이게도 우리가 기존의 관례와 관습, 입장을 대변하는 것은 그것들이 옳거나 진실이어서가 아니라 잠재의식적으로 정상적인 것들로 여기기 때문이다. 그것들이 우리가 동일시하는 집단을 정의하기 때문이다. 서로 상이한 문화가 존재하고 문화마다 종종 서로 모순되는 규칙과 관습을 가지고 있다는 것이 바로 그 증거다.

아시아의 나라들에서는 동성애를 공식적으로 인정해야 한다는 목소리가 거의 들리지 않는 반면, 노르웨이 같은 나라에서는 동성애를 용인하지 말아야 한다는 이야기를 듣기 힘들다. 100년 전에는 노르웨이에서 여성이 선거에 참여한다는 건 상상할 수도 없는 일이었지만 오늘날에는 여성이 선거에 참여하지 못한다는 건 상상할 수 없다. 요제프 라칭거(Joseph A. Ratzinger, 전 교황)가 모리타니의 이슬람교 문화권에서 태어나 이슬람을 신봉했다면, 그는 자라서 추기경과 교황 베네딕토 16세가 되는 대신 이슬람 종교지도자인 물라가 되었을 것이다. 독실한 무슬림 여성이 우연히 히피 가문에서 태어났다면 현재 베일을 쓰고 다니지 않을 것이며 현재 바이에른 팬이 영국에서 태어났더라면 영국 축구팀을 열정적으로 응원했을 것이다. 제2차 세계대전에서 러시아에 대항해 싸웠던 독일 군인이 러시아에서 태어났더라면 독일군에 맞서 똑같이 용감하게 혹은 잔인하게 싸웠을 것이다.

현대 사회에서는 같은 사회 안에서도 서로 다른 종교나 정치 진영, 사회계층 사이에 사회규범이 서로 모순되는 일이 발생한다. 각 집단의 구성원에겐 자기가 속한 집단의 규범과 견해만이 납득된다. 잠재의식이 바로 그런 규범을 내면화하여 그것이 정상적으로 여겨지기 때문이다. 두 문화 간의 사회규칙이 서로 모순되고 각 문화의 구성원들이 자신들의 규칙을 최상의 것으로 여긴다면 논리적으로 생각해도 둘이 동시에 옳을 수는 없지 않은가.

차이점 대신 공통점 보기

다른 집단에 속한 사람들을 만나면 잠재의식은 공통점보다 차이점에 주목한다. 잠재의식은 차이를 사회규칙에 위배되는 것으로 해석하기 때문이다. 사회규칙과 주류 문화에서 벗어나는 것으로 보는 것이다. 피부색이 다른 이민자들이 길에 휴짓조각을 버리는 걸 보면 우리 잠재의식은 곧장 이를 지각한다. 뇌의 어두운 면은 '아, 저 사람 뭐 저래. 길을 엉망으로 만들고 있잖아'라고 생각하며 사실은 그가 우리와 차이점보다 공통점이 많은 사람임을 간과한다.

우리 집단에 속하지 않은 사람, 다른 외모, 다른 종교, 다른 관습을 가진 사람은 잠재의식적으로 규범에서 벗어나는 것으로, 동조적이지 않은 것으로 지각되고 빠르게 심각한 위험으로 해석된다. 잠재의식은 위험 시스템이기도 하므로 안테나를 곤두세우고 위험이나 손실 가능성을 지각하며 두려움·걱정·분노를 만들어낸다.

이때 잠재의식은 자신의 세계관에 부응하는 정보를 우선적으로 감지한다. 선입견을 확인하는 것이다(159쪽 '손실 회피 경향의 대명사, 확증 편향' 참조). 누군가가 운전을 엉망으로 하는 걸 보며 '대체 저런 식으로 운전하는 사람은 어떤 작자일까?' 유심히 살핀다. 그런 다음 운전자가 외국인임을 보는 순간 선입견을 확증받는다. 이에 더하여 잠재의식은 기억을 이런 선입견에 맞게 변화시키기도 한다. 잠재의식은 '저런 식으로 운전하는 사람은 십중팔구 외국인이리라는 것을 이미 알고 있었어'라는 확신을 불러일으킨다.

　잠재의식은 차이점에 주목하게 한다. 하지만 갈등을 줄이는 것은 공통점이다. 그리하여 중재의 핵심 요소는 바로 공동의 관심사와 필요를 환기하는 것이다. 7부에서 살펴볼 텐데 갈등을 해결하는 방법인 중재는 갈등을 건설적인 방식으로 잠재우고 다루는 것이다. 차이점이 눈에 먼저 들어오긴 하지만, 의식적으로 자세히 보면 공통점을 발견할 수 있다. 갈등 주체들이 갈등을 해결하고자 한다면 공통점을 알아차리는 것이 큰 도움이 된다.

　공통점을 알아차리는 것은 어렵지 않다. 공통점이 아주 많기 때문이다. 가령 모든 사람은 집단 소속감에 대한 욕구가 있다. 행복해지려 하고 사회적 인정을 받으려 하고 자신과 주변 사람이 건강하게 잘 지내기를 바란다. 피부색·종교·성별 등을 초월해 모든 사람이 지닌 공통점은 모든 이가 여러 관심사와 필요를 공유하고 있음을 보여준다. 평화롭게 더불어 살기 위해서는 잠재의식적으로 차이점을 보는 대신 인간적 공통점을 주시해야 할 것이다.

　공통의 관심사와 필요는 생명권과 인간 존엄성에 대한 불가침권, 정의와 자유, 자기결정권 등 일반적인 인권도 담보한다. 특히 타인과 갈등을 겪을 때, 이런 권리가 모든 이들, 심지어 외집단에 속하여 잠재의식적으로 '비정상'이거나 심지어 적으로 여기는 이들에게까지 다 적용된다는 점을 생각하면 평화로운 해결책을 찾는 데 도움이 될 것이다.

아이들이 집단의 문화를
배우는 방식

    지금까지 나는 잠재의식이 사회규칙을 따르라고 압력을 넣는다는 이야기를 했다. 잠재의식은 판단, 의견, 감정도 집단에 맞추도록 부추긴다. 이것이 자신의 원래 생각과 위배될지라도 그렇다. 어떻게 자신의 문화를 대대로 보존해나갈 수 있을까? 현 상태, 즉 사회규칙, 관습, 가치를 포함한 지배적인 세계관을 유지하려는 잠재의식적인 압력이 중요한 역할을 한다(159쪽 '손실 회피 경향의 대명사, 확증 편향' 참조). 하지만 여기서 또 하나의 기능을 짚고 넘어가야 한다. 그 기능은 바로 집단적인 세계관을 잠재의식적으로 대대로 전달하는 것이다.

    인간만이 세대를 뛰어넘어 문화를 발전시키고 유지한다. 아이들은 자신의 문화를 가능하면 원래 그대로 내면화하고, 나중에 이를 다시금 자녀들에게 전달한다. 이런 전통의 동력은 바로 동조 현상이다.

    어린아이들은 서로 다른 가족과 문화에 상당히 놀랍게 적응한다. 규칙을 배우고 집단에서 '사람들'이 하는 대로 따라하기 때문이다. 집단은 그런 동조 행동을 기대하며 어른들은 교육을 통해 아이들이 집단에 적응하게끔 한다. 부모들은 자녀들을 집단의 세계관에 맞게 교육하고 자신들의 집단은 세계를 어떤 시각으로 보는지를 가르친다. 잠재의식적 동조 현상을 통해 부모가 자녀에게 문화를 전수해주면 아이는 묻지 않고 따라서 이해되지 않더라도 부모가 가르친 것을 믿는다. 아이들은 이런 방식으로 부모에게서 언어와 도덕과 관습, 종교, 미신, 비합리적 사고까지도 배운다.

아이들은 부모가 자기들에게 말과 행동으로 가르쳐준 것들이 중요하다고 굳게 믿는다. 아이들에게 부모는 지역사회나 문화의 대표자다. 부모가 시답잖은 행동이나 심지어 잘못된 행동의 본을 보이면 아이들은 이를 곧이곧대로 받아들이고 모방한다. 이런 경우에는 부모를 무시해버리는 것이 자기들에게 유익이 될 텐데도 말이다.

아이들은 타고난 동조 현상으로 말미암아 부모를 무시하지 못한다. 아이들은 부모들의 모순을 잘 발견하지 못한다. 부모는 전지전능한 권위자로서 아이들에게 자신이 아는 세계에 대한 객관적인 사실을 전달하고자 하기 때문이다. 물론 세상에 대해 객관적으로 다 아는 것이 아니므로 부모는 기껏해야 개인적인 의견이나 집단의 시각을 전달해줄 따름이다. 다음 세대의 개인이나 집단은 그것들을 완전히 다르게 볼 수도 있다. 기독교 집안에서 태어난 아이들은 부모의 종교를 받아들인다. 이슬람교 집안에서 태어난 아이들도 마찬가지다. 개인주의 문화권 아이들은 개인주의적 세계관을 넘겨받고 집단주의 문화권 아이들은 집단주의적 세계관을 받아들인다. 신나치주의자의 자녀들이든 리버럴한 환경단체 회원들의 자녀들이든, 모두 부모의 이야기를 사실로 받아들인다.

유년기에 모든 아이들은 부모의 말이 일반적으로 타당한 것이라고 여기며 거르지 않고 스펀지처럼 그 내용을 받아들인다. 그 내용이 그들의 문화에서 인정되고 구속력 있는 것이라 가정하기 때문이다. 아이들은 옆집 부모의 이야기는 종종 그와 다르다는 것을 알지 못한다. 어린아이들은 부모의 행동을 보고 '사람은' 일반적으로 어떻게 행동하는가, 그리고 어떻게 행동해야 하는가를 배운다. 부모가 사실은 독특하게 행동하고 있을 따름인데도 아이는 이를 깨달을 수 없다. 사회규범이 어떤지 아직 잘 모르기 때문이다. 부모의 가르침은 아이들에겐 진리이고 기준이다.

실험에 의하면 미취학 아동에게 어떤 도구를 특정 방식으로 사용하도록 가르쳐주면 그 도구를 다른 방식으로 사용할 수도 있고 다른 용도에 쓰거나 더 효율적으로 사용할 수 있음에도 아이는 여전히 처음에 배운 대로 사용하는 것으로 드러났다. 반면 가르쳐주지 않고 아이가 스스로 그 도구와 친해지게 하면 아이는 다른 기능들도 터득하는 것으로 나타났다.

아이들은 어른들이 보여주는 해결책을 가능한 한 그대로 따라하고자 한다. 그 해결책이 쓸데없고 자의적인 행동을 포함하고 있어도 그러하다. 아이들은 어떤 것이 왜 그렇게 되는가뿐 아니라 누군가가 무엇인가를 어떤 방식으로 시범 보이는가를 주목하기 때문이다. 아이는 만일을 위해 스스로는 이해할 수 없는 일까지도 부모를 모방한다. 이런 행동이 문화적으로 특별히 중요할 수도 있기 때문이다.[46]

그런 면에서 원숭이는 상당히 수월하다. 원숭이의 잠재의식은 다른 원숭이들에게서 유용한 것만 배우게끔 한다(209쪽 '잠재의식적 모방 압력' 참조). 원숭이가 특정 방식으로 행동하는 것은 그것이 유용한 방법이기 때문이다. 반면 아이들이 특정 방식으로 행동하는 것은 그것이 규범이기 때문이다. 그래서 다르게 행동하는 것이 그들에게 더 유익이 될지라도 규범을 따른다. 또한 인간은 순수하게 사회적 이유에서도 행동을 모방한다. 그저 다른 사람과 똑같이 행동하기 위해서다. 반면 원숭이는 실용적인 이유가 있을 때만 행동을 따라한다. 그리하여 인간 아이들은 어른들에게서 원숭이가 원숭이 어미들에게서 배우는 것보다 훨씬 더 많이 배운다. 특히나 현대 문명에서는 적응에 대한 압력을 더 많이 받는다.

언어에 담긴 잠재의식적 규칙 알아차리기

잠재의식을 문화적 배낭으로 상상할 수 있다. 아이는 인생 길에서 부모로부터 이런 배낭을 받는다. 부모는 자신이 사용하는 언어로 이런 배낭을 채운다. 언어는 사회규칙과 가치를 배우는 데 특별히 중요한 도구이기 때문이다. 아이들은 우리가 무엇을 '반드시 해야 하는지' '마땅히 해야 하는지' '해도 되는지' '할 수 있는지', 공동체에서 사람이 무엇을 '하고 싶은지' '하려고 하는지' 등을 전달하는 동사들을 통해서 배운다. 우리는 아이들에게 취학 이전부터 철학 이론을 가지고 자신의 행동을 숙고하도록 가르치지 않는다. 오히려 아이들에게 무엇을 해도 되고 해야 하며 할 수 있는지, 무엇을 의도하고 원하는지를 말해준다.

우리는 언어를 통해 아이들에게 의식적으로 만들어지고 잠재의식적으로 내재된 규칙과 가치를 전달해준다. 그래서 자신의 말을 살피면 스스로가 잠재의식적으로 어떤 규칙과 가치를 가지고 있는지를 알아차릴 수 있다. 물론 많은 사람이 때로 자녀들에게 이 일이 왜 이런지, 왜 다르게 되어서는 안 되는지 설명해주려고 노력한다. 하지만 대부분은 단순히 꾸짖고 금하며 눈짓으로 책망하고, 무엇이 괜찮고 무엇이 괜찮지 않은지를 말해줄 뿐이다. 집안에서 무엇이 허용되는 것이고 무엇이 안 되는 것인지, 무엇이 기대되고 무엇이 그렇지 않은지를 그냥 단순하게 말해준다.

그렇게 함으로써 아이들이 무엇을 해야 하고 무엇을 하지 말아야 할지를 알려준다. 대부분은 세상을 알려주는 형식을 취한다. "그렇게 하지는 않아" "그렇게 해서는 안 돼" "우리는 그런 걸 좋아하지 않아" 등등. 세상에 대한 자신의 시각을 사회적 팩트처럼 제시한다. 부모로서 무엇이 의미가 있고 무엇이 의미가 없는지를 알려준다. 부모의 말에서 아이들은 그것을 파악한다. 우리는 조국에 긍지를 가지고 있어야 하고 어떤 신은 믿고 다른 신은 믿지 않는다는 것, 자신이 응원하는 축구팀을 좋아하고 다른 팀은 좋아하지 않는다는 것, 길거리에 휴지 같은 걸 버리면 안 된다는 것, 식사할 때 테이블 위에 팔꿈치를 올려놓거나 모자를 쓴 채로 있거나 스마트폰을 만지작거려서는 안 된다는 것, 정해진 옷차림과 헤어스타일과 성적 지향은 허용되지만 그것과 다른 복장과 헤어스타일과 성적 지향은 허용되지 않는다는 것을 파악한다. 이처럼 사회규범은 특정 행동을 요구한다. 정직하고 용감해야 하며 부모님 속을 썩이지 말아야 하고 공공장소에서는 벌거벗고 다니면 안 된다는 것 등등 무조건적으로 지켜야 하는 꼭 필요한 사항을 말해주는 규범들도 있다.

아이들의 잠재의식은 이런 내용을 저장하고 이에 합당하게 생각하고 행동하고 느끼도록 동조 압력을 행사한다. 때때로 우리가 언어를 통해 아이들에게 어떤 규칙·관습·가치를 가르치고 있는지 주의를 기울이면 우리가 잠재의식적으로 어떤 규범들을 가지고 있는지를 인식하고 의식적으로 자기비판으로 나아갈 수 있다.

이것은 좋은 일이다. 우리가 자신의 배낭에 짊어지고 다니는 것 중 몇몇은 우리 부모가 자신들의 부모로부터 물려받은 배낭과 마찬가지로 비합리적이고 모순적이라는 것을 발견할 수 있기 때문이다. 우리는 앞으로 인생을 살아갈 다음 세대에게 선사하는 시각이 이성적으로 숙고해도 역시 의미 있는 것인지 자문해볼 수 있다.

　잠재의식적으로 확신하는 것보다 그리 비극적이거나 나쁘지 않은 일들도 많을 것이다. 정치관·종교관·세계관에 대해 어떤 내용을 독선적으로 공포하는 대신 그냥 우리는 그렇게 "생각한다"든가 "믿는다"라고만 말해주어도 좋을 것이다. 나아가 아이들에게 어떤 일에 대해 우리와는 다른 시각으로 보는 사람도 있다고 말해줄 수도 있다. 어른이 그런 태도를 취하면 아이들은 더 너그럽고 똑똑해질 것이며, 스스럼없이 질문을 던지고 주제를 여러 다양한 각도에서 조명해보는 방법을 배우게 될 것이다.

집단적 지식과 집단적 착각의 무의식적 전달

　잠재의식적인 동조 현상이 삶을 더 달콤하게 해주지는 않는다 해도, 이것이 현대 문명 탄생의 기초인 것은 확실하다. 자전거부터 자율주행 차까지 사람들은 지식과 기술을 대대로 전달하고 발전시킨다. 어떤 사람도 로켓을 제작하여 달에 쏘는 방법을 혼자서 다 꿰고 있지는 않다. 우주선이 달에 가려면 많은 사람이 각각 자신의 지식을 모아야 한다. 각 사람은 다른 많은 사람에게서 지식을 넘겨받고 그것을 계속해서 발전시키고 다른 많은 사람에게 전달한다.

　그렇게 하여 지식과 발전은 집단적인 것이 된다. 잠재의식은 동조 현상을 통해 지식의 집단화를 부추긴다. 그런 점에서 지식과 현실 이해를 집단이 가진 지식과 이해에 맞추는 것은 이로운 일이다.

그러나 규칙과 관습, 심지어 비합리적인 상상도 이런 방식으로 대대로 전달된다. 그리하여 문화 발전은 자신의 문화적 통념을 통해 한정된다. 모든 진보에도 불구하고 특정한 집단적 착각은 계속 남으며, 사람들은 문제를 야기했던 것과 똑같은 잠재의식적 방법을 통해 문제를 해결하고자 한다.

좀 어려운 말이니 예를 들어보자. 서양 의학은 인간은 본질적으로 결함이 있는 존재라고 간주하는 문화 체계 안에서 놀라운 발전을 이루었다. 그리하여 많은 사람이 정말로 스스로를 인간으로서 가치 있는 존재로 느끼려면 우선 특정한 상태에 도달해야 한다고 생각한다.

기독교적 시각에 따르면 인간은 죄를 가지고 태어나며, 의학적 견해에 따르면 질병과 장애는 상당 부분 유전적 기질에서 비롯되므로 만성 질환자의 게놈은 '결함이 있는 것으로' 여겨진다. 그러나 질병은 인간의 생물학적 오류가 아니고, 대개는 이 사람의 생물학적 특성이 위험에 처해 있다는 신호다. 과거에는 사제가 환자를 치유했지만, 오늘날에는 의사가 치유한다. 그러나 사실 인간은 스스로를 치유한다. 치유는 전적으로 이 사람의 생물학적 특성에서 일어나기 때문이다. 의사는 질병을 진단하고 치료를 통해 인간의 치유를 뒷받침해줄 수 있을 따름이다.

잠재의식은 인간이 로켓을 달까지 보낼 수 있게 해준 '불'

과 더불어 이런 불을 끄는 '재'도 전달하도록 한다. 우리는 기술 발전을 전달할 뿐 아니라 환경과 기후를 파괴하기도 한다. 우리는 민주화와 평등에 가치를 부여하면서도 노동착취를 통해 생산된 상품을 구입한다.

잠재의식적 동조 현상은 우리를 그런 모순으로 인한 스트레스에서 해방시킨다. 동조 현상은 오류와 모순을 포함하여 자기 문화의 세계관을 불가피한 것으로 이해하기 때문이다. 나아가 그것을 심지어 긍정적으로 평가하여 관습과 규정이 무의미하거나 피해를 줄지라도 '늘 그래왔다'는 것만으로 그것이 당연하다고 생각한다. 집단의 규칙과 관습은 그것이 논리에 맞고 의미가 있는 것인지 점검을 거치지 않는다. 어른은 물론이고 아이들도 그런 점검은 생략한다. 잠재의식의 경우에는 규칙과 관습이 합리적인가 하는 것보다 그런 규칙과 관습을 받아들임으로써 집단의 일부가 되는 것이 중요하다.

가령 의례적인 행사, 즉 리추얼(Ritual)에는 거추장스럽고 무의미한 여러 활동이 포함될 수 있다. 하지만 상관없다. 잠재의식의 경우 중요한 것은 집단 구성원이 모두 함께 의식을 거행함으로써 집단의 일부가 되는 것이기 때문이다. 세례, 교회에서 치르는 결혼식, 장례식, 크리스마스, 다도, 속죄일, 라마단, 희생 축제 등 잠재의식에게 리추얼이 얼마나 중요한지는 리추얼이 잘못된 순서로 거행되면 어떻게 될까를 상상하면 실감할 수 있다.

유감스럽게도 문화에 적응하는 것은 아이를 갈등으로 몰아넣곤 한다. 아이의 자연적인 욕구가 사회적으로 바람직하게 여겨지는 행동과 모순될 때는 늘 그러하다. 가령 식사가 차려져 있는데 배가 고프지 않다거나, 뭔가가 엄청 궁금한데 만져서는 안 된다거나, 말하고 싶은데 조용히 해야 하는 상황이 그렇다. 사회규칙은 필연적으로 아이의 개인적인 행동 범위를 제한한다. 규칙을 지키려면, 다양한 행동 선택지 중에서 남는 선택지가 불과 몇 되지 않는다. 이것은 당연한 것이다. 인간 사회는 규칙이 있어야만 돌아갈 수 있고 개인의 자유는 주변 사람들의 자유가 시작되는 곳에서 끝나야 하기 때문이다.

하지만 잠재의식은 우리에게 이익이 되지 않아도 주어진 자유를 제한하기도 한다. 만얀 어떤 아이가 가족에 적응하는 과정에서 자신의 능력을 제대로 발휘하지 못하고 늘 잠재력보다 낮게 발휘하는 습관을 들이면, 이것이 잠재의식의 표준이 되어 성인이 되어도 그에 따라 결정을 내린다. 너무 지나친 제한은 아이의 자연스러운 발달을 방해하며 전형적으로 자존감이 낮아지는 결과를 초래한다.

자신의 자유와 가능성을 제한당하는 것과 그로 말미암은 자기 의심과 무력감, 절망감도 문화적 배낭 속에 함께 담긴다. 이런 배낭 속 내용은 질병으로 이어지고 심리 장애와 만성 신체 질환을 유발할 수 있다. 그러므로 자신의 배낭을 조사하여 유익하지 않은 내용을 알아차리는 것이 중요하다. 이에 대해서는 앞으로 살펴보도록 하자.

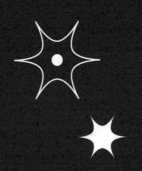

5

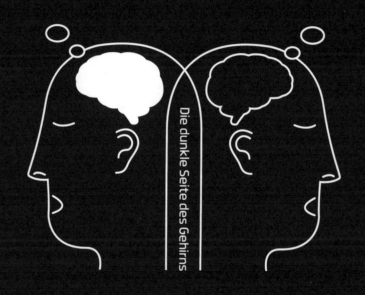

Die dunkle Seite des Gehirns

잠재의식의 현실 필터

잠재의식은
주관적 현실을 만들어낸다

　　마술은 정말 멋지다. 나는 특히 생각을 읽는 마술을 좋아한다. 유명한 TED 강연에서 '멘탈리스트' 데런 브라운(Derren Brown)은 관중들에게 이름과 함께 생각을 보내달라고 했다. 그러고는 눈을 가린 채로 앞쪽 중앙에 앉아 있는 앨런이라는 남자가 (실제로) 그에게 생각을 보낸다고 느꼈다(앨런은 이를 인정했다). 앨런은 테드 강연을 들으러 온 평범한 청중이지 브라운이 심어놓은 지인이 아니었다.

　　그런 다음 브라운은 앨런의 별자리를 알아맞혔고 앨런이 지금 컴퓨터 비밀번호를 생각한다는 것을 알아맞혔다. 그러고는 앨런에게 비밀번호의 철자 하나를 생각해보라고 했고 그 철자('I'였다)를 정확히 알아맞혔을 뿐 아니라 앨런이 처음엔 'B'를 생각했다는 것까지 알아맞혔다. 그밖에도 브라운은 앨런이 드럼치는 것을 즐기고 회사를 매각할 계획을 가지고 있음을 '감지했다.' 이 회사가 피부 관리와 관련 있다는 것도 맞혔다. 마지막으로 앨런이 생각한 컴퓨터 비밀번호까지 알아맞혔다.

이런 마술은 우리를 매혹시킨다. 이런 현상을 이성적으로 설명할 수 없기 때문이다. 잠재의식적으로 그저 '아, 이 사람 생각을 읽네'라고 설명할 수밖에!

이제 이런 독심술을 비로소 놀라운 것으로 만드는 뇌생리학적 현상이 나타난다. 바로 잠재의식이다. 우리의 잠재의식은 비이성적인 설명에 '진짜'라는 꼬리표를 달아주고 우리는 마술사가 생각을 읽을 수 있는 현실 속에서 살아간다. 마술사는 자신의 직업 활동을 한다. 그러나 잠재의식은 자신의 일을 한다. 우리의 의식적인 사고가 명백히 이성적 설명을 만들어낼 때에야 비로소 잠재의식은 자신의 현실 필터를 연다.

이제 의식적인 사고는 이렇게 말한다. "데런 브라운은 능숙한 소매치기야. 공연 전에 여남은 명의 지갑에서 개인정보를 캐냈을 거야. 심지어 그곳에 컴퓨터 비밀번호가 메모되어 있는 것을 보았을 거야. 어떤 '멘탈리스트'도 생각을 읽을 수는 없어. 모든 텔레파시 마술에는 이성적인 설명이 존재해. 몇몇은 속임수가 너무나 복잡해서 내가 여러 번 그 해법을 눈여겨보지 않고는 이해할 수 없지만 말이야."

따라서 잠재의식은 현실 필터를 가지고 있다. 이런 필터가 열려야만 의식적인 사고가 현실이 무엇인지 알아차릴 수 있다. 잠재의식의 현실 필터가 닫혀 있으면(이것이 기본 설정에 해당한다) 잠재의식적 사고가 '우리의' 현실을 결정한다. 그러면 우리는 멘탈리스트가 생각을 읽을 수 있는 현실에 산다. 그 현실에서는 손안에 든 확실한 참새가 지붕 위의 위험한 비둘기보다 더 가치가 있고, 체리는 10센트, 사과는 1유로다(78쪽 '잠재의식은 뇌의 어디에 깃들어 있을까?' 참조). 그리하여 우리는 우리가 속한 집단에 의해 잠재의식적으로 내면화된 가치·규칙·태도가 일반적으로 통용되는 현실에 산다.

그러나 의식적으로 잠재의식적 사고를 점검한다면, 잠재의식의 현실 필터가 열리고 현실에 새롭게 접근할 수 있다. 우리는 때로 느리고 이성적이고 힘든 사고를 통해서만 현실은 잠재의식적 사고가 우리에게 거짓으로 보여주는 것과는 다르다는 것을 알아차린다. 가령 마술이 어떻게 가능한지를 이성적으로 곰곰이 생각하는 것처럼 말이다.

여기서 잠깐 주관적 현실(subjektive Wirklichkeit)의 개념을 설명하자면, 그것은 우리가 현실로 경험하는 것을 말하며 현실의 모델이라 실제와 일치할 수 있다. 하지만 우리는 많은 경우 착각을 현실로 간주하고 실제 현실과 일치하지 않거나 부분적으로만 일치하는 현실에서 살아간다.

영화관에 가면, 잠재의식적 현실 필터가 작동하는 것을 실감할 수 있다. 막이 오르면 현실 필터가 닫혀서 우리는 영화 속 현실을 산다. 이것이 '영화일 뿐'임을 의식할 때에야 비로소 잠재의식적 현실 필터가 열리고 다시 현실로 돌아와 살아간다. 스크린 자막에 'The End'라는 표시가 뜨면 뒤늦게라도 현실 필터가 열리고 영화 속 사건이 실제로 일어난 것이 아님을 알아차린다. 이어서 집에 갈 때면 영화 속 장면에 대한 기억이 실제 있었던 일에 대한 기억이 아님을 안다. 이를 구별하는 것은 쉽고 사소한 일처럼 여겨지지만, 뒤쪽 안와전두엽이 손상된 환자는 이것을 구별하지 못한다.

신경학자인 아르민 슈나이더(Armin Schnider)는 뇌출혈로 병원 신경과에 입원한 은퇴 신경정신과 의사의 사례를 들려준다. 그녀는 자신이 이 병원에서 신경정신과 의사로 일하고 있다고 확신한 나머지 자꾸만 병동을 이탈하려 했다. 환자들이 외래에서 자신을 기다리고 있으니 얼른 가서 진료해야 한다고 굳게 믿었다. 뇌의 심한 염증으로 인해 안와전두엽이 손상된 젊은 여변호사 역시 곧 중요한 재판이 있다고 확신해 필사적으로 자신의 서류를 찾으려 했다.[1]

그 둘은 모두 뇌 속에 있는 현실 필터가 손상되어 기억 속의 일을 현재의 현실로 여겼던 것이다. 건강한 사람의 경우 현실 필터가 기억은 현재의 현실이 아니라고 신호해준다. 하지만 두 환자는 뒤쪽 안와전두엽 손상으로 인해 이런 기능이 작동하지 않았다.

망상이나 환각 등 현실 왜곡 증상을 보이는 조현병 환자도 비슷한 양상을 드러낸다. 그들은 현실 필터가 닫혀 있어서 매순간을 잠재의식적 현실 안에서 살아간다.

이런 환자들의 예에서 잠재의식이 무엇이 현실인지를 얼마나 강하게 결정하는지를 알아차릴 수 있다. 의식이 아닌 잠재의식이 현실을 좌우하는 것이다. 우리는 자신이 늘 이성을 도구로 사용하며 현실을 객관적으로 인식할 거라고 생각한다. 하지만 실상은 다르다. 주관적 현실이 실제 현실과 일치하지 않는 경우가 많다. 뇌가 비현실적인 방식으로 자신의 현실을 만들어내기 때문이다. 잠재의식이 어떤 생각에 '진짜'라는 꼬리표를 달자마자 객관적으로 사실인지와 무관하게 그 내용은 우리의 현실이 된다. 매혹적인 잠재의식이 관여하자마자 우리가 객관적이라고 여기는 것은 너무나 주관적인 것이 될 수 있다. 그리고 잠재의식은 대부분 부지불식중에 손을 쓴다.

무엇이 진실인지 어떻게 알까?

주위를 둘러보고 지금 막 꿈을 꾸고 있다고 잠시 상상해보라. 지금 경험하는 것이 꿈인지 현실인지 어떻게 알까? '현실감'으로 그것을 알 수 있다고 대답할지도 모른다. 하지만 현실이라는 느낌은 바로 잠재의식에서 연유하는 것으로 굉장히 기만적인 것이다. 앞에 소개한 환자들도 마찬가지로 이런 느낌을 갖고 있다. 그래서 자신들의 생각이 사실이라고 강하게 확신하는 것이다. 현실감은 잠재의식적으로 생겨나는 것이며 현실 필터가 열려 있는지 닫혀 있는지와는 무관하다.

우리는 꿈을 꾸면서도 현실이라 느낀다. 그래서 꿈은 그렇게도 진짜처럼 느껴진다. 꿈이 현실처럼 느껴지기에 잠에서 깨어나 현실 필터가 다시 열리고 우리가 경험한 것이 꿈이었음을 깨닫는 데 잠시 시간이 걸린다.

따라서 자신이 깨어 있는 상태인지 꿈꾸는 상태인지를 어떻게 의식적이고 이성적으로 감지할 수 있을까? 잠들기 전까지 또는 꿈꾸기 전까지 있었던 그날 하루의 경험을 재구성할 수 있거나 또는 그 경험에서 논리적이지 않은 것을 전혀 발견할 수 없을 때, 현실인지 꿈인지 인식할 수 있을지도 모른다. 현실에서는 자신이 날아다니거나 오래전에 끝난 시험을 다시 보는 일이 있을 수 없기 때문이다. 따라서 자신의 예측 모델이 잘 들어맞으면(172쪽 '미래를 예측하는 잠재의식의 수정 구슬' 참조) 깨어 있다고 유추할 수 있다. 따라서 우리는 현실 의식을 갖고 있지만, 환자들은 그것을 잃어버린 것이다.

그러나 유감스럽게도 현실을 의식하는 것 역시 굉장히 기만적이다. 현실 경험을 능동적으로 지어낼 수 있기 때문이다. 오스트리아의 심리학자 파울 바츨라비크(Paul Watzlawick)와 다른 연구자들은 이런 현상으로부터 '구성주의'라는 새로운 학문을 창시했다. 가령 '자기충족적 예언'이 맞아떨어지는 것은 우리가 그 예언 실현을 위해 노력하기 때문인 경우가 많다.

교사가 어느 학생이 지능이 높다는 허위 정보를 갖고 있는 경우, 정말로 학년말이 되면 이 학생이 두각을 나타낸다. 과학자들이 자신들이 사육한 쥐 한 마리가 특히 지능이 높다고 믿는 경우, 그 쥐를 몰래 일반 쥐로 바꿔치기했는데도 이 일반 쥐가 미로 찾기를 더 잘한다.

능동적으로 행복을 일굴 수 있다고 믿는 사람들은 운명이 자신의 삶을 좌우한다고 믿는 사람들보다 더 행복감을 느낀다.

현실 필터를 알면 이런 일을 더 잘 설명할 수 있다. 잠재의식은 능동적으로 주관적인 현실을 만들어낸다. 만약 우리가 자신의 현실이 어떻게 만들어지는지 이해하기를 원한다면 잠재의식이 어떻게 관련되는지를 알아야 한다.

현실 필터는 집단 압력하에서 열린다

주관적 현실을 구성할 때 잠재의식은 집단이 진실로 여기는 것을 기준으로 삼는다. 내(內)집단이 미신을 믿거나 신이 비를 내려준다고 믿는다면 그 집단에 속한 개인도 그것을 믿는다. 주관적 현실, 즉 현실 모델은 잠재의식적으로 집단에 대한 동조 욕구에 좌우되기 때문이다.

러시아의 우크라이나 침공이 시작되었을 때 우크라이나에 살던 젊은 러시아인들은 러시아의 부모들에게 전화를 걸어 군대가 들어오고 폭격이 이루어지고 있다고 말했다. 그때 많은 부모가 자녀들의 말을 믿지 못했다. 러시아의 언론 통제로 인해 부모들은 러시아 군대가 네오나치로부터 우크라이나를 해방시키고 궁핍한 우크라이나인들에게 의복과 음식을 제공한다고 철저히 믿었기 때문이다. 그들은 그런 집단적 현실 속에서 살았던 것이다.

동조 현상은 주관적인 현실에까지 이어진다. 잠재의식은 우리가 속한 집단이 진실이라 여기는 것을 진실로 판단한다. 잠

298

재의식은 집단에 맞추어 자신의 현실을 만들어낸다. 우리의 잠재의식에게는 무엇이 정말로 사실인가가 중요하지 않고 집단이 무엇을 사실로 보는가가 중요하다. 두 집단이 현실에 대해 서로 다른 견해를 가지고 있으면, 집단 구성원들은 서로 다른 주관적 현실을 살아간다.

홀로코스트를 부인하는 사람, 종파나 음모론을 신봉하는 사람, 전쟁 중인 나라의 국민 등은 모두 내(內)집단 구성원으로서 외(外)집단 구성원들과는 다른 현실을 살아간다. 집단 압력은 엄청나게 강한 경우가 많다. 집단의 현실에 다른 목소리를 내거나 의문을 제기하거나 비판하는 사람은 처벌받거나 배제되기 때문이다. 그런 사람은 규범을 어기는 사람에게 향하는 것과 똑같은 분노에 직면한다.

종파나 극우단체, 테러 조직을 떠난 사람들은 한결같이 자신이 속한 집단에 사회적으로 깊이 박혀 있는 느낌이라서 집단에서 배제당할까봐, 또는 모든 사회적 관계가 단절되고 나아가 폭력적인 제재를 당할까봐 겁이 났다고 증언한다. 이런 마음 때문에 자못 '순진'하게 집단이 표방하는 내용에 무턱대고 동조했었노라고 말한다. 집단 압력하에서 잠재의식적 현실 필터는 터무니없는 생각을 향해 열려 이런 생각을 자신의 현실 모델로 받아들이게 된다. 집단에 위배되는 사고에 대해서는 잠재의식이 현실 필터를 닫아둔다.

다행히 자기 집단의 불합리한 점들을 의식적으로 발견하거나 그 집단에 속하는 것이 자신의 존엄과 자기결정권, 삶의 질을 떨어뜨린다는 것을 발견함으로써 현실 필터가 결국 다시 열리는 경우에는 그런 집단에서 빠져나올 수 있다. 그런 마음이 든다면 상담센터, 셀프헬프 그룹, 혹은 그렇게 용기를 낸 사람들의 유튜브 동영상이 도움이 될 것이다. 자신의 정체성은 집단 정체성이 아니며, 집단 정체성을 포기함으로써 자신의 진짜 정체성을 찾을 수 있음을 의식하는 것이 도움이 될 수 있다(256쪽 '집단 정체성과 외집단에 대한 반응' 참조).

최고의 설득은
공통점을 찾는 것에서 비롯된다

사람은 같은 집단에 속해 있다 해도 서로 다른 주관적 현실을 살 수 있다. 내집단 구성원 사이에 갈등이 일어났을 때 대체 이것이 누구 잘못인지를 묻고 의견을 비교해보기만 해도 이를 알아차릴 수 있다. 갈등을 해결하는 데 최대 장애물은 갈등하는 양쪽의 현실 모델이 다르다는 것이다. 양편은 각각 어떻게 행동했는지, 그 원인은 무엇이며 각각의 행동을 어떻게 볼지에 대해 서로 다른 확신을 가지고 있다. 양측의 잠재의식적 현실 필터는 서로 다른 정보를 그냥 지나치도록 하거나 지나치지 않도록 한다. 커플이 다투어 갈라서는 건 서로 다른 현실을 살기 때문이다. 다른 정당·종교·민족 등에 속해 반목하는 사람들도 마찬가지다.

그렇다면 무엇이 양쪽의 화합에 도움이 될까? 모든 갈등에도 불구하고, 두 현실이 공통으로 가진 것, 즉 두 현실이 공유하는 것들을 의식적으로 찾아보는 것이 도움이 된다. 아무리 심하게 반목하는 사람들이라도 실상을 들여다보면 막상 수많은 것에 대해서는 서로 생각이 같은데, 몇 가지 견해 차이 때문에 서로 반목하는 것임을 알 수 있다. 이러한 점을 의식하면 서로의 입장을 이해하기가 더 쉬워진다. 최상의 설득 작업은 공통점을 찾는 데서 비롯된다.

양편이 공통의 현실을 공유하기를 바라는 건 욕심이다. 이런 해피 엔딩 시나리오는 대부분 상대방이 제발 나처럼 생각해주기를 바라는 마음에서 나온다. 하지만 그건 쉽지 않다. 사람이 현실에 대한 자신의 관점을 강하게 고집하는 것은 잠재의식적인 손실 회피 경향으로 말미암아 자신의 현실을 포기하는 것을 두 배로 힘들어하기 때문이다. 그점을 의식하면 좀 위안이 될 것이다.

현실 필터를 어떻게 열 수 있을까?

의식적인 생각이나 내재된 기억도 현실 필터를 열 수 있다. 서로 다른 영역의 신경세포들이 계속 동시에 발화할 때 현실 필터가 열린다. 동시적 뉴런 활동이 강할수록 잠재의식적 현실 필터가 열릴 가능성이 높아진다.[2] 그리하여 논리적인 의식적 사고는 필터가 열릴 가능성을 높인다. 예를 들어 부정적인 감정을 의식적으로 알아차림으로써 현실 필터를 열면 감정적 흡인 효과를 잠재울 수 있고, 이를 통해 끔찍하게 커 보였던 문제가 전보다 훨씬 작고 하찮아 보이게 된다(25쪽 '감정의 소용돌이와 흡인 효과' 참조).

이런 식으로 현실 필터가 열리는 것은 영화를 보는 상황과 비슷하다. 영화관에서 우리는 모든 것이 '영화일 뿐'임을 의식적으로 생각하지 않는가. 혹은 부정적인 생각의 고리를 의식적으로 인식하고 이것이 '단지 생각일 뿐임을' 확인할 때도 현실 필터가 열린다.

안와전두피질은 그런 식으로 신피질의 동기화(Synchronisation)를 억제한다. 즉, 잠재의식은 현실 필터를 의식적으로 여는 것을 억제하여 비합리적인 생각과 환상을 유지하도록 하는 것이다. 감정 조절이 때로 어렵게 느껴지고 의식적이고 합리적인 사고가 그리도 힘든 까닭이 바로 그것 때문이다. 현실 필터를 여는 데는 노력이 필요하다.

한편, 안와전두엽의 도파민 과잉은 현실 필터를 여는 것을 방해한다. 그리하여 안와전두엽에 도파민이 과잉된 조현병 환자는 현실 감각을 잃어버리며 갓 사랑에 빠진 연인들은 세상을 장밋빛으로 본다. 현실 감각을 상실한 환자들과 마찬가지로 건강한 사람들 역시 자신만의 현실 속에서 살아가는 경우가 부지기수다. 다만, 환자와 건강한 사람의 결정적인 차이는 건강한 사람은 현실 필터가 환자들보다 더 쉽게 열린다는 점이다. 따라서 외계인이 5G 무선 기술을 통해 자신들의 머리에서 생각을 끄집어내려 한다는 말이 어불성설임을 이성적으로 확신할 가능성이 높다.

뒤쪽 안와전두엽이 손상된 환자는 자신의 기억을 현재의 현실로 여기며 조현병 환자들은 망상을 현실로 여긴다. 음모론자들은 자신들의 이론을 현실로 여긴다. 우리 자신도 세계에 대한 우리의 시각을 현실로 여긴다. 우리 모두는 자신의 현실 표상이 진짜 현실과 일치한다고 생각하지만, 이것은 조현병 환자와 마찬가지로 잠재의식이 현실을 보는 우리의 시각을 현실로 느끼게 하기 때문이다. 사실 조현병 환자의 망상, 음모론에 대한 믿음, 혹은 자기 이론에 대한 과학자의 믿음 사이에는 현실 필터의 활동에 작은 단계적 차이가 있을 뿐이다.

도널드 트럼프와 그의 지지자들은 선거에서 패배했다는 객관적인 사실 앞에서도 현실 필터가 열리지 않는다. 반면 알베르트 아인슈타인은 현실 필터가 계속해서 열려 있어서 이론적 숙고들을 수정할 수 있었다. 자신의 현실에 의문을 제기하고 현실 필터를 여는 것은 사물에 대한 우리의 시각을 확장시켜준다. 그러므로 자신의 현실에 거듭 의문을 제기할 이유가 충분하다.

현실 필터는 잠재의식의 안전 조치다

어떤 것이 잘못된 생각이고, 어떤 것이 옳은 생각인지를 분간하는 데 의식이라는 훨씬 유용한 도구가 있는데도 잠재의식은 어찌하여 현실 필터를 가지고 있는 것일까?

진화에서 현실 필터는 굉장히 유익한 것이었다. 위험한 상황에서 현실 필터는 계통발생적으로 더 늦게 생겨난 신피질의 기능, 즉 행동 선택지에 대한 이성적인 숙고보다 안와전두엽의 기능(위험 회피 경향, 위험 감수 경향, 평가 기능 등)에 더 우선순위를 부여한다. 이때 현실 필터는 안전 조치로 기능할 뿐이다. 위험한 상황에서 진화적으로 입증된 감정 체계가 의식에게서 주도권을 넘겨받기 때문이다. 이때 현실 필터는 닫혀 있어 신피질이 상황을 처리하는 데 끼어드는 것을 막는다. 상황이 위험할수록 신속한 결정이 중요하게 인식되고 의식, 즉 신피질이 지휘권을 넘겨받는 것이 어려워진다. 그리하여 곤궁에 처해 있다고 느낄 때면 순식간에 눈앞이 깜깜해지고 걱정과 두려움을 의식적으로 통제하기가 힘들어진다.

같은 이유로 현실 필터는 뇌의 예측 모델을 감시한다. 정확한 예측 모델은 생존에 중요하다. 가령 메뚜기는 폴짝 뜀뛰기를 해 도망갈 것이고 딱정벌레는 그러지 않으리라는 잠재의식의 예측 능력은 들쥐의 생존에 엄청나게 중요하다. 그리하여 안와전두엽은 현실 필터를 닫힌 상태로 유지하여 예측 모델을 보존한다.

나는 내 뇌의 예측 모델을 꿈이나 생각을 통해 쉽게 바꿀 수 없다. 내가 스스로 날 수 있다는 상상의 나래를 편다 해도 잠재의식적 예측 모델은 그것에 반응하지 않는다. 현실의 변화만

이 새로운 예측 모델을 필요로 하며 그 외에는 기존의 모델이 보존된다.

현실의 변화는 경험으로 인식된다. 그리하여 예측 모델이 바뀌려면 현실 필터를 열어야 한다. 예를 들면 "음… 이런 행동은 이제 전혀 이득이 되지 않는군" "전에 이익이 되었던 것이 이제 손실이 되는군" "아하, 이제 여기선 더 이상 이익이 되지 않아. 저쪽으로 가보자" 하는 식이다.

현실 모델과 예측 모델은 서로 긴밀히 연관된다. 나의 현실에서는 내가 버튼을 누르면 식기세척기가 작동하고 수도꼭지를 돌리면 물이 나오며 활로 바이올린을 켜면 소리가 난다. 예측 모델 없이는 현실 모델도 무너질 것이다. 그러면 모든 사건은 전혀 예측할 수 없고 세상은 견딜 수 없이 혼란스러워지며 나는 초현실주의 세상에 살게 될 것이다. 갑자기 식기세척기가 돌아가고 생각지도 못했는데 수도꼭지에서 물이 흘러나오고 바이올린이 우연히 무시무시한 음을 내기 시작하는 세계 말이다.

반대로 유용한 현실 모델이 없으면 예측 모델은 빠르게 붕괴해버릴 것이다. 예측 모델이 특정 상황에 유효한지 아닌지를 알아야 하기 때문이다. 가령 전자제품 매장에서는 식기세척기 버튼을 눌러도 식기세척기가 켜질 거라고 기대하지 않는다.

병원에서 재판을 준비하기 위해 연신 서류를 찾던 환자의 뇌는 기대가 번번이 실망으로 끝나는 것에 적응할 수 없었고 계속 가상현실을 살았다. 뒤쪽 안와전두엽이 손상된 동물은 자신의 예측 모델을 더 이상 새로운 상황에 맞추지 못해 예전과 같은 장소에서, 하지만 지금은 먹이 대신 전기 충격이 제공되는 곳에서 계속해서 먹이를 찾는다.

잠재의식의 현실 필터를 통해 자율적 의식이 가능하다

그밖에도 진화 과정에서 현실 필터는 안와전두엽이 기억을 기억으로 인식하게 하여 다음 날 아침, 전날에 뭔가를 생각만 했는지, 아니면 정말로 경험했는지를 알 수 있게 해준다. 그리하여 현실 필터는 정신적으로 과거로 여행을 떠날 수 있게 해준다. 현실 필터가 자전적 기억에 현재의 현실이 아닌, 기억이라는 꼬리표를 붙이기 때문이다. 이를 전문용어로는 현실 필터를 통한 '자율적 의식(autonoetisches Bewusstsein)'이 가능하다고 말한다. 자율적 의식이란 자신에 관한 기억과 생각을 의식하는 것을 말한다. 병동에서 자신의 서류를 찾던 변호사와 외래 병동에 가서 환자들을 진료하고자 했던 은퇴한 신경정신과 의사는 자신의 자전적 기억이 현재의 일부가 아니라는 것을 더 이상 알아차리지 못했다.

자율적 의식은 또한 과거의 것이 어느 만큼 현재로 이어졌는지를 숙고할 수 있게 한다. 가령 나는 음대에 다니던 시절을 떠올릴 수 있고, 동시에 내가 졸업 연주회를 끝낸 다음 날 아침, 라이프치히에서 심리학과 사회학을 공부하기 위해 동생과 함께

라이프치히행 열차를 타지 않았다면 내 인생이 어떻게 달라졌을까를 상상할 수 있다.

하지만 현실 필터는 기억 기능으로 우리를 심각하게 속일 수도 있다. 자전적 기억, 즉 전혀 일어나지 않았던 사건에 대한 잘못된 '기억'을 나중에 지어낼 수도 있기 때문이다. 실험에서도 그런 '가짜 기억'이 이식 가능한 것으로 나타났다.

이런 실험에서 기억 이식 작업이 이루어진 실험 참가자는 어릴 적에 디즈니월드에서 '벅스 버니'를 만나서 악수했고 벅스 버니가 상냥하게 인사해주었다는 기억을 떠올렸는데 사실 이것은 불가능한 일이다. 벅스 버니는 디즈니의 캐릭터가 아니기 때문이다. 여러 연구는 안와전두엽이 거짓 기억에 관여한다는 것을 보여준다. 안와전두엽이 거짓 상상을 실제 있었던 일로 여기게끔 하는 것이다.[3]

거짓 기억을 의도적으로 심는 것은 대부분 실제로 있었던 사건과 연관되어 이루어진다. 실험에서는 참가자의 약 3분의 1에서 거짓 기억 이식에 성공한 것으로 나타났다. 실생활에서는 아마도 모든 이가 결코 경험하지 않았을 일들을 '기억'할 수 있다. 현실 필터가 잠깐 열리기만 해도 이식된 기억이 실제 기억처럼 느껴지는데, 이는 치명적인 결과를 초래할 수 있다. 심층 심리치료 과정에서 잘못해서 트라우마적 경험에 대한 위조된 기억이 새겨질 수도 있기 때문이다. 심리치료사가 아이가 실제로 경험한 일에 덧대어 반복적으로 신체폭력이나 성폭력 등 당시에 일어날 수 있었던 일들을 떠올려보도록 제안할 경우 이런 일이 쉽게 발생한다. 심리치료 과정에서 비로소 떠올랐다는 성적 학대 혐의로 인해 많은 경우 법정 소송으로 이어지기도 한다.

심리학자 엘리자베스 로프터스(Elizabeth Loftus)는 특정 기억이 틀림없이 거짓 기억임을 입증할 수 있는 사례들을 발견했다.[4] 이 주제는 논란이 분분한 지뢰밭이다. 어린 시절의 트라우마적 기억이 훗날의 문제를 푸는 열쇠가 될 수 있는 상황에서 많은 심리치료사들은 트라우마적 경험에 대한 기억이 억압될 수 있다고 본다. 하지만 과학적 데이터는 특별한 예외를 제외하면, 트라우마적 경험은 잊히지 않고 세세하게 기억에 남는다는 것을 보여준다.[5]

거짓 기억은 잠재의식이 개인의 주관적 현실을 만들어낸다는 것을 보여주는 또 하나의 예다. 현실 필터가 자칫 잘못된 순간에 한 번 열리면 사람은 전혀 일어나지 않았던 예전의 삶을 기억하거나 심지어 자신이 외계인에게 납치당했다고까지 기억한다.

한편, 잠재의식의 현실 필터는 과거의 몇몇 사건을 더 '현재적'으로 만들기도 한다. 따라서 원래보다 더 생생하게 재현함으로써 현재화하는 것이다. 그리하여 과거에 엄청 스트레스를 받았거나 트라우마적인 사건 혹은 화가 나는 사건은 원래보다 더 현재적인 것으로 느껴진다. 잠재의식은 그런 사건들을 체감상 현재의 일부로 만들어 과거의 사건을 생생하게 떠올리고 스트레스를 주는 부정적 기억에 과도하게 매달리게 한다.

이런 경우 과거의 사건들은 정말로 지나간 과거에 속한다는 것을 명확히 인식하는 것이 도움이 된다. 따라서 더 이상 바꿀 수 없는 사건이라는 것을, 그러나 현재와 미래는 적극적으로 바꾸어가고 일구어나갈 수 있다는 것을 인식하는 것이다.

현실 필터는 생존 필터다

현실 필터는 위험 회피 경향, 위험 감수 경향, 손실 회피 경향을 통해 일어나는 왜곡된 현실을 비롯해 모든 잠재의식적 생각과 착각을 현실로 여긴다. 이런 왜곡은 선택지, 즉 가능한 이익과 손실의 주관적 가치를 진화적으로 입증된 방식으로 평가한다. 선택지를 고르는 일에서는 개체와 종의 생존이 가장 중요하다.

현실 필터는 생존 필터이기도 하다. 그리하여 잠재의식은 현실 필터를 통한 통제에 매몰되어 때로는 필터를 여는 것을 매우 주저한다. 필터를 여는 것이 손해로 이어지거나 이익이 되지 않을 듯하면, 현실 필터를 그냥 닫힌 채로 유지한다. 딱정벌레와 메뚜기의 문제뿐 아니라 집단에 소속되는 것과 집단에 받아들여지는 일도 마찬가지다.

이익을 얻거나 집단의 견해를 수호하기 위해 뇌는 진실을 자신의 관심사에 부응하게끔 왜곡한다. 그러면 진실이 아닌 것이 진실로 느껴지며 적어도 더 이상 거짓이나 고통으로 느껴지지 않는다.

리먼브라더스 경영진은 위험한 대출을 나 몰라라 여기는 전도된 현실 속에서 살았으며, 몇몇 폴크스바겐 경영자들은 이윤 앞에서 배기가스 측정치를 조작하도록 설비해도 괜찮다고 여겼다. 보잉의 신임 최고경영자들의 현실에서는 비용이 많이 드는 안전 조치가 너무 과한 것으로 여겨져 결국 737 MAX 항공기 두 대가 추락하는 결과를 빚고 말았다. 이런 사람들의 잘못된 사고방식은 특히 높은 대가를 지불해야 했다.

하지만 자신의 현실을 잠재의식적으로 자신이 좋을 대로 해석하는 것은 경영자들만이 아니다. 우리 모두가 그러하다. 우리 뇌의 어두운 면이 우리에게 그런 작업을 도와준다. 잠재의식 현실 필터가 '인지 부조화'를 제거할 수 있기 때문이다. 다음 장에서 이 이야기를 해보자.

인지 부조화와 현실의 재구성

이솝 우화에서 여우는 포도를 먹고 싶은데 포도가 너무 높은 가지에 매달려 있어 딸 수 없자, 이렇게 중얼거린다. "어차피 저건 시어서 못 먹어." 여우는 이런 말을 통해 소망과 현실 사이의 모순으로 인한 '인지 부조화(kognitiven Dissonanz)'를 해결한다. 레온 페스팅거(Leon Festinger)의 '인지 부조화' 이론은 사회심리학의 가장 영향력 있는 이론이자 가장 유명한 심리학 주제 중 하나다.

인지 부조화 이론을 간단히 정리하면 이렇다. 우리 내면에서로 충돌하는 두 가지 생각이 있으면 불편해지며 이런 갈등을 제거하고 싶은 강한 욕구가 생겨난다. 자신의 태도, 가치 혹은 목표와 상충하는 결정을 내릴 때도 마찬가지다.

인지 부조화는 자각적 갈등이 있을 때, 즉 자신에 대한 생각이 현실과 모순될 때 특히 강하다. 여우가 포도를 따지 못할 때, 우리는 전혀 인지 부조화를 느끼지 않는다. 하지만 스스로가 따고 싶은데 그럴 수 없을 때는 인지 부조화를 느끼고 인지 부조화를 느끼지 않도록 현실을 재구성한다. 자신이 무능하다거나 잘못했다거나 거부당했다는 느낌처럼 자기 개념과 일치하지 않는 의견이나 판단이나 생각이 들지 않도록 현실을 재구성하는 것이다.

거짓말을 하면 양심의 가책이 생겨 기분이 나쁘므로 이런 경우에도 기분이 나아지도록 현실을 왜곡한다. 그리하여 거짓말이 본질적으로는 진실이고 상대방에게 상처주지 않으려는 고상한 동기에서 나온 '하얀 거짓말'일 뿐이라고 스스로 합리화한다. 스스로를 더 높이 평가할수록, 성실과 정직과 신뢰를 더 중요하게 생각할수록 거짓말이나 속임수를 쓰지 않는다. 이것이 자신의 가치와 상충되기 때문이다.

우리는 인지 부조화를 피하기 위해 잠재의식적인 세계관이 비슷한 사람들과 어울리기를 좋아한다. 운동을 싫어하고 건강하지 못한 식생활을 하는 사람들과 어울리면 건강에 소홀한 나의 행동이 그리 불쾌하게 생각되지 않는다. 세상일에 계속 불평을 늘어놓는 집단에 속해 있으면 나의 염세적인 세계관을 마음껏 펼칠 수 있다. 또한 스스로가 고분고분하고 남의 말을 잘 듣는다고 생각하는 사람은 자신을 이끌어주는 사람들과 어울리기 쉽다. 반면 스스로를 리더라고 생각하는 사람은 자신을 잘 따르는 사람들과 어울리게 될 것이다.

잠재의식은 현실 필터를 도구로 인지 부조화를 해결한다. 불쾌한 인지 부조화가 있을 때 현실 필터는 지금의 현실을 좀 더 잘 받아들일 수 있게 해주는 쪽으로 열린다. 잠재의식은 열린 현실 필터를 통해 우리의 세계관을 상황에 맞게 조정한다. 그러면 불쾌감이 사라지고 다시금 생각이 말끔히 정리된다.

현실을 상황에 맞게 재구성함으로써 인지 부조화를 제거하는 몇몇 예를 들어보자.

상황에 맞지 않은 판단은 변경시켜 상황에 맞도록 한다. 비행기가 연착한다고 뜨면 "아, 잘됐네, 그러잖아도 출출한데 요기 좀 하자"고 말한다. 지원했던 회사에 낙방하면 "어차피 그 회사는 내게 맞지 않아"라고 한다. 사려고 했던 품목이 품절이면 그 기회에 다른 것을 사고, 이제 새로 산 것이 더 낫다고 생각한다. 의견이나 가치관을 변화시킬 때도 마음속에서 마찬가지 과정이 진행된다.

새로운 생각을 덧붙임으로써 잘못된 행동을 정당화하거나 설명한다. 가령 흡연자는 이렇게 말한다. "흡연은 건강에 해롭지만 마음을 가라앉혀줘. 그래서 살 만하게 해줘. 게다가 니코틴은 치매를 예방한다잖아." 불가피하게 거짓말을 할 때는 어쩔 수 없는 더 높은 동기를 지어낸다. 가령 선물이 마음에 들지 않는데 마음에 든다고 거짓말을 하고는 상대의 마음을 상하게 하지 않으려면 어쩔 수 없었다고 정당화한다. 또는 뭔가를 잘못해놓고 이렇게 말한다. "그래, 이번엔 잘못했어. 하지만 전에는 비슷한 상황에서 이미 모범적으로 잘해냈잖아. 늘 완벽한 사람은 아무도 없어."

어떤 행동, 생각 등을 별것 아닌 것으로 치부해 그런 행동이나 생각을 중요하지 않게 만들어버린다. 흡연자는 가령 이렇게 말한다. "흡연은 질병에 걸릴 위험을 높일 뿐이야. 하지만 나 같은 체질은 담배를 피워도 별로 위험하지 않아. 위험성이 굉장히 낮거든. 그래서 흡연의 유해성은 내게는 해당되지 않는 이야기야." 또는 이렇게 말한다. "달콤한 간식은 건강에 좋지 않고 비만을 유발해. 하지만 고작 쿠키 하나인데 뭐. 이 정도는 괜찮아." 또는 "비행은 기후에 해를 끼쳐. 하지만 나 하나쯤 비행기 여행을 포기한다고 해서 달라질 건 없어."

자신의 세계관에 위배되는 정보를 적극적으로 피한다. 가령 무시하거나 부인한다.

인지 부조화는 안와전두엽에서 생겨나고 그곳에서 해결된다. 심리학자 매튜 리버먼(Matthew Lieberman) 팀은 실험 참가자들에게 간식을 제시하고 이 간식을 얼마나 좋아하는지 1부터 10까지 점수를 매기도록 했다. 이어 두 개의 간식을 선택지로 주고는 그중에서 하나는 참가자들이 집에 가져갈 수 있도록 했다. 하지만 연구팀이 제시한 간식은 실험 참가자가 앞서 비슷한 점수를 준 간식들이라 둘 중 하나를 고르는 게 쉽지 않았다. 그런데 간식을 최종적으로 고른 뒤 참가자들에게 다시 한번 그 간식의 매력을 점수로 평가해달라고 부탁하자 참가자들은 이제 자신이 선택한 간식을 확연히 더 좋게 평가하고 거부한 것은 훨씬 더 나쁘게 평가했다. 선택한 간식은 상당히 훌륭하고 거부한 간식은 매력적이지 않은 것으로 의견이 변한 것이다.

　실험 참가자들은 우선 그것을 좋아하기에 골랐지만, 이어서 그것을 골랐기에 더 좋아했다. 이때 의견의 변화가 확연할수록 중간 안와전두피질이 더 활성화되는 것으로 나타났다.[6] 처음 스마트폰을 사기 전에 우리는 몇 주 동안 아이폰을 살까, 안드로이드폰을 살까 고민한다. 하지만 일단 가격을 지불하고 기기를 손에 넣자마자 아이폰(혹은 안드로이드폰)이 갑자기 최상의 선택이 된다.

　심리학자 얀 드 브리스(Jan de Vries)는 이와 비슷한 기발한 실험을 고안했다. 그는 뇌 스캐너 안의 실험 참가자들에게 그들이 다음과 같은 진술을 지지하느냐고 물었다. "도로 교통에서 좋은 모범을 보이는 것은 아이들의 생명을 구할 수도 있다. 나는 최선을 다해 좋은 모범을 보여야 한다." 이것은 모두가 당연히 긍정하는 발언이다.

　이어서 참가자들은 이런 질문을 받았다. "아이가 보는 앞에서 빨간 신호등에 횡단보도를 건넌 적이 있는가?" 앞선 발언을 긍정한 뒤에 이런 질문을 대하는 것은 인지 부조화를 유발한다. 거의 모든 이가 아이가 보는 앞에서 빨간불인데 횡단보도를 건넌 적이 있기 때문이다. 그리하여 뇌 데이터에서 인지 부조화적인 질문을 하면 안와전두엽(및 뇌의 다른 구조)이 활성화되는 것으로 나타났다.[7]

　이런 연구 결과는 잠재의식이 생각과 행동을 변화시키고 정당화하고 별것 아닌 것으로 만들기 위해 현실 필터를 연다는 것을 보여준다. 그리하여 모순되는 생각과 의견이 충돌해서 불편해지지 않도록 하는 것이다. 그러므로 자신의 입장과 의견을 변화시키기 위해 이런 특성을 활용할 수도 있을 것이다. 많은 사람이 행동을 변화시키기 위해 우선 입장을 바꿔야 한다고 생각한다. 그런데 잠재의식은 행동을 바꾸자마자 입장이 따라오게끔 만든다. 그런 예로 일단 건강한 음식을 먹기 시작하면, 건강한 음식이 훨씬 더 맛있게 느껴지고 이전에 건강에 좋지 않은 것을 먹었었다는 것을 거의 믿을 수 없게 된다.

잠재의식은 부조화적인 기억을 떠올리려 하지 않는다

기억도 인지 부조화를 일으킬 수 있다. 어떤 삶의 시기가 전반적으로 부정적인 기억으로 얼룩져 있다면, 그 시절에 경험했던 긍정적인 기억들은 그것과 부조화를 이룬다. 그리하여 파트너와 갈등을 겪다가 헤어졌거나 삶의 위기를 겪은 시절을 떠올리는 사람들은 이 시기에 있었던 즐거운 일을 거의 기억하지 못한다. 마찬가지로 결혼식이나 아이가 태어나서 행복했던 시절을 돌아보면, 이 시기에 힘들었던 일들이 잘 기억나지 않는다. 아기가 태어난 뒤 기뻤던 시절을 떠올리면, 아기가 울어대는 바람에 잠 못 잤던 밤들이 그다지 기억나지 않는다.

이것은 잠재의식이 우선적으로 조화로운 기억에 대해 현실 필터를 열고 부조화스러운 기억에 대해서는 필터를 닫아두기 때문이다. 이런 방식으로 잠재의식은 어떤 삶의 시절과 관련하여 모든 기억이 단순하고 명확한 이미지에 조화롭게 들어맞도록 한다. 잠재의식은 별것 아닌 것으로 만들기, 정당화하기, 부인하기 등 인지적 부조화를 없애는 데 활용하는 방법과 똑같은 방법으로 모순을 해결한다.

기억은 지워지지 않는다. 누군가 우리에게 뭔가를 구체적으로 상기시켜주면 기억도 다시 돌아온다. 하지만 잠재의식은 그런 기억을 활성화하는 것을 달가워하지 않는다.

힘들었던 일을 기분 좋게 정리해버리고 싶다면, 힘들었던 시기에 있었던 긍정적인 일들을 의식적으로 돌이켜보는 것이 도움이 될 것이다. 위기가 가진 긍정적인 측면들을 알아차리는 것도 도움이 된다. 우리가 위기를 견디고 살아남았다는 것, 그것을 견딜 힘이 있었다는 것, 다른 사람이 그렇게 비열하게 굴었어도 똑같이 앙갚음해주지 않았다는 것 등을 말이다. 그렇게 함으로써 힘들었던 삶의 한 장을 더 수월하게 마무리하고 그 시기를 흥미로운 인생 여정의 일부로 만들 수 있다. 나아가 자신의 정신 건강과 행복 증진에도 도움이 될 것이다.[8]

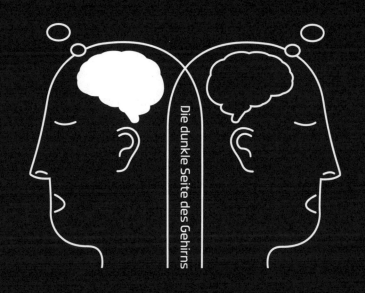

Die dunkle Seite des Gehirns

6

잠재의식적 성격의
유형과 특징

잠재의식적 애착 유형

    1985년 사회심리학자 신디 하잔(Cindy Hazan)과 필립 셰이버(Phillip Shaver)는 〈로키 마운틴 뉴스(Rocky Mountain News)〉에 커플들의 애착 유형을 연구하기 위해 다음과 같은 내용의 설문지를 실었다.[1] '당신이 어떤 애착 유형을 지녔는지 궁금하다면, 다음 세 가지 글을 읽고 어느 것이 당신에게 가장 적합한지 판단해보세요. 당신은 보통 커플 관계 혹은 연애에 대해 어떻게 느끼는지, 또는 특정 파트너에 대해 어떤 감정을 느끼는지를 생각하며 답해보세요.'

❶ 나는 다른 사람들과 친밀해지고 가까운 관계가 되는 것이 비교적 쉬운 편이다. 내가 그들을 믿을 수 있고 그들이 나를 믿을 수 있으면 편안한 기분이 된다. 나는 버림받거나 누군가 내게 너무 가까이 다가오는 것에 대해 걱정하는 일이 거의 없다.

❷ 나는 다른 사람들이 내가 원하는 만큼 나와 친밀해지고 싶어하지 않는다고 느낀다. 나는 종종 내 파트너가 나를 사랑하지 않거나 나를 떠나버릴까봐 걱정한다. 파트너와 아주 가까워지고 싶지만 이런 소망이 때로 다른 사람들을 기겁하게 한다.

❸ 나는 다른 사람들과 친밀하고 가까운 관계가 되는 것이 약간 불편하다. 그들을 완전히 신뢰하는 것이 힘들고 그들에게 의존하고 싶지 않다. 누군가가 너무 가까이 다가오면 신경이 곤두선다. 다른 사람들은 종종 내가 원하는 것보다 내가 그들과 더 가까워지고 더 친밀한 관계를 맺을 수 있기를 바란다.

❶번에 해당하는 사람은 안정 애착(sicheren Bindungsstil)을 가지고 있다. 이런 애착 유형은 자신이 다른 사람들을 필요로 할 때 그들이 자신을 위해 있어줄 거라는 믿음을 가지고 있다. 이들은 다른 사람들을 자신감 있게 대하며 다른 사람들이 자신을 좋아하고 존중해줄 것이라고 확신한다. 그밖에도 이들은 편안하고 긍정적인 자기 확신을 가지고 있어서 다른 사람이 자신을 뒷받침해주고 도와줄 거라고 여긴다. 서로 의지하고 의존하는 것을 긍정적으로 생각한다.

❷번 진술에 해당하는 사람은 불안정-걱정 애착(unsicher-sorgenvollen Bindungsstil) 유형에 속한다. 심리학에서는 이를 불안정-양가 애착 유형이라고도 한다. 이런 애착 유형은 자신은 다른 사람들을 돌보고 신경 쓰는데, 다른 사람들은 자신에게 별

로 신경을 쓰지 않을까봐 걱정한다. 인간관계에 대해 생각이 많고 소외감이나 외로움을 잘 느낀다. 그들은 종종 부정적인 감정을 느끼고 이와 관련한 안 좋은 상상을 펼치며 다른 사람들에게 이런 부정적 감정을 강하게 혹은 충동적으로 표출함으로써 확인받고 기분을 가라앉히려는 경향이 있다. 부정적인 자아상을 가지고 있으며 다른 사람들의 도움과 지도를 기대한다. 다른 사람들이 어떻게 반응할지 불안해하고 친밀하고 가까운 관계를 간절히 바라는 동시에 거절당하고 거부당할까봐 걱정한다.

❸번에 해당하는 사람은 불안정-회피 애착(unsicher-vermeidenden Bindungsstil) 유형에 속한다. 이런 사람들은 혼자 있는 것을 좋아하고, 다른 사람들을 신뢰하는 것을 힘들어한다. 긍정적인 자아상을 가지고 있지만 다른 사람들은 그다지 인생에 도움이 안 된다고 여기고 다른 사람들의 의도를 의심하며 감정적으로 거리를 두려 한다.

안정 애착 유형의 사람들은 불안정 애착 유형보다 따뜻하고 안정적이고 만족스럽고 긴밀한 관계를 맺는다. 자아상이 긍정적이고 일관되며 정직과 신뢰, 사회적 협동 능력을 지닌다. 스트레스도 건설적인 방법으로 극복할 수 있다. 회피 애착 유형은 사람들과 자꾸 거리를 두며 걱정 애착을 가진 사람들은 툭하면 부정적인 생각의 고리를 돌린다.

대부분의 사람은 한 가지 유형만이 아니라 여러 애착 유형을 복합적으로 지니며 서로 다른 사람에게 서로 다른 애착을 갖는다. 부모 중 한쪽에게는 안정 애착을, 다른 한쪽에게는 불안정 애착을 가질 수도 있고 사랑하는 연인에게는 안정 애착을, 다른 사람들에게는 불안정 애착을 가질 수도 있다.

당신이 어떤 사람에게 안정 애착을 가지고 있는지, 아니면 불안정 애착을 가지고 있는지는 자신에게 문제가 생겼을 때 그와 상의하고 도움이 필요할 때 그를 찾고 그에게 자신의 속마음을 솔직히 털어놓는지 여부로 가늠할 수 있다. 그에게 나쁘게 평가받을까봐, 심지어 그가 떠나버릴까봐 걱정하는지, 그가 당신에게 별로 관심이 없거나 당신이 그를 좋아하는 것에 비해 그가 당신을 별로 좋아하지 않는 것 같아 신경이 쓰이는지, 또는 그를 전적으로 신뢰할 수 있다고 확신하는지로 분간할 수 있다. 사랑하는 관계에서 질투나 심지어 폭력이 있다는 건 불안정 애착의 뚜렷한 표지다.

애착 유형은 잠재의식적이다. 잠재의식은 다른 사람에게 애착 행동을 보이게 하고 감정에 영향을 미친다. 잠재의식적 애착 유형이 안와전두엽(잠재의식이 위치하는 곳)의 활성화 정도에 반영되는 것으로 그것을 알 수 있다.

불안정 애착 유형을 가진 사람의 안와전두엽에는 통증 완화 물질로 알려진 내인성 오피오이드(Opioid)와 결합하는 수용체가 더 적다.[2] 통증을 줄여주고 행복감을 유발한다고 알려진 엔돌핀도 내인성 오피오이드에 속한다. 내인성 오피오이드는 또한 사회적 유대감을 만들어내고 사회적 유대와 연결된 행동방식을 부추긴다. 웃음, 놀이, 스킨십, 동작 따라하기 등이 바로 그런 경우에 속한다. 함께 음악을 연주하는 것이나 춤을 추는 것이 사회적 유대감을 만들어내는 이유가 바로 이것이다. 체내 오피오이드의 분비는 인간의 만남을 촉진하고 긴밀한 인간적 유대를 만드는 데 도움을 준다. 따라서 불안정 애착을 가진 사람들의 잠재의식에는 사회적 유대관계를 만들어내는 분자의 수용체가 더 적은 것이다. 뇌 스캐너 측정 결과 불안정 회피 애착 유형에 속하는 엄마는 웃는 아기의 사진을 보아도 안정 애착을 가진 엄마와 비교하여 안와전두엽과 쾌락 중추가 거의 활성화되지 않는 것으로 나타났다. 그런 엄마의 잠재의식은 아기와 사회적 유대관계를 맺도록 자극하지 않는다.[3]

불안정 애착, 특히 불안정-격정 애착 유형은 사회불안장애(사회공포증)로 이어지기 쉽다. 사회불안장애가 있는 사람들은 불쾌한 상황(거부, 실패, 당혹감 등)에 대한 두려움으로 인해 사회적 접촉을 회피한다. 안와전두엽이 접근과 회피를 잘 조절하지 못하는 것이 이런 행동방식에 동반된다. 이런 사람들의 잠재의식은 다른 사람들과 거리를 두고 사람을 회피하게 만든다.[4]

이번 장에서 잠재의식의 특성을 다룬다면서 어찌하여 애착 유형에 대해 이렇게 자세히 설명하는지 궁금할 것이다. 그것은 애착 유형과 성격이 서로 긴밀하게 연관되기 때문이다. 가령 애착 유형에 따라 화를 내는 방식도 서로 다르다.

이스라엘의 심리학자 마리오 미쿨린서(Mario Mikulincer)의 연구에 따르면 안정 애착을 가진 사람들은 화가 나는 일을 합리적으로 평가하여 대부분은 금방 화를 가라앉힌다. 불안정 애착을 가진 사람들과 달리 화를 유발한 사람을 처벌하고자 하는 마음이 그리 강하지 않은 것으로 나타났다.

반면, 불안정-걱정 애착을 가진 사람들은 화를 다스리기가 쉽지 않고 적대감을 동반하는 강한 분노를 경험하는 경우가 많다. 이런 사람들의 잠재의식은 강한 감정적 소용돌이 효과와 생각의 고리를 만들어낸다. 그리하여 경험과 분노를 계속 곱씹는 경우가 많다. 가까운 사람들이 자신의 감정적 필요에 둔감하다는 깊은 잠재의식적 확신 때문이다.

한편, 불안정-회피 애착을 지닌 사람들은 종종 본인들 생각보다 훨씬 화가 많이 난다. 그럴 때 신체는 굉장히 흥분하고 들끓어오르는데 그들은 그것을 숨기거나 굉장히 공격적이고 적대적인 태도로 화를 표출한다. 화가 난 원래 원인과 마주하고자 노력하지 않는다.[5]

잠재의식적 애착 유형은 화를 내는 방식 외에도 여러 특성과 연결된다. 잠재의식적 애착 유형은 성격의 특성들이 발달해 나가는 기본 틀이라 할 수 있다.[6]

★ **감정의 경험과 지각과 표현** : 불안정 애착을 가진 사람들은 안정 애착을 가진 사람들보다 부정적인 감정을 많이 경험한다. 불안정-걱정 애착 유형은 감정을 올바로 분간하는 것이 어려울 때가 많다. 그리하여 긍정적인 감정을 잘 지각하지 못하거나 몸이 보내는 감정적 스트레스 신호에 패닉 반응을 보인다. 불안정-회피 애착 유형은 감정에 대해 이야기하는 것을 꺼리고, 감정표현이 어렵다.

★ **감정과 스트레스 조절** : 불안정-걱정 애착 유형은 잠재의식적으로 자신의 부정적 감정을 강화한다. 그리하여 불안장애나 우울증에 시달리는 경우가 많다. 갈등이 있을 때는 지나치게 감정적이며 비합리적인 요구를 하고 충동적이다. 섣불리 지나친 스트레스 반응을 보이곤 한다. 반면, 불안정-회피 애착 유형은 자주 부정적인 감정을 억누르고 억제한다. 그리하여 겉으로는 '딱딱한 껍질'을 지니지만, 정서 문제의 근본적인 원인은 해결되지 않고 남아 장기적으로 신체적 불편이나 질병에 이른다. 이렇다 할 원인이 없는 만성 통증 같은 불편들은 의학적으로 원인을 확인할 수 없는 경우가 많다. 이것을 '신체화 장애'라고도 부른다. 불안정-회피 애착 유형의 사람들은 스트레스를 받을 때 놀랄 정도로 냉정한 머리를 유지한다.

★ **통증** : 불안정-걱정 애착 유형은 통증 역치가 낮다. 그들은 통증을 더 민감하고 심하게 경험한다. 불안정-회피 애착 유형은 통증 역치가 높으며 통증을 덜 심하게 경험하기에 강해 보인다. 이것은 급성 통증, 만성 통증 모두에 해당된다. 불안정-걱정 애착과 불안정-회피 애착 유형은 안정 애착 유형보다 만성 통증에 시달리는 경우가 많다.

★ **공감** : 불안정-걱정 애착 유형은 불안정-회피 애착 유형보다 타인에게 공감하고 연민을 많이 느낀다. 애착 유형의 서로 다른 경향은 서로 다른 윤리적 판단으로 이어지기도 한다. 가령 인간의 생명을 구하기 위해 고문을 하는 것이 윤리적으로 타당한가 하는 문제

에서도 의견이 다를 수 있다.

★ **사회적 감정적 지각** : 불안정-회피 애착 유형은 감정적인 정보 (긍정적이든 부정적이든)에 별 관심이 없다. 가령 아이들이 어울려 노는 것을 지켜보면서 마음이 찡하거나 감동하지 않는다. 감동적인 상황에서 놀라울 만큼 무덤덤하거나 담담하다. 반면 불안정-걱정 애착 유형은 감정에 예민하며 사람들이 서로 싸우는 등 갈등 상황을 지켜볼 때면 빠르게 스트레스 반응을 보인다.

★ **꿈에 미치는 영향** : 불안정-회피 애착 유형은 다른 사람들에 대해 부정적인 꿈을 꾸는 경우가 많다. 불안정-걱정 애착 유형은 특히 며칠간 스트레스를 많이 받은 뒤에는 개인적 친밀함에 대한 소망이 담긴 꿈을 꾸기도 한다. 또한 이 유형의 부정적인 자아상은 꿈에도 반영되는 경우가 많다. 그래서 종종 시험이 코앞으로 다가왔는데 시험준비를 전혀 하지 않은 꿈을 꾸기도 한다.

애착 유형은 유아기에 형성된다

잠재의식적 애착 유형과, 그와 연결된 잠재의식적 성격 유형은 언제 어떻게 생겨날까? 이것들은 태어나서 첫 몇 년간 발달한다. 잠재의식적인 애착과 성격 유형은 특히 유아기에 형성된다. 모든 아이는 본능적으로 주변의 주요 인물(보통은 엄마와 아빠)과 사랑의 유대관계를 맺고자 한다. 아이는 주변 사람들의 보호와 보살핌, 위로와 도움이 없이는 생존하지 못한다. 아이는 장기적으로 지속되는 안정되고 친밀한 유대관계가 있어야만 자신이 이런 보살핌을 받을 수 있음을 신뢰하고 안정감을 누릴 수 있다. 그래서 다른 사람들과 사랑의 유대관계를 맺는 능력과 그런 관계에 대한 욕구는 인간 실존의 토대를 이룬다.

부모와 맺는 관계에 따라 유년기의 애착 유형이 만들어진다. 20세기의 가장 영향력 있는 심리학자인 영국의 존 볼비(John Bowlby)와 북미의 메리 에인스워스(Mary Ainsworth)는 1950년대와 1960년대에 함께 애착이론을 창시했다. 이들의 이론을 토대로 우리는 아동의 전형적인 애착 유형을 구분해볼 수 있는데, 한 아이가 엄마와 아빠에게 각각 서로 다른 유형의 애착을 갖게 되기도 한다.

★ **유아의 안정 애착** : 아이는 부모가 자신을 보호하고 돌봐주고 도와주고 달래주고 지지해줄 것을 깊이 신뢰한다. 부모는 아이의 신호를 민감하게 잘 이해하고 즉각 적절한 반응을 해준다. 이런 '안전한 기반'을 토대로 아이는 적극적으로 주변 환경을 탐구하고 다른 사람들과 친밀한 관계를 맺고자 하며, 다른 사람들을 신뢰하고 스스로를 존엄하고 사랑스럽고 능력 있고 가치 있고 믿을 만한 존재로 경험하는 가운데, 자신감 있는 라이프스타일을 구축해나간다.

★ **유아의 불안정-걱정 애착** : 부모가 때로는 잘 보살펴주고 때로는 거부하는 태도를 보이므로 아이는 부모가 언제 어떻게 행동할지 거의 예측하지 못한다. 거부하는 행동은 가령 이런 것들이다. 부모는 아기가 어려움에 처했는데도 곧장 돕지 않으며 도움·위로·보호·보살핌에 대한 아이의 욕구에 냉담하거나 언짢은 반응을 보인다. 부모가 스스로 분노와 같은 부정적인 감정을 잘 조절하지 못하고, 참을성 있게 대해주는 대신 신경질적인 반응을 보이며, 격려하기보다는 질책하는 태도로 반응한다. 동등한 눈높이에서 대해주기보다는 깎아내리는 태도를 보인다. 이런 거부 경험이 반복되면 아이는 무력감을 느끼게 되고, 자신이 부모를 믿을 수 있을지, 또는 애착 인물이 그다음에 잘해줄지, 해를 끼칠지 불안함을 느낀다. 그러고

는 계속하여 부모가 지금 어떤 기분이며, 부모가 원하는 것과 필요한 것이 무엇인지 알아내려 한다. 아이는 부모가 가능하면 잘 지내기를 바란다. 부모의 컨디션이 좋아야 자신을 돌봐줄 것이기 때문이다. 아이는 늘 다음번에는 감정적 친밀함과 따스함을 맛볼 수 있기를 바라며 감정적으로 거부당하지 않으려고 신경을 곤두세운다. 그래서 많은 경우 고분고분 복종하거나 소심한 자세로 반응하며 거부당하거나 거절당할까봐 과도하게 걱정한다.

부모 한쪽이 아이에게 애정을 보여주면, 이것은 가장 행복한 순간으로 경험된다. 아이는 감정적으로 부모에게 의존해 있다고 느끼며, 자신을 부정적으로 생각하고 자신을 무가치하고 무능한 존재로 경험하는 라이프스타일을 발달시킨다. 그리하여 종종 호기심을 가지고 주변 환경을 탐색하려는 의욕이 결여되고, 삶을 살아갈 용기를 내지 못한다. 반면 부모는 아이 눈에 굉장히 긍정적으로 비쳐지고 종종 이상화된다. 심리학에서는 이런 애착 유형을 불안정-양가애착이라 부른다.

★ 유아의 불안정-회피 애착 : 정서적 따스함·안정감·도움·위로 대신 아이는 거절과 거부를 경험한다. 그래서 부모와 감정적 친밀함을 형성하지 못한다. 사회적 유대감을 얻으려는 노력은 헛되거나 위험한 것으로 경험했기에 안정된 사회적 유대에 대한 믿음을 포기해버리고 만다. 아이에게 더 이상 친밀감을 구하는 것은 의미가 없다. 그리하여 아이는 자신의 기본적인 사회적·정서적 욕구를 만족시킬 자연스러운 권리마저 포기한다. 아이는 이제 정서적 친밀함이

나 의존을 피하려 한다. 이를 통해 다른 사람에게 정서적으로 거부 당하는 경험을 하지 않게끔 스스로를 보호하고자 한다. 아이는 '행복 체계'를 비롯한 뇌 속 애착 체계의 활동을 최소한으로 줄이고, 가장 깊이 내재한 정서적 욕구를 지각하기를 꺼린다. 부모에게 마음을 열면 상처받는다는 것을 경험했기에 더 이상 마음을 열지 않는다. 부모 대신에 자신만 믿을 따름이다. 그리하여 아이는 스스로를 천하무적으로 여기고 다른 사람들의 긍정적 특징을 거의 보지 못하는 경향을 갖게 된다.

★ 일부 학자들은 이외에도 네 번째 **불안정-'혼란' 애착**을 이야기한다. 이 유형은 자신과 애착 인물 모두에게 부정적인 시각을 가지고 있으며 걱정과 두려움이 많은 동시에 정서적으로 위축되어 있고 관계를 회피하는 행동을 보인다. 이런 애착 유형이 생겨나는 환경 조건은 나중에 심각한 심리적 장애가 발생할 위험을 특히 높이는 것으로 보인다.

애착 유형은 아주 어릴 적 부모와의 상호작용 과정에서 결정된다. 애착 유형은 잠재의식에 의해 만들어지며 잠재의식적으로 내재된다. 볼비는 아이가 애착 유형을 '내면화한다'고 이야기한다.

애착 유형과 관련해 포괄적인 잠재의식적 성격 유형이 발달한다. 이미 말했듯이 잠재의식적 성격 유형에는 화를 내는 방식, 감정과 스트레스 조절, 공감 같은 여러 성격 특성이 포함된다. 다음과 같은 특성들도 마찬가지다.

★ 부모 중 한쪽이 특정 상황에서 어떤 방식으로 반응할 것인지에 대한 잠재의식적 예측 모델을 갖는 것도 성격 유형에 포함된다. 이런 예측 모델은 이어지는 상황에 맞게 신체를 준비시킨다. 안전하고 안정감을 느낄 것으로 예측되면 신체는 회복과 재생을 준비한다. 반면 스트레스가 예고되면 신체는 경계 태세에 돌입한다. 도움·보살핌·친밀감·보호 등을 얻을 수 있을지 정확히 예측할 수 없으면 아이는 불확실성을 경험하게 된다. 이런 불확실성은 신체가 만일을 위해 경계 태세를 갖추게 한다. 계속적인 불안과 경계 태세로 지내는 것은 아이의 재충전과 회복을 방해하고 그 결과 전형적으로 만성 질환이 발생하거나 반복적으로 신체에 불편이 따른다.

★ 문제와 필요를 다루는 전략도 성격 유형에 속한다. 바로 자신의 필요를 충족시키고, 고통·벌·손실을 가능한 한 피하도록 도와주는 행동 방식들이다. 자신의 진정한 목표를 숨기고 다른 사람을 조종하여 자신이 원하는 행동으로 나아가게끔 하는 것도 이런 전략에 포함된다. 가령 극심한 요통이 있는 것처럼 속인다면 등 마사지를 받을 수 있는 확률이 훨씬 높아진다. 어릴 적에 우리는 부모의 약한 부분을 상당히 정확히 알고 있었고, 그 약점을 우리의 목표를 위해 활용했다. 이런 조종 전략은 일평생 우리의 잠재의식적인 행동 레퍼토리로 자리잡는다.

★ 성격 유형의 이런 전략은 역할 행동으로 이어진다. 애착 유형은 우리가 아들딸로서 어머니 아버지에 대해 어떤 역할을 하게 될지에 영향을 미친다. 불안정-걱정 애착 유형의 여자아이는 고분고분한 태도로 자신의 필요를 뒷전에 두고 자신이 뭘 원하는지도 알지 못한 채, 얌전하고 순진한 '빨간 모자' 역할을 하게 될 수도 있다.

★ 잠재의식적인 성격 유형과 함께 잠재의식적인 자아상도 발달한다. 안정 애착 유형의 자아상은 긍정적이다. 하지만 부모와의 관계에서 친밀하고 신뢰할 수 있는 애착이 형성되지 않으면, 아이는 이것이 자신의 잘못이라고 생각한다. 다른 사람들이 자신과 친밀한 유대관계를 맺고 싶어하지 않으므로 자신에게 근본적인 문제가 있다고 믿는다. 불안정 걱정 애착(불안정-양가 애착) 유형의 아이는 자신에 대해서는 부정적인 시각을, 타인에 대해서는 굉장히 긍정적인 시각을 가지고 있다. 반면 불안정-회피 애착을 가진 아이는 과도하게 긍정적인 자아상을 갖고 있고 타인에 대해서는 부정적인 시각을 갖는다. 불안정-혼란 애착에서는 자신과 타인 모두를 부정적으로 인식한다.

아이의 애착 유형은 부모의 애착 유형에 강하게 영향을 받는다. 부모가 아이에게 불안정 애착 특유의 행동을 하면, 아이는 안정 애착을 가질 수 없다. 한편 부모 역시 그들 입장에서는 어릴 적에 잠재의식적 애착 유형을 내면화한 사람들이다. 부모는 어릴 적에 받아들여지고 소속감을 느끼기 위해 그들 부모의 잠재의식적 요구를 충족시켜야 했다. 자신의 부모로부터 안정적인 사회적 유대를 경험하지 못한 엄마가 이제 자녀를 상대로 이런 결핍을 해소하려 한다고 해보자. 즉 엄마는 아이가 자신을 부모처럼 정서적으로 돌보고 사회적 유대감을 느끼게 해주기를 기대한다. 그러면 아이는 그로 인해 애착 장애를 겪고 엄마 외에 타인들과의 관계를 거의 발달시키지 못하게 될 것이다.

우리가 부모로서 잠재의식적 애착 행동을 깨닫는다면, 의식적으로 다른 태도를 보이려고 할 수도 있다. 스스로 불안정-걱정 애착을 가진 부모라도 자녀는 독립성과 자립성을 발달시켜나가도록 해줄 수 있고 아이가 자신이 받아들여지고 있음을 더 자주 느낄 수 있도록 해줄 수 있다. 덜 걱정하는 습관도 기를 수 있다.

불안정-회피 애착을 가진 부모 역시 아이에게 안정감과 공감을 길러주는 훈련을 할 수 있다. 처음에는 낯설고 약간 두려움을 느낄지라도, 용기를 내어 아이에 대한 정서적 친밀함을 허락하고 아이와 함께 있음에 대한 '긍정적인' 감정을 '견딜' 수 있을 것이다.

아이는 양쪽 부모가 모두 있는 경우 양쪽 부모와 각각 관계를 발전시켜나가므로, 각 부모의 성격이나 애착 유형에 따라 서로 다른 애착 유형을 형성할 수도 있다. 부모 중 한쪽과는 안정 애착을, 다른 한쪽과는 불안정 애착을 만들어갈 수도 있다. 또는 한쪽 부모와의 관계에서는 불안정-걱정 애착이, 다른 쪽 부모에게서는 불안정-회피 애착이 생길 수 있다.

당신이 어린 시절 어머니나 아버지와 불안정 애착을 가졌었는지, 안정 애착을 가졌었는지 알고 싶은가? 도움·위로·안전·보호가 필요할 때 어머니나 아버지가 당신을 위해 있어주었는지를 떠올려보라. 어머니 혹은 아버지가 당신을 감정적으로 이해해주었는가? 진정으로 당신에게 관심을 가져주었는가? 당신이 세상을 알아가고, 재능을 발견하도록 고무해주었는가? 가령 당신이 악기를 배우거나 운동을 할 수 있도록 해주었는가? 혹은 친구들과 어울리도록 해주었는가?

부모 중 어느 한쪽을 이상화한다면, 그 부모와 유아기에 불안정-걱정 애착을 가졌을 확률이 높다. 모순적이게도 성인이 되면 자신이 불안정-걱정 애착을 가졌던 쪽을 다른 쪽 부모보다 더 긍정적으로 보는 경향이 있다. 한쪽 부모에 대해 안정 애착을 갖고 있었다 해도 그렇다. 그 이유는 아이에게는 안정 애착이 생물학적으로 평범한 것이라 훗날 안정 애착을 가졌던 부모와 관련해 이렇다 할 긍정적인 경험이 기억나지 않기 때문이다. 반면 부정적인 경험이 주를 이루는 경우는 불안정-회피 애착일 확률이 높다.

어릴 적에 각 부모와 서로 다른 애착 유형을 발달시킬 수 있기에, 안정 애착과 동시에 불안정-걱정 애착을 내용으로 하는 잠재의식적 행동 레퍼토리를 발달시킬 수 있다. 그리고 미래의 파트너가 부모 중 어느 쪽과 비슷하냐에 따라 이 두 애착 유형 중 하나가 실행될 수 있다. 우리의 잠재의식적 애착 유형은 신뢰, 충성심, 질투, 친밀감, 파트너 관계를 장기적으로 지속해나

가는 능력 등에 영향을 미친다. 파트너 관계가 감정적으로 기복이 심할지, 즉 얼마나 소란스럽거나 파란만장할지에도 영향을 미친다. 그러므로 파트너를 선택할 때는 파트너가 어떤 잠재의식적 애착 행동을 보이는지 주의하면 좋을 것이다. 질투, 폭력, 외도, 떠들썩한 일을 벌이는 것은 불안정 애착을 보여주는 표지들이다.

어린 시절 우리의 잠재의식적 애착 유형은 생존에 유리했다. 하지만 성인이 되어 자신의 애착 유형을 자기 비판적으로 점검해보고 일부러라도 독립적으로 생각하고 행동하는 것은 우리에게 아주 중요하다. 그러면 자신의 잠재의식적인 애착 유형에서 독립할 수 있다. 아직도 자신이 감정적으로 유치원생처럼 행동하려는 경향이 있다 해도, 이런 경향을 의식하면 여기에서 벗어날 수 있다.

부모에게 맞추어 형성된 잠재의식적 애착 유형이 대부분의 다른 사람들에게는 적절하지 않다는 것을 알아차려야 한다. 우리는 때로 잠재의식적으로 유년 시절에 경험한 애착 유형을 재현하고자 애쓴다. 하지만 불안정-걱정 애착을 가진 사람이 불안정-회피 애착을 가진 사람과 만나면 어떤 문제가 빚어질지 쉽게 상상할 수 있다.

불안정-걱정 애착을 가진 사람은 타인에게 충분히 가까이 다가가지 못한다. 반면 불안정-회피 애착을 가진 사람은 다른 사람에게 감정적으로 다가가는 것 자체를 도무지 하지 않으려 한다. 기이하게도 성인이 되어 종종 어릴 적 자신의 마음을 아프게 했던 부모와 같은 애착 유형 혹은 성격 유형을 가진 사람을 인생의 동반자나 배우자로 맞이하는 경우가 많다. 그러고는 상대방이 정확히 우리가 잠재의식적으로 상상한 대로 행동하고 다시금 우리의 마음을 아프게 하면 아이러니하게도 파트너에게 책임을 묻는다. 또는 스스로의 애착 유형이나 성격 유형이 파트너의 아픈 부분을 정확히 명중하는 경우도 잦다.

하지만 어느 누구도 자신의 잠재의식적인 애착 유형에 상응하게 행동하라는 법은 없다. 마리오 미쿨린서는 공감 훈련 등을 통해 안정 애착 유형을 학습할 수 있음을 보여주었다. 이런 훈련을 받으면 가령 누군가를 더 기꺼이 도와주려고 하는 것과 같은 친사회적 태도로 이어져 심신의 안정과 건강에 더욱 유익하다.[7]

불안정 애착 유형은
뇌가 선택한 감옥

우리는 불안정 애착 유형과 그와 연관된 잠재의식적 성격 유형이 여러 가지 성격 특성을 동반한다는 것을 알았다. 불안정-걱정 애착 유형은 자신감이 없고 다른 사람에게 의존하는 경향이 있으며, 불안정-회피 애착 유형은 감정적으로 거리를 두고 나르시시즘적 경향을 갖는다. 강박·우울·무정함 등은 불안정 애착 유형의 또 다른 성격 특성이다.

불안정 애착은 박수갈채를 받을 만한 것은 아니지만, 이런 성격 특성은 아이가 악해서가 아니라 트라우마와 스트레스로부터 스스로를 보호하기 위해 생긴 것임을 감안해야 한다. 이런 심리적 스트레스는 극심한 경우 죽음에 이를 수도 있다. 독일에서 영아나 유아가 학대로 말미암아 사망했지만 부상이 직접적인 원인이 아닌 경우가 연간 40~60명에 달한다. 이 경우 심적 스트레스가 사망의 주원인이다. 잠재의식적 성격 체계는 생존을 확보하고자 하는 잠재의식적 위험 체계에서 진화했다. 그리하여 성격 체계는 자신에게 그처럼 위력을 행사하며 다른 사람에게도 힘을 발휘한다.

인류 역사가 시작되고 첫 수십만 년간 인류는 수렵과 채집으로 생존했다. 이 시기에 잠재의식적 위험 체계에는 위험한 동물, 독성 있는 식물 등 주변 환경에서 만날 수 있는 위험들이 저장되었다. 인간이 정주하게 되면서 정서적·사회적 위험도 추가되었다. 사실 현대 문명도 정주 문화에 속한다. 아이에게 사회적 위험은 공동체의 일원이 되지 못하거나 공동체에서 배제되는 것이고, 정서적 위험은 감정적 스트레스 같은 것이다. 부모가 자녀에게 과도한 요구를 하고 자신의 감정을 조절하기 힘들어하거나 심리적으로 장애가 있는 경우도 아이에게 감정적 스트레스가 생길 수 있다.

현대 문명에서 심리 장애는 굉장히 흔하다. 서구 국가들에서는 일생을 지내며 장단기적인 심리 장애를 겪는 인구가 셋 중 둘에 이른다. 그중 우울증과 중독증이 가장 흔하다. 이런 통계는 보수적인 추정치여서 실제 빈도는 더 높을 수 있다. 정신 장애가 있는 사람의 절반이 자신의 질병을 깨닫지 못하고 의료 시스템의 도움을 구하지 않기 때문이다. 심리 장애는 특히 아이의 애착 유형에 부정적인 영향을 미친다. 장기적이고 강한 감정적 스트레스는 유아에게 실제로 정신적 고통으로 작용하고 건강에 해롭다. 이런 경우 아이는 감정적으로 부모와 거리를 두고 자신의 감정을 조절하는 법을 힘들게 터득해나가야 한다.

뇌는 아픔을 통해 아이에게 정서적·사회적 위험 신호를 보낸다. 주변 사람과 친밀하고 사랑스러운 유대를 맺고자 하지만, 이런 바람이 탐탁지 않은 것으로 취급되고 차단당하면 아이는 이를 배제나 위험으로 경험한다. 배제는 뇌 속 통증 체계를 활성화하며 이것은 아이에게 뜨거운 화덕에 손을 대는 것만큼이나 고통스럽고 위험하게 느껴진다. 배제는 매우 감정적이고 트라우마적인 경험이다. 아이는 그런 위험 앞에서 두려움이 생긴다. 아울러 친밀한 애착 관계를 이룰 수 없어서 슬프다. 다른 사람이 자신과 그런 애착 관계를 원하지 않는다고 보기 때문이다. 따라서 자신을 사랑받을 수 없는 사람으로 여긴다. 그러면 아이는 위험에서 살아남기 위해 최선을 다한다.

덜 고통스럽고 스스로를 보호하는 데 도움이 되는 애착 유형을 발달시키는 것도 생존 전략이다. 아이들의 뇌생리학적 능력이 부모를 간수로 삼아 스스로를 잠재의식적인 애착 및 성격 유형의 감옥에 집어넣는 것이다. 유아에게 다른 출구는 없다. 아무 곳으로도 도망칠 수 없기 때문이다. 아이들은 가족의 도움과 보살핌에 전적으로 의존되어 있다.

아이가 이런 위험을 두려워하는 것은 결코 지나친 것이 아니다. 안정적이고 장기적으로 끈끈한 사회적 유대관계를 만들지 못하면 결과는 정말 비참할 것이기 때문이다. 마약 중독·우울증·공격성·분노·범죄·성격 장애 등도 그 결과에 속한다. 사랑 넘치는 긴밀한 애착을 형성하지 못하는 것은 아이에게 영양실조만큼 위험하고 고통스러운 일이다.

잠재의식적 애착 유형의 감옥에 들어간 아이는 재미와 즐거움, 기쁨을 누리는 대신 반대로 그것을 포기하게 되고 이런 것들을 평생 갈구하는 삶을 시작한다. 재미·즐거움·기쁨의 결여는 우울증·파킨슨병·강박 장애·조현병·중독증·의존증 등 많은 질병과 장애의 전형적인 증상이다. 자신과 자신의 삶이 다른 사람에 의해 통제되고 조작되고 정의된다는 것을 깨닫기 시작하면서 불안정-애착 유형이 발달하며 이런 깨달음은 나중에 다시금 자녀에게 전달되는 경우가 많다.

여기서 벗어나는 출구는 바로 어른으로서 스스로가 인생이라는 배의 선장이며, 친밀하고 긴밀한 애착을 맺을 능력이 없다는 생각은 잠재의식적인 착각임을 알아차리는 것이다. 우리는 부정적인 생각의 고리와 부정적인 감정을 조절하고 의식적으로 결정을 내릴 자유가 있다. 의식적으로 자녀들과의 관계에 에너지를 쏟을 수 있으며 자녀들을 이해하고 그들의 말을 들어주고 공감해주고 같은 눈높이에서 기쁘고 즐겁고 재미있게 대화할 수 있다. 또는 혼자 편하게 휴식을 취하거나 다른 일에 몰두하는 대신 아이들과 함께 놀아주고 책을 읽어줄 수 있다.

불행히도 부모는 비하나 배제 등 징벌적 조치로 자녀와의 유대를 무너뜨리곤 한다. 벌로 방에서 못 나오게 하거나 다른 가족과 함께 식사나 활동을 못 하게 한다. 또 아이에게 소리를 지르거나 신체 폭력을 행사한다. 부모가 아이들을 비하할 때 쓰는 전형적인 문장들, 예를 들면 "부끄러운 줄 알아" "이 나쁜 놈아" "이 돼먹지 못한 녀석아" 등은 대부분 행동을 비판하는 대신 사람 자체를 깎아내리는 말들이다(404쪽 '갈등해결을 위한 의

사소통 기술' 참조). 아이와의 유대 관계에서 "사랑스러운 아이가 되려면 이렇게 해야지" "저렇게 해야 착한 아들이야" 같은 조건을 붙이는 부모들이 많다. 마치 그렇게 하지 않으면 아이가 사랑스럽고 온전한 사람이 아닌 것처럼 말이다.

부모가 곧잘 화를 내는 것 역시 건강한 애착을 방해하고 불안정한 애착 유형이 생기게 만든다. 화를 내는 것에 폭력·비하·배제가 동반되면 아이에게 특히 해롭다. 그러므로 자녀의 건강한 발달을 위해서는 자녀가 태어나기 전에 분노를 조절하는 법을 배우는 것이 중요하다.

물론 아이가 위험한 행동을 하는 경우, 아이는 자신의 행동 때문에 부모가 화를 낸다는 걸 느끼고 적정선을 넘지 않아야 할 것이다. 아이가 다른 사람을 신체적으로 공격하거나 존엄성을 침해하는 경우도 마찬가지다. 이렇듯 불쾌하지만 의미 있는 경험을 통해 아이는 위험한 것들을 조심하거나 주변 사람들의 존엄과 자유를 존중하는 것을 배운다.

하지만 부모가 화를 무기로 삼아 아이를 억지로 복종시키는 것은 좋지 않다. 부모의 분노가 아이로 하여금 부모의 비합리적인 규칙에 고분고분 따르게 하려는 강압적인 수단이 되지 않도록 세심하게 주의를 기울여야 한다. 권위적인 태도로 화를 내는 것은 아이를 짓누르고 운신의 폭을 좁힌다. 아이는 스스로 열등하다고 느끼고 부정적인 자아상을 발달시키기가 쉽다.

물론 청소년이나 어른도 강한 사랑의 유대관계가 전적으로 필요하다. 아무리 쿨해 보이는 사람이라도 뇌 속의 행복 시스템은 이런 욕구를 만들어낸다. 불안정-회피 애착을 가진 사람들조차 그들의 행복 시스템에는 사회적 유대관계에 대한 자연스러운 인간적 욕구를 만들어내는 세포들이 있다. 따라서 그런 성격 유형은 마음속 깊이 가장 갈망하는 긴밀하고 따뜻하고 진심어린 유대관계를 회피하는 형국이다.

어른들조차 아프거나 힘들거나 도움이 필요할 때 자신이 다른 사람들에게 얼마나 많이 의존하고 있는지가 극명히 드러난다. 인생에서 승승장구할 때는 강하고 독립적인 모습을 보여줄지 모르지만, 늙거나 아프거나 하면 다른 사람들의 도움과 뒷받침에 의지할 수밖에 없다. 물질적으로 풍족하게 사는 것처럼 보이는 사람도 사실은 외로움에 시달리고 있을 수 있다. 외로운 사람들은 더 자주 아프고 기대수명도 단축된다.

(tips) 아이에게 화가 날 때 지켜야 할 행동 지침

★ 화를 금방 가라앉히는 것이 힘들어도 아이 편에서 오해가 생기지 않도록 하는 것이 중요하다. 아이 행동의 결과에, 예를 들면 뭔가를 더럽혔거나 고장낸 것에 화가 난 것이지, 아이 자체에 대해 화가 난 것이 아니라는 걸 알려주어야 한다.

★ 분노가 아이를 향해 표출되어서는 안 된다. 아이는 이런 상황에서도 안전하고 받아들여지고 있다는 느낌을 받아야 한다. 아이가

물면 물어서 아프다고, 아프니까 물어서는 안 된다고 말해주는 것이 중요하다. 똑같이 아이를 물고 소리 지르고 때리고 몰아세우고 깎아내리는 등의 행동을 하는 것은 해롭다. 집게손가락을 들고 다그치기보다는 아이를 품에 안고 무엇이 사람을 아프게 하는지 가르쳐주는 것이 바람직하다. 그런 다음 아이와 함께 방금 끔찍하게 느껴졌거나 경험한 일을 돌아보라. 그러면 때로는 그것이 실제로는 그다지 끔찍하지 않다는 것을 아이가 알아차리게 될 수도 있다.

★ 마구 핏대를 세운 경우 되도록 빨리 아이에게 공연히 화를 많이 내서 "미안하다"고 사과하고 아이에게 이제 다시 괜찮아졌다는 것, 예를 들어 모든 것을 다 치웠고 고쳤다는 것을 설명해주는 것이 좋다. 물론 애초부터 화를 내지 않고 침착하게 대하거나 화를 얼른 가라앉히는 편이 자신의 건강과 아이의 건강에 더 좋다. 여기서도 똑같이 심호흡을 하고 긴장을 풀고 흘려보내라.

★ 아예 화를 내지 않기 위해 간혹 '괜찮아 날(day)'을 도입하는 것이 도움이 된다. 이날은 뭔가 가벼운 사고가 발생하거나 문제가 일어나도 별것 아닌 것처럼 그냥 어깨를 으쓱하며 "괜찮아"라고 말하는 날이다. 그럼으로써 뭔가가 잘못되었을 때도 안와전두엽은 침착함을 유지할 수 있다.

당신은 어떤 성격 유형을
가지고 있는가?

　유년기를 거치며 잠재의식적 애착 유형에서 잠재의식적 성격 유형이 탄생한다. 우리 모두가 잠재의식적 애착 유형을 가지고 있으므로, 잠재의식적인 성격 유형도 지닌다. 잠재의식적으로 행하는 역할, 잠재의식적으로 활용하는 전략, 자신과 타인에 대한 잠재의식적 관점도 잠재의식적 성격에 포함된다.

　얼마나 많은 성격 유형이 있는지, 성격 유형이 정확히 어떻게 생겨나는지, 어떻게 규정될 수 있는지는 학계에서도 의견이 분분한 주제다. 그러나 심리학과 신경정신의학의 분류상 늘 등장하는 유형들이 있다. 다음에 성격의 몇몇 예를 들어보겠다. 여러분도 자신과 비슷한 유형을 찾아보라.

　잠재의식적인 성격이 정서·사회·신체 면에서 커다란 문제를 야기한다면, 성격 장애로 진단된다. 진단까지는 되지 않을지라도 성격이 만성 신체 질환이나 불편 등 건강상의 문제를 초래하는 경우는 흔하다.

한 가지 성격 유형에 딱 들어맞는 사람도 있지만, 그렇지 않은 사람도 있다. 부모 중 한쪽과 아주 비슷한 성격 유형을 가진 사람들을 만나면, 잠재의식은 자신의 성격 유형을 더 강하게 표출한다. 위험하거나 스트레스를 받거나 위기를 느끼는 상황에서도 잠재의식은 우리가 가진 성격 유형을 적나라하게 드러낸다. 반면 편안하고 평온할 때는 잠재의식적 성격 표출을 뛰어넘어 유머와 자조적인 태도로 대응할 수 있다. 자신이 전형적으로 잠재의식적인 성격 유형에 부응하게 행동하고 생각하고 느끼는 것을 알아차리고는 "봐봐, 나 정말 또 그랬네"라고 말하는 것이 그런 경우다.

우선 불안정 애착 유형과 확연히 연결된 두 가지 성격 유형을 살펴보자. 나는 각 성격 유형의 잠재의식적 자기 표상을 일련의 비합리적인 규칙으로 표현해보았다. 이런 규칙으로 우리는 자신과 다른 사람을 늘 똑같은 함정에 몰아넣는다. 우리가 자신의 잠재의식적 성격 유형을 알아차린다면, 의식적으로 이런 잠재의식적 규칙이 제시하는 것과 다르게 행동하는 법을 배울 수 있을 것이다.

그밖에 성격 유형마다 특유의 강점들도 있다. 잠재의식적인 함정에 빠지는 대신 강점을 잘 활용한다면, 자신과 다른 사람들에게 유익이 될 것이다. 또한 상대의 성격 유형을 알아챌 수 있을 때는 그의 성격 유형이 가진 부정적인 면모들만 주목하지 않고, 그런 지식을 그 사람의 장점을 보는 데 적극적으로 활용할 수 있을 것이다.

불안정-걱정 성격 유형

불안정하고 걱정이 많은 성격 유형은 불안정-걱정 애착 유형을 토대로 발달한다. 이런 성격 유형은 아이가 불안정 애착 유형을 지닌 권위적이고 지배적인 아버지와 과잉 보호하는 어머니를 둔 경우에 많이 볼 수 있다.[8] 이런 성격 유형에 해당하는 아이는 자신이 권위적인 아버지와 긴밀한 유대를 맺을 능력이 없다는 걱정에 사로잡힌다.

★ **강점** : 영리하고 신중하고 사려 깊다. 무리와 잘 섞이고 협조적이다. 타인을 이해하고 공감해주며 타인의 입장이 되어 생각하는 능력이 있다. 유머러스하고 재치있고 희생적인 면도 있다. 이야기를 재미있게 하고 다른 사람들과 수다도 잘 떤다.

★ **잠재의식적 자아상** : "인생은 괴로워. 그래서 나는 능동적이기보다 수동적으로 살아. 종종 삶의 의욕이 나지 않아. 결정을 내리는 건 너무 어려워. 누가 나한테 내가 뭘 해야 하는지 말해줬으면 좋겠어. 나 대신 결정을 내려줬으면 좋겠어. 책임지는 건 두려운 일이야. 나는 고분고분 따르고, 다른 사람들을 돕는 게 더 좋아. 나는 주도권을 행사하는 걸 꺼리고 일을 진행하는 게 어려워. 늘 망설이고 머뭇거리고, 다른 사람들의 격려가 필요해. 나서는 걸 싫어하고 내 의견을 말하는 걸 좋아하지 않아. 다른 사람에 비해 나는 많은 일들을 어려워해. 할 일이 많으면 과부하가 걸리지. 나는 일이 어떻게 돌아

갈지 종종 제대로 알지 못하고, 그 일을 할 수 있을까 걱정해. 다른 사람들은 다 나보다 더 잘할 거야. 나는 종종 좌절해서 나 자신에게 화가 나. 의심스러운 경우 일이 잘못되면 다 내 탓이야. 나는 애인과 화목하게 지내고 안정감을 느끼며 친밀해지고 싶어. 상대가 나를 떠나버릴까봐 엄청 걱정돼. 연인관계에서 나는 시종일관 상대가 나를 여전히 좋아하는지, 내가 받아들여지고 있는지 끊임없이 확인하려 해. 그렇지 않다는 기분이 들면 견딜 수 없는 심정이 돼."

★ 불안정-걱정 유형은 지도하고 이끌어야 하는 위치에 있을 때 책임에 대한 부담감과 결단력 부족으로 좌절할 수 있으며, 불신으로 말미암아 관계가 틀어지는 경우도 많다. 자신이 원래 원하는 것이 무엇인지 분간하지 못할 때가 많다. 자신감이 없고 자신의 필요를 뒷전에 두다 보니 우울해질 수도 있다. 우유부단하고 자신감이 없어 불안장애가 생기기도 한다. 임상심리학에서는 이런 성격 유형을 '의존성 성격 장애'라 부른다.

불안정-회피 성격 유형

이런 성격 유형은 불안정-회피 애착 유형과 연관되며[9] 종종 다른 성격 유형과 연결되어 나타나기도 한다.

★ **강점** : 결단력이 있고 체계적이며 깊이 있는 사고를 한다. 책임

감이 있고 스트레스가 극심할 때에도 침착함을 유지할 수 있다. 이런 성격 유형의 사람들은 혼자 있기를 좋아하고 외로움을 타지 않고 오랜 시간 혼자서 일할 수 있다.

★ **잠재의식적 자아상** : "다른 사람들의 비판이나 칭찬은 내겐 별로 상관이 없어. 몇 안 되는 활동이지만 그것을 할 때 기쁨을 느끼고 나는 혼자 할 수 있는 활동을 좋아해. 나는 다른 사람과 그렇게 가까이 지낼 필요를 못 느껴. 꼭 친밀하고 신뢰가 넘치는 관계가 있어야 하는 건 아냐. 많아야 한 명 정도면 충분해. 가족의 구성원이 되는 건 내게 중요하지 않아. 상대가 섹스를 원한다면 함께하지만, 그게 뭐가 그리 좋은지 잘 이해가 가지 않아."

★ 불안정-회피 유형은 감정의 동요를 잘 드러내지 않기에 다른 사람들이 보기에 감정적으로 차가워 보인다. 다른 사람에게 따뜻하고 부드러운 감정을 보여주는 걸 특히 잘하지 못한다. 안온하고 보호받는 느낌은 안중에 없다. 계속 감정적으로 거리를 두는 냉담한 태도는 다른 사람들처럼 내적 유대를 갈구하는 내적 본질과 모순을 빚는다. 이런 모순은 종종 만성 통증과 같은 의학적으로 이렇다 할 원인이 없는 신체 불편을 야기한다. 임상심리학에서는 이런 성격 유형을 '분열성 성격 장애'라고 부른다(조현병과 혼동하지 말 것).

사람은 대개 두 가지 이상의 성격 유형을 지닌다. 어머니, 아버지 각각에 대한 불안정 애착 유형에서 그에 해당하는 성격 유형이 만들어지기 때문이다. 부모가 둘이니 이미 두 가지 성격 유형이 나온다. 가령 불안정-회피 성격 유형은 다음에 소개할 성격 유형들과 결합되어 나타날 수도 있다. 서로 다른 성격 유형이 한 사람에게 섞여 나타나다 보니 내적 갈등이 초래될 수 있다. 가령 자기애적이고(나르시시즘적이고) 강박적인 성격 유형을 가진 사람이 나르시시스트로서 전체를 아우르는 동시에 강박주의자로서 모든 것을 자기 통제하에 두고 싶어하고, 심지어 시시콜콜 모든 일에 관여하고자 한다면 당연히 내적 갈등으로 부대낄 수밖에 없다.

나르시시즘적[자기애적] 성격 유형

양쪽 부모 모두 불안정-회피 애착 유형을 가진 가정에서 자라는 가운데 불안정-회피 애착 유형을 갖게 되면 자기애적 성격이 발달할 수 있다. 양쪽 부모 모두 아이에게 친밀함이나 내적 유대를 허락하지 않는다. 아이가 최소한 한쪽 부모에게 과도하게 응석받이로 버릇없이 키워지고 떠받들어진 경우다.[10]

★ **강점** : 성취 의지가 강하고 지구력이 있으며 이상주의적이고 목표지향적이다. 목표와 개인적 기준을 높이 설정하는 경우가 많다. 자기애적 성격 유형은 직업적으로 성공하는 경우가 많고, 스스로 좋아하는 것을 하며 인생을 즐긴다.

★ **잠재의식적 자아상** : "다른 사람들이 나더러 대단하대. 만나본 중에서 가장 똑똑한 사람일 거라고들 하지. 그들 말이 맞아. 나는 최고야, 흠 없고 옳은 사람이야. 나더러 뭐라고 할 사람이 없어. 내게 찬사를 보내지 않는 사람은 모자란 사람이야. 나는 가장 중요한 사람이고 독보적인 재능 덕분에 정말 많은 일을 이루었어. 나를 일등으로 치지 않는 건 부당한 일이고 내가 다른 모든 이보다 더 잘하지 못한다면, 그건 다른 사람 잘못이야. 아무리 봐도 내 잘못은 없어. 잘못은 언제나 다른 사람에게 있어. 나는 평균보다 훨씬 더 매력적인 사람이고 못 하는 게 없어. 모든 것을 알고 모든 것을 할 수 있지. 그래서 그 누구보다 더 권력과 성공을 누릴 자격이 있어. 나는 다른 사람보다 훨씬 더 소중한 사람이야. 내 의견은 더 가치 있고, 내 성격은 훨씬 좋아. 다른 사람들은 내가 함께 어울려주면 감사해야 해. 나를 우상처럼 떠받들지 않고 내 요구를 무조건 들어주지 않는 건 부끄러운 일이야. 모든 것은 내 상상대로 되어야 해. 모든 일은 완벽하게 끝내는 것이 가장 좋아. 내 생각대로 되지 않으면 끝장이야. 세상은 결국 나 중심으로 돌아가고 나에 비해 다른 모든 사람들은 슬프게도 정말 매력적이지 않아."

★ 자기애적 성격 유형은 다른 사람들의 감정을 알아차리고 해석할 수 있지만, 그것에 전혀 공감하거나 감정이입을 하지 않는다. 그들은 공감이라는 것을 알지 못한다. 그들은 다른 사람을 자신의 목적을 위해 착취하고 뻔뻔한 거짓말을 해서 조종한다. 이로 인해 생겨나는 인지 부조화는 부풀려진 자기상으로 인해 아주 쉽게 정당화

되고 사소한 것으로 치부된다. 다른 사람들이 더 많이 가지거나 더 많은 것을 이루면, 굉장히 시기한다. 불안정-회피 애착에 상응하게 그들의 파트너 관계는 표면적이며 파트너를 비교적 자주 바꾼다.

한 파트너에게 계속 남는다면, 그것은 다만 그 파트너 관계가 자신의 지위를 높여주거나 유익이 되기 때문이다. 성취 의지가 강하고 앞뒤 안 가리는 스타일이다 보니 힘들고, 신체적으로도 무리하는 상태에 이르곤 한다. 그밖에 주변에서 아무도 솔직한 충고나 피드백을 줄 엄두를 내지 못하기 때문에, 착각에 빠지기 쉽고 현실과의 접촉을 잃을 우려가 있다.

특정한 잠재의식적 성격 유형이 강하게 대두될수록 주변 사람들은 불편을 더 많이 감수해야 하고, 스트레스를 받는다. 그러다 보면 주변 사람들은 착취당하거나 조종당한다는 느낌을 받고, 더 이상 응해주지 않으려는 마음에 거리를 두고 관계를 끊고자 한다. 그러다 보면 우정은 깨지고 가족은 해체된다. 이런 식으로 성격 유형은 높은 사회적 비용을 야기할 수 있다.

하지만 성격 유형이 서로 다른 두 사람이 공생 관계로 갈 수도 있다. 둘 모두 서로를 계속 조종할 수 있게끔 상대의 조종을 용인하면서 말이다. 가령 자기애적 성격 유형은 히스테리적 성격 유형을 늘 사건의 중심에 놓고 걸고넘어질 수 있고, 히스테리적인 사람은 나르시시스트를 흠잡을 데 없는 고귀한 본성으로 추앙할 수 있다.

히스테리적 성격 유형

히스테리적 성격 유형은 당사자 및 양쪽 부모의 불안정 애착 유형과 관련이 있다. 학자들은 아버지가 무관심하고 불안정 -회피 애착 유형을 가지고 있으며, 어머니는 '다른 일로 너무 바쁜 나머지' 아이에게 제대로 관심을 기울이지 않았을 때 이런 애착 유형이 나타난다고 본다.[11]

★ **강점** : 반응이 빠르고 재치가 있으며 성취 의지가 높은 만큼 생산성도 높다.

★ **잠재의식적 자아상** : "내가 주인공이 아닌 상황에선 지루하거나 기분이 좋지 않아. 나는 누군가 엄마 같은 역할을 하면서 나를 걱정해주고 감독해주는 걸 좋아해. 다른 사람들이 이것을 거부하면 내가 과민반응을 보이는 게 당연해. 나는 외모를 이용해 관심을 끄는 걸 좋아해. 성적으로 자극하고 유혹하는 걸 좋아해서 외모에 특히 신경을 써. 있는 그대로의 모습으로 인정받지 못하면, 극적인 행동을 해서라도 관심을 집중시켜야 해. 나는 아주 변덕스러워. 감정 기복이 심하고, 감정을 과도하게 표출하기를 좋아하지. 공공장소에서 엄청나게 큰 소리로 파트너를 비난하는 것도 마다하지 않아. 난 다른 사람들을 조종하는 데 고수야. 계속해서 다른 사람들을 통제해. 간혹 그저 그들이 내게 충분한 관심을 보여주는지 떠보려고 그렇게 하기도 해. 나는 다른 사람들의 아이디어를 훔치고 속이는 데 거리

낌이 없어. 대신에 다른 사람들이 나를 속여도 개의치 않아."

★ 히스테리적 성격 유형은 파트너 관계를 장기적으로 유지하는 데 어려움이 있는 경우가 많다. 그들은 계속해서 바람을 피우거나 자신의 요구, 조종, 싸움으로 파트너를 질리게 만든다. 하지만 관계를 망치는 것이 정작 자기 자신이라는 것을 잘 깨닫지 못한다.

잠재의식적 성격 유형은 우리의 지각·행동·감정을 좌우하지만, 우리는 이런 성격에 무력하게 끌려다니지만은 않는다. 자신의 성격 유형을 의식적으로 깨닫고 사고와 행동을 바꿀 수 있다. 이상적으로는 유머를 활용해서 말이다. 생각의 고리에 대항하는 방법과 비슷하게 속으로 '잠깐만'이라고 외치고는 잠재의식적 성격 유형으로 인한 파괴적인 방법을 동원하지 않고 상황을 어떻게 처리해나갈 수 있을지 생각해볼 수 있다.

자신의 성격 유형이 가진 강점을 잘 활용하는 것도 도움이 될 것이다. 아무튼 지혜롭게 자신과 타인에게 짜증을 덜 내고 에너지를 더 적게 소비하는 방향으로 나아갈 수 있다. 강박적 성격 유형이라면 의식적으로 일과 의무에서 좀 벗어나보고 계획에 없던 일도 즉흥적으로 도전해보며 기쁨을 느끼는 '위험'을 시도해보는 건 어떨까.

강박적 성격 유형

강박적 성격 역시 불안정 애착 유형과 연관되어 있다. 강박적 성격은 불안정-걱정 애착과 불안정-회피 애착 모두에서 생길 수 있다.[12] 강박적 성격 유형의 경우 최소한 부모 중 한 사람이 특히 권위적으로 행동하고 훈육을 강조하며 아이를 격려하기보다 다그치고 혼내는 스타일이었을 확률이 높다.

그런 부모 밑에서 아이는 감시와 통제, 제한을 경험하며 규칙을 어기거나 말대꾸만 해도 거부당하고 버림당할까봐 걱정한다. 그리하여 아이는 부모보다 더 엄격하게 규칙을 지키려 노력한다. 그래야 안심이 되며 이것이 부모의 인정을 받는 유일한 길이기 때문이다. 이렇게 자란 다음 성인이 되어 자기 입장에서 다시 자녀들을 강박적으로 몰아붙이다 보면, 비로소 자신이 강박적이었던 자신의 부모와 얼마나 비슷하게 행동하고 있는지 알아차린다. 강박적 성격 유형은 늘 적어도 다른 성격 유형 하나와 맞물려 나타나는 것으로 보인다.

★ **강점** : 디테일한 것까지 신경을 쓴다. 성실하고 세심하며 지구력과 끈기가 있다. 정직하고 공정하다.

★ **잠재의식적 자아상** : "나는 결코 실수를 해서는 안 돼. 그러니 규칙과 기준을 정확히 엄수해야 해. 나는 즉흥적인 행동을 좋아하지 않아. 그런 행동은 너무 위험해. 내가 세심하게 주의하지 않으면, 난

뭔가 적절치 않은 일을 하거나 다른 사람에게 해를 끼치거나 그들에게 너무 가까이 다가가거나 그들을 실망시킬 수도 있어. 다른 사람들에게 일을 위임하거나 다른 사람과 함께 일하거나 다른 사람과 함께 산다면 그들은 정확히 내가 하는 것처럼 일해야 해. 그렇지 않으면 끝장이야. 다른 사람들이 규칙을 지키지 않으면, 그것이 나랑은 전혀 관계가 없는 일이라 해도 화가 나서 미칠 것 같아. 모두가 나처럼 생각한다면 세상은 더 좋아질 텐데. 나의 기대와 기준은 굉장히 높아. 나는 그것을 종종 충족시키지 못하는 것이 괴로워. 이것은 내가 근본적으로 괜찮지 않은 인간임을 증명해주거든. 다른 사람들이 내가 얼마나 별로인 사람인지, 내가 사실은 얼마나 아는 게 없고, 무능력한 인간인지를 안다면 나는 곧장 해고당하고 모든 집단에서 제외될 거야. 내 파트너가 나를 부정적으로 보고, 어느 순간 나를 멀리한다 해도 놀랄 일이 아니야. 그러니 사람은 다른 사람을 아예 처음부터 신뢰하지 않는 게 좋아."

★ 강박적인 성격 유형을 가진 사람은 대부분 직업적으로 성공한다. 늘 완벽과 질서를 추구한다. 삶을 즐기고 사람들과 어울리는 것보다 일과 생산성을 중시하여 내내 일만 하고 의무 이행에 몰두하는 경우가 많다. 직업에서의 문제점은 너무 정확히 하려다 보니 해야 할 일을 계속 제때에 끝내지 못한다는 것이다. 특히 과제를 끝맺는 면에서 그들은 종종 우유부단하다. 그들이 규칙을 매우 정확히 지킴에도 불구하고 그들 마음속 깊은 곳에서는 자율과 독립에 대한 강한 욕구가 내재해 있다.

자아상과 대인관계를 보는 시각은 굉장히 부정적이다. 그들은 늘 자신의 가치와 자신의 능력을 의심한다. 강박적 성격 유형을 가진 사람들은 엄하고 완고해 보이며 정확하고 감정적으로 충동적이지 않고 절제되어 보인다. 규칙을 지키기 위해 화를 낼 때를 제외하고는 말이다. 그리고 비판에 아주 민감하게 반응한다. 인색하고 자신과 타인에게 베풀지 못한다. 미래에 있을 안 좋은 일들을 대비해 돈을 모아두기 위해서다.

완고하고 독선적인 태도와 규범·질서·도덕·규칙에 대한 과도한 집착은 종종 주변 사람들을 지치게 한다. 그들의 완벽주의와 꼼꼼함은 반복적인 강박적 사고와 행동을 동반하는 '강박성 인격 장애(zwanghaften Persönlichkeitsstörung)'로 이어질 수 있다.

앞서 소개한 불안정 애착 유형과 잠재의식적 성격 유형 간의 연관성 외에도 메타 분석 결과 성인의 불안정 애착 유형(이것은 이미 말했듯이 유아기 애착 유형과 관련이 있다)은 우울증·양극성 장애·경계선 성격 장애·조현병 등의 신경정신과적 장애와도 연관이 있는 것으로 나타났다.[13] 그러므로 유아기의 잠재의식적 애착 유형은 잠재의식적 성격 유형, 나아가 성격 장애가 생겨나는 토대라고 말할 수 있다.

이제 마지막으로 많은 사람에게 알려져 있는 성격 유형 하나를 더 짚고 넘어가자.

폭발적인 성격 유형

이런 성격 유형은 상식적으로 화를 많이 낼 상황이 아닌데도 폭발적인 화를 분출하는 모습을 보인다. 이런 폭발은 종종 당사자와 가족, 그의 직업 활동에 불리하게 작용한다. 이런 성격이 어떤 애착 유형과 연결되는지는 아직 확실하지 않지만, 자신의 의지에 복종하도록 강하게 압박하는 아버지와 떠받드는 어머니 밑에서 자란 아들들에게서 이런 성격이 생겨날 수 있다. 딸은 정확히 반대의 경우에 이런 성격이 생겨날 수 있다.[14]

★ **강점** : 사회적 헌신, 용기, 결단력.

★ **잠재의식적 자아상** : "난 분노가 폭발하면 통제할 수 없어. 때로는 작은 일에도 화가 폭발하곤 해. 그러면 다른 사람들은 내가 이런 작은 일에 그런 격한 반응을 보인다는 것에 놀라워하지. 하지만 어쩔 수가 없어. 내 뇌 속에서 무슨 스위치가 눌린 듯 그런 일이 발생하거든. 그러면 화가 머리끝까지 나거나 끓어오르는 분노 때문에 마비된 것처럼 돼. 이어 유체 이탈이라도 된 것처럼 범죄 영화 속에 나올 법한 행동을 하는 자신을 보게 돼. 혈기를 부리는 내 행동이 부끄럽기도 해. 분노 발작이 지나가고 나면 내가 보인 행동이나 내뱉은 말이 후회스럽지. 이런 후회가 다음번에 비슷한 에피소드를 막아주느냐 하면 그렇지는 않아. 후회도 별 보탬이 되지 않아."

★ 폭발적인 성격 유형의 사람들은 종종 고독하고 외로우며 접근하기 힘들다. 자폐증이나 주의력결핍 과잉행동 장애(ADHD)가 있는 일부 아이들에게서 이런 경향이 특히 두드러진다. 때로는 이런 성격 유형을 밖에서는 전혀 알아차리지 못하는 경우도 있다. 공격적인 태도를 밖으로 표출하는 대신 안으로 폭발시키는 사람들이 있기 때문이다. 그럴 때 그들은 속으로 끓어오르는 내적 분노를 경험하고 자해를 하는 등 자신을 공격하는 행동을 한다.

'경계선 성격 장애'가 있는 경우 폭발적인 성격 유형이 나타나기 쉽다. 이런 성격 장애의 전형적인 증상은 우발적인 감정 폭발, 강한 감정 기복, 예측할 수 없는 행동, 지속적이지 못한 대인관계 등이다. 분노 폭발 시 신체 상해나 심각한 기물 파괴처럼 범법 행위로 이어지는 경우를 임상에서는 '간헐적 폭발 장애(intermittierende explosible Störung)'라 부른다.

'그곳'이 손상되면 성격이 바뀐다

　잠재의식적 성격 유형은 안와전두엽에 자리 잡고 있다. 앞에서 보았던 것처럼 안정 애착을 가진 사람과 불안정 애착을 가진 사람은 안와전두엽이 서로 다르다. 안와전두엽에는 유아기의 자전적 기억들이 담겨 있고 이것이 성격으로 연결된다.

　안와전두피질이 손상된 환자들을 관찰하면 잠재의식적 성격 특성들이 안와전두엽에 자리한다는 것을 확연히 알 수 있다. 그런 환자들은 성격 변화를 보여주기 때문이다. 이 사실이 알려지면서 1940~50년대에는 성격 장애를 치료하기 위해 안와전두엽을 절제하는 치료가 시행되기도 했다. 이런 으스스한 수술법은 로보토미(Lobotomy)라 불리며 영화 〈뻐꾸기 둥지 위로 날아간 새〉의 마지막 부분에도 등장한다.

　안와전두엽이 손상된 경우 성격 변화 외에 별다른 특이 사항은 나타나지 않는다. 지능·주의력·집중력 등은 정상 상태로 남기 때문이다. 안와전두엽이 손상된 환자들은 반사회적 인격 장애가 있는 사람들처럼 갑자기 사회규칙을 자꾸 위반하는 모습을 보인다. 반사회적 인격 장애가 있는 사람들은 자신의 이익이나 즐거움을 위해 불의한 방법으로 타인의 권리를 반복적으로 무시하거나 침해하며, 극도로 폭력적인 행동을 보이면서도 타인에 대한 죄책감이나 연민을 느끼지 않는 경우가 많다. 의욕을 상실해 무관심한 모습을 보이거나 반대로 자제력이 없어져서 과잉행동을 보이거나 환희를 느끼기도 한다. 감정 조절이 잘 안 되어 화를 낼 일이 아닌데도 벌컥 화를 내거나 공격성, 적개심, 과민성, 과도한 불신을 보이기도 한다.

안와전두피질 손상으로 인해 특정 성격 유형 혹은 성격 장애에 상응하는 성격 변화를 나타내기도 한다. 한 환자는 갑자기 엄청난 나르시시즘을 보여주었다. 앞으로 자신이 어마어마하게 성공할 것이라고 믿었고 수십억 유로를 벌어들일 수 있는 사업 아이디어를 가지고 있다고 확신했다. 그리하여 도박하듯 전 재산을 모두 탕진했다. 여러 번 불리한 결정을 하여 일을 할 수 없게 되었고, 사회적 의무나 가정의 의무들을 등한시하면서 심각한 가정불화에 봉착했다. 툭하면 거짓말을 하고 타인에게 더 이상 공감이나 연민을 느끼지 못했다. 인내심이 줄어들어 계속해서 다른 사람의 말을 중단시키거나 질문이 끝나기도 전에 미리 대답했다. 타인의 기분은 아랑곳하지 않았고 갑자기 독단적이고 경직된 사고방식을 드러내곤 했다.

안와전두엽이 손상된 환자들 중에는 경계선 성격 장애나 폭발적인 성격의 소유자들처럼 갑자기 충동적인 성격이 되거나 감정적으로 불안하고 공격성을 보이는 사람들도 있다.

잠재의식적 성격 저장소

안와전두엽에 잠재의식적 성격이 자리 잡고 있다는 또 하나의 증거가 있다. 안와전두피질은 개인의 감정적 기억에 '핵심적' 기능을 담당한다.[15] 잠재의식적 성격이 기억과 무슨 관계가 있을까? 잠재의식적 애착 유형이나 성격 유형은 어린 시절의 관계 경험으로부터 발전한다. 불안정 애착 유형에서 이런 경험은 부정적이거나 심하면 트라우마적이다. 이런 경험은 인생 초기의 자전적 기억으로서 잠재의식적으로 저장된다. 즉, 부정적 감정의 기억으로서 저장되는 것이다.

예를 들어보자. 건강한 실험 참가자들에게 감정적이거나 중립적인 이미지를 보여준 뒤 나중에 기억 테스트를 해보면 그들은 중립적인 이미지보다 감정이 들어간 이미지를 더 잘 기억한다. 반면 안와전두엽이 손상된 환자들에게서는 그런 감정적 효과가 나타나지 않는다. 따라서 안와전두엽은 별로 감정이 개입되지 않은 정보보다 감정이 개입된 정보를 더 우선적으로 저장하게끔 한다고 볼 수 있다. "아, 이건 중요해"라고 알리고 저장하라는 신호를 보내는 것이다.

이런 정보는 대부분 뇌의 다른 부분에 저장된다. 원래의 기억 시스템은 해마와 해마 주변 영역인 측두엽에 위치한다. 안와전두엽은 이런 기억 시스템을 조절하여 정보의 학습과 유지, 그리고 기억에 영향을 미친다. 이런 영향이 해부학적으로 가능한 것은 안와전두엽이 측두엽의 기억 시스템과 신경으로 직접 연결되어 있기 때문이다.

심리학에서는 자신이 삶에서 체험한 기억을 '일화 기억(episodisches Gedächtnis)'이라 부른다. 우리의 과거는 정체성에 결정적인 역할을 하므로 일화 기억은 정체성 형성에 매우 중요하다. 동물들이 일화 기억을 가지고 있다는 건 아직 입증되지 않았다. 일화 기억은 진화 과정에서 비교적 최근에 발달한 것일 수도 있다.

안와전두엽이 손상된 환자들은 일화 기억이 파괴된 경우가 많다. 안와전두피질은 치매에 걸렸을 때 신경세포들이 특히 많이 파괴되는 영역 중 하나다. 그리하여 치매 환자들에게서는 일화 기억이 사라지는데, 이런 손상은 안와전두엽 손상과 연관된다. 조현병 환자들의 경우에도 안와전두엽 손상이 일화 기억의 손상으로 이어진다.[16]

안와전두피질은 주로 생후 첫 7년간 발달한다. 안와전두피질은 이 기간에 위험과 트라우마적 경험, 그리고 이런 위험에서 벗어나는 전략들을 저장한다. 따라서 유아기의 경험은 잠재의식에 특히 결정적인 영향을 미친다. 물론 안와전두엽은 그 이후의 시기에도 트라우마를 저장할 수 있고, 기억 및 행동과 감정에 상응하는 영향을 미칠 수 있다. 그리하여 치과에서 고통스러운 경험을 하고 나면 치과 냄새만 맡아도 식은땀이 나고 가능하면 빨리 그 장소를 떠나고 싶은 충동이 든다. 안와전두엽은 어떤 상황을 알아차리고 그것을 비슷한 상황에서의 감정적 기억과 연결시켜 감정과 동기부여를 만들어낸다. 원래의 트리거를 더 이상 기억하지 못하는 상황에서도 이런 일이 일어날 수 있다. 대부분의 유아기적 경험이 바로 이에 해당한다.

첫돌이 가까운 여아가 편지 폭탄이 터졌는데 살아남았던 사건이 있었다. 이 사건에서 아기의 엄마는 사망하고 말았는데, 그 아이가 발견되었을 때 아기는 엄마 곁에 있었고 엄마는 아기를 보호하려는 듯한 자세를 취하고 있었다. 수년이 흐른 뒤, 그렇게 살아남은 소녀는 바람이 거세게 불거나 모래가 날려 먼지가 자신의 피부에 달라붙을 때, 혹은 붉은 불빛에 노출될 때 눈에 띄게 불쾌해했다. 본인이 더 이상 기억하지 못하는 유아기의 트라우마적 경험이 계속해서 행동에 영향을 미쳤던 것이다.

심한 재난 등 심각한 트라우마를 겪은 뒤에는 기억 상실이 일어나 사고 자체 혹은 사고 이전의 시간을 더 이상 기억하지 못할 수도 있다. 이를 해리성 기억 상실(dissoziative retrograde Amnesie)이라고 한다. 심리학자이자 기억 연구가인 한스 마르코비치(Hans Markowitsch)는 젊은 시절 자기 집 지하실에서 불이 난 것을 발견했던 한 환자 이야기를 들려주었다. 그는 무사히 살아남았지만, 심한 역행성 기억 상실증에 걸려 화재가 발생하기 6년 전의 일을 거의 기억하지 못했다. 그리고 지하실 화재가 있기 전에도 이미 오랫동안 불에, 특히 (자기 집 지하실에서처럼) 연기가 많이 나는 불에 크나큰 공포를 느껴왔던 것으로 밝혀졌다. 그의 경우 이런 공포는 어린 시절의 트라우마적 경험으로 거슬러 올라갔다. 아주 어릴 적에 불타는 자동차 안에서 사람이 죽는 모습을 목격했던 것이다. 지하실에 난 불은 이런 트라우마적 기억을 연상시키며 극도의 감정적 스트레스를 불러일으켰고, 이로 인해 기억 상실이 발생했던 것이다.

마르코비치는 그런 해리성 기억 상실을 가진 여남은 명의 환자를 뇌 스캐너로 연구했는데, 건강한 참가자들과 비교하여 기억 상실증 환자들은 뒤쪽 중앙 안와전두엽의 활성화가 높았다.[17] 따라서 안와전두엽이 이런 기억 상실에 관여하는 것으로 나타났다. 잠재의식은 치과 냄새 같은 것에 강한 감정적 반응을 불러일으키는 동시에, 특히 트라우마적인 체험에 대한 기억을 억제하기도 하는 것이다.

어린 시절의 기억은 잠재의식적인 애착 유형과 연관된다. 마리오 미쿨린서는 참가자들에게 어릴 적 기억에 대해 질문하면서, 특히 슬펐거나 불안했거나 화가 났거나 행복했던 경험을 말해달라고 했다. 그는 이렇게 질문했다. "그런 경험을 기억할 수 있나요?" "각 감정에 대해 부모와 결부된 어린 시절의 기억을 떠올리는 데 얼마나 시간이 걸리나요?" 그러자 불안정-걱정 유형의 사람들은 행복한 기억보다 부정적인 기억을 더 빨리 떠올렸다. 그들에게 슬프고 불안했던 체험을 기억하는 것은 어렵지 않았다. 반면, 불안정-회피 유형은 부정적인 경험을 떠올리는 것을 상당히 힘들어했다. 불안정-걱정 유형은 차가운 불안정-회피 유형들보다 부정적인 경험, 특히 슬프고 불안했던 경험을

더 진하게 경험했던 것이다. 안정 애착 유형은 이 두 그룹 중간 정도에 해당했다.[18]

잠재의식은 애착 유형 발달 과정에서 감정적 경험 외에도 유아기적 자아관과 타인에 대한 시각도 저장하는데, 이런 시각들은 현실과 동떨어져 있을 수도 있다. 그리하여 아이는 자기 혹은 타인에 대해 특히 부정적이거나 과도하게 긍정적인 잠재의식적 관점을 갖게 될 수도 있다. 이렇게 얻어진 시각은 놀랍게도 일평생 변치 않고 유지된다. 그것이 현실과 얼마나 부합하는지와 별로 상관없이 말이다. 다음 장에서는 이런 식의 비합리적 생각에 대해 다룬다.

현실과 동떨어진 비합리적 생각들

　모든 잠재의식적 성격 유형은 자아상과 더불어 비합리적 생각을 내용으로 한다. 그리고 성격 유형과 무관한 비합리적 생각들도 있다. 어릴 적에 학습하여 잠재의식 속에 저장해놓은 비합리적 생각들은 계속적으로 우리 삶을 씁쓸하게 만들 수 있다. 다행히 우리 뇌 속에는 잠재의식 외에 또 하나의 사고 기관이 있다. 바로 의식이다.

　그러므로 비합리적인 생각을 물리치고 합리적으로 생각할 수 있고, 비합리적 사고가 자유롭게 뻗어나가지 않게끔 의식적으로 조절하는 법을 배울 수도 있다.

　유감스럽게도 우리는 너무 자주 비합리적 생각에 몰두하면서 기분이 왜 이리 안 좋은지 의아해한다. 비합리적 생각은 우리 눈을 멀게 하고 스트레스를 주어 신체의 치유력을 저하시키며[19] 심박동과 혈압에 부담을 주고 호르몬 균형을 무너뜨려서 면역계를 교란시킨다. 그러다 보니 심신이 여러 가지로 불편해지는데 의사도 이런 불편의 원인을 알아내지 못할 때가 많다. 편두통도 그중 하나다.

기존 의학에서는 잠재의식이 질병의 원인이 될 수도 있다는 사실이 알려지지 않았고 연구도 이루어지지 않았다. 그러나 자신의 비합리적 상상들을 깨닫고, 그것에 걸려 넘어지는 대신 의식적으로 삶의 의욕을 다시 불러일으키는 것은 효과적인 심리치료의 기본 중 하나다.

기본적으로 옳지 않은 생각들

부모가 보여주었던 행동이나 들려주었던 말이 전혀 흠잡을데 없지는 않다. 우리가 자녀들에게 완벽한 롤모델이 아닌 것처럼, 우리 부모도 우리에게 완벽한 롤모델이 아니었다. 그럼에도 우리는 어릴 적 부모의 말을 스펀지처럼 흡수하고 믿었다. 부모를 평가하고 정죄하고 비난하자는 것은 아니다. 중요한 것은 현실적인 시각을 갖는 것이다. 이것은 우리 건강에도 매우 중요하다.

잠재의식에 의해 생애 첫 몇 년간 만들어지는 애착 유형과 성격 유형은 어린 시절 가족에게 받아들여지고 소속되기 위해 개발했던 역할과 같다. 이런 역할은 잠재의식적인 자아관으로 이어진다. 부모에게 받아들여지기 위해 뇌의 어두운 면은 사고·감정·행동을 이런 역할에 맞게 조절하고 조작했다.

하지만 성격 유형에 부합하는 역할은 원래 자아와 배치되고, 자신의 자아를 힘들게 역할에 맞춰가야 한다. 그러다 보면 자신이 원래 원했던 사람이 되지 못하고 원했던 삶을 살아가지 못한다.

따라서 우리 속의 본질과 우리 겉모습은 불일치하는 경우가 많다. 이런 불일치는 감정적 부조화로 이어진다. 자라면서 자신의 본질과 모순되는 역할을 수행해야 하는 경우가 매우 많다. 이런 불일치는 굉장히 만연해 있다. 자신이 부모가 원하고 스스로 만족할 만한 사람이 아니라는 생각에 스스로를 부끄러워하는 사람들이 많다. 우리는 인정받을 만한, '괜찮은' 사람이 되고자 온갖 노력을 한다. 하지만 노력 여하와 무관하게 늘 "아직 충분하지 않아"라는 목소리가 머릿속을 맴돈다. 유년시절에 실제로 많이 들었던 소리에 부합하는 잠재의식의 메아리라고 할까?

하지만 자신의 어떤 점에 대해 계속해서 부끄러워하면, 부정적인 감정과 거기서 연유하는 스트레스가 부지불식간에 스스로 병들게 한다. 그러므로 건강하기를 원한다면 스스로를 흠잡으려는 생각에서 벗어나야 한다.

인간이 서로 다른 가치를 지니고 있다는 생각

자신이 '괜찮은 인간이 아니'라는 생각은 사람마다 가치가 다르다는 비합리적인 생각과 통한다. 우리는 곧잘 자신이나 타인에게 후광이나 뿔을 달아서 누군가를 누군가의 위나 아래에 둔다. 하지만 그 누구도 괴물은 아니다. 괴물처럼 행동할지는 몰라도 괴물은 아니다. 괴물처럼 행동하는 사람에게도 긍정적인 특성이 많이 있다.

우리가 행동을 비판하는 대신에 사람 자체를 평가하거나 비난하기 시작하면 자신도 가치를 입증해 보여야 하는 상황에 처한다. 따라서 타인과 비교해 스스로를 더 우월한 존재로, 혹은 더 열등한 존재로 보게 된다.

사람에 대한 평가는 올바를 수 없다. 뇌의 어두운 면이 현실을 단순화시키고 왜곡시켜서 사람을 올바로 평가하지 못하게 만들기 때문이다. 한 사람을 구성하는 수많은 특성을 다 파악할 수 있는 사람은 없다. 하물며 이런 특성 각각에 어떻게 신빙성 있는 가치를 부여하고, 비교하고 환산할 수 있겠는가. 편협하고 고루한 잠재의식만이 이렇게 할 수 있다고 생각한다. 그러므로 타인을 그가 매력적인지, 많이 배웠는지, 가난한지, 부유한지, 스타일이 좋은지, 우리 집단에 속해 있는지, 인상이 어떤지 등의 잣대로 판단하지 말고 늘 동등한 눈높이로 대해야 한다.

평가는 거두고 타인을 그냥 호감과 공감으로 대하면, 그들 역시 자연스레 우리를 그렇게 대할 것이다. 누군가가 자신을 좋아하지 않는다고 해도, 그게 무슨 큰일 날 일은 아니다. 모두에게 호감을 주는 사람은 아무도 없다.

370

스스로를 조건 없이 받아들이기

최근 임상심리학에서 가장 중요한 인식은 바로 정신적, 정서적 건강을 위해서는 자신을 무조건적으로 받아들이는 연습을 해야 한다는 것이다. '무엇을 하거나 무엇을 이루어야 비로소 나는 온전하고 사랑받을 만한 인간이 돼' 혹은 '내가 무엇을 고치면, 난 비로소 나 자신을 좋아할 수 있을 거야'라는 식의 조건을 붙이지 않은 채 말이다. 그런 조건을 붙이지 않아야 인간으로서 스스로를 존엄한 존재로 느끼고 자존감을 경험할 수 있다.

그래서 이 책의 가장 중요한 팁은 다음과 같다. 아무 조건 없이 스스로를 존엄하고 온전한 사람으로 받아들여라. 스스로를 부끄러워하지 말고 자신도 타인도 판단하지 마라. 인간은 동일한 가치를 지니고 있다. 그러므로 가치 면에서 스스로를 타인과 비교하지 마라. 여러분은 모든 이와 동일한 존엄성을 가졌으며 더도 덜도 아닌 동일한 가치와 인권을 지녔다.

사람을 그의 행동·재산·학력·권력 등과 동일시하지 않을 때에야 비로소 우리는 열등감에서 해방되어 진정한 자존감을 경험한다. 창피한 일을 했다고 하여 창피한 존재인 것은 아니다. 잘못을 하거나 장애가 있다고 하여 잘못되고 결함이 있는 존재는 아니다. 남들보다 더 돈 많고 똑똑하고 이타적이라고 하여 남보다 더 나은 인간은 아니다. 이 점에 있어서는 자신과 타인이 동일하며, 얼마나 호감가고 사랑스럽게 행동하는지 혹은 행동했는지와 무관하다.

자신의 성격적인 약점을 있는 그대로 바라보라. 이런 약점들은 어릴 적 스스로를 보호하기 위해 발달된 성격 유형의 일부이지 원래 자아에 속한 것이 아니다. 성격 유형 혹은 잠재의식적 생각은 타고나는 것이 아니다.

모든 사람은 사고·감정·행동의 잠재의식적 습관에 익숙해 있다. 자신과 주변 사람들에게 그리 바람직하지 못한 루틴이다. 그러므로 자신의 잠재의식적 습관에 적절히 대처하여 자신과 주변 사람들의 건강에 유익한 행동방식을 만들어가야 한다.

비교하거나 자신을 증명해 보이려고 하는 대신, 그냥 이렇게 말하라. "내가 세상에 존재해서 좋아." "내가 여기 있어서 기뻐." 자신의 존엄성을 의심하는 대신 자신이 세상에 존재하는 것이 얼마나 특별한 일이며, 살아가는 것이 얼마나 아름다운 일인지를 생각하라.

우리는 매일매일 생명의 온전함과 신비를 경험한다. 때로는 어리석고 해를 끼치는 행동이나 생각을 할 때도 있지만, 모든 사람은 생물학적으로 볼 때 다 완전한 인간이다. 간혹 잘못을 저지를지는 몰라도 우리 자체가 잘못된 존재는 아니다. 조건 없이 인간 자체를 존중하는 태도를 가질 때 내적 평화와 평온을 되찾을 수 있다.

원치 않는 사건 때문에 삶이 힘들다는 생각

앞에서 감정의 소용돌이와 흡인 효과를 이야기할 때, 감정은 단순히 사건이나 대상이 아니라 뇌에서 비롯된다고 이야기했다. 똑같은 사건이라도 상황이 서로 다르면 서로 다른 감정을 불러일으킨다. 사람에 따라 똑같은 사건을 대하는데도 서로 다른 반응을 보인다. 이것은 사건이 감정의 원인이 아니라는 것을 보여준다.

부정적인 감정을 유발하는 것은 사건 자체가 아니라 잠재의식적인 평가와 비합리적인 생각이다. 우리를 병들고 불행하게 하는 것은 현재의 못마땅한 상황이나 사건이 아니라 부정적인 감정이다.

그러므로 우울·불안·절망·분노처럼 우리를 병들게 만드는 부정적인 잠재의식과 생각을 변화시키면 감정도 변화시킬 수 있다. 심리치료사를 찾아가는 등 전문적인 도움을 구해도 좋다. 부정적인 감정을 알아차렸다면 의식적으로 평온을 유지하는 연습을 하라. "심호흡하고 긴장을 풀고 마음이 흐르게 하라." 물론 이렇게 말할 수도 있다. "나는 이런 상태를 좋아하지 않아. 이제 이것을 바꾸기 위해 뭔가를 할 거야"(394쪽 '변화를 위한 3단계 문제해결법' 참조). 우리가 적극적으로 통제할 수 없는 상황에서조차 이런 상황에 대한 자신의 감정적인 반응에 영향을 미칠 수 있다. 아무도 이 자유를 빼앗을 수 없다.

일이 우리 뜻대로 되어야 한다는 생각

우리를 넘어지게 하는 또 다른 비합리적인 생각은 이것이
다. '나/타인들/세상은 내가 원하는 대로 되어야 해. 그렇지 않
으면 큰일 나.' 이런 강박적인 생각은 머리를 지끈거리게 만들
고, 부정적인 감정과 함께 쓸데없는 스트레스만 유발한다. 자신
은 원래 이런 사람이어야 하는데 그렇지 않다며 불안해하거나
우울해하고, 다른 사람들은 원래 이런 사람이어야 하는데 그렇
지 않다고 분노하고 앙갚음을 하고 싶어한다. 세상은 원래 이러
이러해야 하는데 그렇지 않다고 좌절하거나 의기소침해한다.

늘 모든 것이 완벽해야 한다고 생각하는 사람들이 많다. 잠
재의식은 늘 옥에 티를 찾아내거나 우리의 행복에 결여된 것들
을 아쉬워하게 만든다. 하지만 늘 뭔가가 부족해서 행복할 수
없다면, 그런 사람은 결코 행복해질 수 없다. 그러면 종종 현재
가 얼마나 아름답고 행복한지 간과하게 된다.

책임을 물어야 한다는 생각

사람은 실수를 한다. 실수는 인간적인 것이며 그 실수로부
터 배울 수 있다. 하지만 잘못했다고 지나치게 죄책감에 시달리
는 것은 불필요한 일이다. 누가 책임이나 죄가 있는지 따지는
것도 별 도움이 되지 않는다. 그보다는 어쩌다 이런 실수가 빚

어졌는지를 파악하고 앞으로 그런 실수를 하지 않도록 대책을 강구하는 편이 도움이 된다.

죄를 묻고 잘못을 따지다 보면, 잘못한 사람에게 무슨 커다란 도덕적 결함이 있거나 그가 열등한 존재인 것처럼 생각된다. 그러면 잠재의식적인 소용돌이 효과로 말미암아 부정적 감정이 끝 간 데 없이 끓어오르고, 시각과 사고가 제한되어 실제 연관을 제대로 꿰뚫어보지 못한 채 상호간의 이해가 불가능한 상태가 된다. 그러고는 자연스레 해결책을 찾는 대신 처벌할 방법을 강구한다. 그러므로 가치중립적인 시각으로 행동과 원인을 대하고 자신과 타인을 공정하게 대하라. 과도하게 죄를 따질 필요도, 죄책감에 시달릴 필요도 없다.

'전형적인 남자' 대 '전형적인 여자'

마지막으로 약간 코믹하게 느껴지는 비합리적 입장 두 가지를 소개한다. 결혼생활의 잠재의식적(!) 원칙을 성별에 따라 몇 문장으로 정리해보았다. 약간 공감이 느껴질지도 모른다. 그저 "아, 정말 그럴 수도 있겠네" 하고 지나가라는 의미에서 소개하는 문장이다. 이것을 문제 삼으면 상호 존중과 이해가 바탕이 되어야 할 관계가 위태로워질 수 있으니 말이다.

남편들은 아내들에 대해 이런 입장이다. "결코 나는 잘못이 없어. 뭔가가 잘못되었다면, 그건 아내 잘못이야. 그러니 내가 뭔가 불만족스럽다면, 그건 아내가 더 애쓰지 않아서야."

아내들은 남편들에 대해 이런 입장이다. "뭔가가 잘못되면, 남편은 그게 내 잘못이라고 생각하지. 그러다 보니 그게 사실이 아닌데도 나는 죄책감을 느껴. 남자들은 감정적으로 무디고 둔감하고 의사소통 면에서 구제불능이야. 하지만 남편은 자신을 보스로 여길지 몰라도, 알고 보면 내가 보스인걸."

뇌의 어두운 면을 밝히는 또 다른 방법들

성인이 되어서도 뇌의 어두운 면이 일으키는 비합리적 생각을 따른다면 스스로를 악마로, 자신의 삶을 지옥으로 만들게 되기 십상이다. 다행히 우리는 다르게 행동하는 법을 배울 수 있으며, 그것은 다음과 같은 방식으로 가능하다.

자의식을 가져라. 의식적으로 자신이 세운 가치와 목표를 지향하라.
자부심을 가져라. 자신의 강점을 신뢰하라.
자신의 기분을 알아차려라. 자신의 몸이 보내는 섬세한 신호를 감지하라. 목소리의 울림을 듣고 얼굴 표정을 느끼고 자세를 감지하고 자신의 기분과 의식적 사고를 알아차려라.
'자존감'을 가져라. 인간으로서 자신이 존엄한 존재임을 느끼고 비합리적 생각에 주체적으로 대응하라.
자신과 타인에 대한 공감과 연민을 가져라.

공감과 연민은 비합리적 사고를 끄고 스스로를 조건 없이 받아들이는 데도 도움이 된다. 공감과 연민을 느낄 때 연대와 결속으로 나아갈 수 있고, 주변 사람을 돕는 등 의미 있는 일에 힘을 모을 수 있다. 잠재의식에게서 주도권을 넘겨받아 호의와 애정, 배려와 온유한 마음을 가져라. 분노·공격성·미움이 느껴질 때는 잠재의식이 주도권을 가져가 공감과 연민을 억누른다.

타인에 대한 공감은 인간의 기본적 가치다(이 책을 통해 공감 능력이 더 높아질 것이다). 늘 이런 가치를 부여잡고 훈련하고 그 가치에 따라 살아내는 것이 정신 건강에도 좋다. 이는 규칙적인 운동이 신체 건강에 좋은 것과 비슷하다.

모든 가치의 기본인 인간성과 인간미(인심과 인정)를 발휘하라. 그것은 타인과 우리에게 유익이 된다. 자신과 타인의 행복을 위해 노력할 때, 우리는 내적으로 더 평온하고 차분하고 행복해진다. 적대감과 분노를 가지고 일을 부풀리며 고생을 자초하는 대신 타인의 걱정을 줄여주고, 그들이 감정의 소용돌이와 흡인 효과를 끄고 부정적인 생각의 고리를 끊어내도록 도와줘라. 인심과 인정은 우리 뇌의 어두운 면을 즉각적으로 밝혀준다. 장난기 있는 윙크 한 번만으로도 잠재의식이 불러일으키는 어두운 생각들에 빛을 밝힐 수 있다.

7

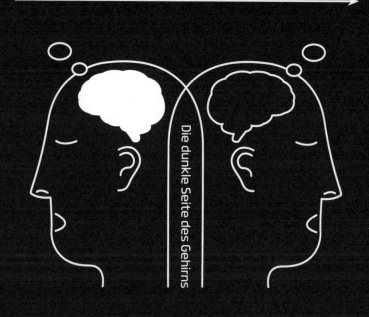

Die dunkle Seite des Gehirns

일상을 위한
구체적인 지침

메디 워킹, 명상적으로 일하기

메디 워킹(Medi-Working)은 일상을 명상으로 바꾸는 방법이다. 이 방법은 명상이나 마음챙김 연습과 비슷하지만, 일과를 중단하지 않고 생산적인 일을 하면서 실행한다는 차이가 있다. 메디 워킹을 부지런히 실천하라. 자주 실천할수록 실천이 더 쉬워질 것이다.

일과 중 한 부분을 할애해 메디 워킹을 적용하라. 어떤 일을 하면서 30분이나 1시간 정도 메디 워킹을 하면 된다. 직업 활동(공부 포함), 집안일, 운동, 요리, 물론 악기 연주도 좋다. 정원 일을 하거나 독서 혹은 그림을 그릴 때도 메디 워킹을 실행할 수 있다.

잠시 긴장을 풀면서 시작하라. 1~2분 정도 몸에 주의를 기울이며 신체 곳곳의 긴장을 풀어준다. 목, 어깨, 등의 긴장을 풀고 마음을 편안하게 하라. 곧은 자세로 머리를 똑바로 들고 가슴을 펴라. 어깨를 뒤로 젖히고 양팔을 자연스럽게 떨어뜨려도 좋다. 고요히 심호흡을 하되 들이쉴 때보다 내쉬는 숨을 더 길게 하라. 흉식 호흡 대신 복식 호흡을 하라. 복식 호흡을 할 때는 가슴이 거의 위로 들리지 않는다. 일과를 수행하다가 신체가 긴장해 있음이 느껴지면 얼른 다시 이완하라. 앉아 있을 때는 다리를 꼬지 마라. 다리를 꼰 채 일하면 잠들 때나 수면 중에 다리에 통증을 느끼기 쉽다. 늘 책상 앞에서 일한다면, 간혹 서서 일할 수 있게 높이 조절 책상을 구입하면 어떨까. 정신적 긴장을 풀기 위해서는 자신의 가치와 목표가 담긴 '개인 선언'을 읽어보라(385쪽 "'개인 선언'에서 출발하는 시간 관리' 참조).

이어 곧바로 일과에 돌입하라. 첫걸음을 내딛기가 어려운가? 이 활동이 당신을 목표로 더 가까이 데려다준다는 생각을 가져라. 지금 이 일을 하지 않으면, 목표를 달성할 수 없을지도 모른다. 목표를 달성하는 순간을 생생하게 이미지로 상상해보라. 본연의 일을 하기 위해 내디딜 수 있는 작은 첫발이 무엇일까를 생각하고, 이를 실행에 옮겨라. 가령 노트북을 켠다든지 프로그램을 연다든지 책을 편다든지 연필을 손에 쥐는 행동으로 첫걸음을 내디딘 뒤, 뒤따르는 작은 걸음을 실행하라. 삶의 모든 커다란 과제는 두려움을 불러일으키지만, 별것 아닌 작은 단계를 밟아나가다 보면 굵직한 일도 해낼 수 있다.

일에만 집중하고 다른 데 한눈팔지 마라. 커다란 과제를 위해 한 발 내딛자마자, 온갖 작은 과제들이 떠오를지도 모른다. 작은 과제들이 갑자기 급히 해야 할 것처럼 여겨지고 흥미롭게 느껴질 수도 있다. 하지만 '얼른 이 일들을 먼저 끝내면 좋지 않을까?' 하는 충동에 굴복하지 마라! 대신 작은 과제가 떠오를 때마다 메모를 해두고, 급해 보일지라도 뒤로 미루라. 전화, 인터넷, 이메일을 멀리하라. 가능하면 다 꺼두고 업무상 필요하다면 업무에만 활용하라. '소셜 미디어'도 멀리하라. 일하면서 음악을 듣는 사람들이 많다. 음악은 집중에 도움이 되고 의욕을 불러일으킨다. 또 마음을 안정시켜주고 생각에 긍정적인 영향을 미친다. 하지만 좋은 음악만 들어라. 밝은 음악, 안정감과 힘을 주는 평화로운 분위기의 음악을 들어라.

평온하고 기분 좋게 일하라. 성공 압박, 효율성, 마감일, 완벽주의 등을 통해 스스로를 스트레스 상황으로 밀어넣지 마라. 메디 워킹에서는 체험이 곧 결과다. 명상과 함께하는 시간에는 보통 때보다 성과가 덜 나도 괜찮다. 의식적으로 기대 수준을 낮춰라. 스트레스 없이 명상적으로 일하는 것이 중요하다. 일의 속도가 안 나는 느낌이라도 좌절하지 마라. 아주 작은 걸음이라도 안 가는 것보다는 낫다. 대신 다음번에 더 많은 진전을 이룰 수 있을 것이다. 때로는 시간을 요하는 일들도 있고 성과를 내기 위해 몇 시간 동안 그냥 생각만 해야 하는 경우도 있다. 그러고 나면 다음날 갑자기 깨달음이 찾아온다. 뭔가가 금방 뜻대로 되지 않아도 실망하지 마라. 한 걸음 한 걸음 목표에 다가가기 위해 차분하고 평온하게 일에 시간을 들여라. 이렇게 하는 것은 인생에서 이룰 수 있는 최대의 성공 중 하나다.

부정적인 사고를 허락하지 마라. 생각이 곁길로 빠지면 이렇게 말하

라. "아하, 내 생각이 방금 곁길로 샜어. 뭐 큰일은 아니야. 하지만 생각을 다시 일로 되돌리자." 자꾸 부정적인 생각이 들 때는 특히 전환이 중요하다. 부정적인 생각이 들면 이렇게 말하라. "미안하지만 난 너희에게 할애할 시간이 없어."

부정적인 감정을 허락하지 마라. 자신에게서 부정적인 감정이나 정서가 느껴지면, 이렇게 말하라. "아하, 부정적인 감정이 또 찾아왔구나. 나쁘지 않아. 하지만 지금은 메디 워킹 시간이야. 고요히 심호흡을 하고 긴장을 풀고 일에 집중하자." 일이 뜻대로 진척되지 않아 짜증이 나고 화가 나는 건 아주 평범한 일이다. 하지만 지금은 그 감정을 허락하지 말고, 심호흡을 하고 긴장을 풀고 그냥 흘러가게 하라.

원래의 일에서 벗어나지 않도록 주의하라. 용어 하나를 찾고자 인터넷을 검색하는 순간 '흥미로워' 보이는 뉴스에 낚여 웹사이트를 전전하는 일이 얼마나 많은가. 전혀 중요하지 않은 세부적인 것들에 얽매여 시간을 낭비하는 일이 얼마나 잦은가. 이럴 때는 이렇게 말하라. "아하, 일이 곁길로 빠졌네. 원래 해야 하는 일로 다시 주의를 돌리자."

하나의 일을 끝내면 다음 일을 준비하라. 일을 다 끝내고 나서 잠시 청소와 정리를 하라. 하지만 일을 미처 끝내기 전에 해서는 안 된다. 하나의 작업이 완료된 후에 청소를 해야 다음번에 더 기분 좋게 일을 시작할 수 있다. 일하는 장소가 정리되어 있으면 일을 시작하기도 더 쉬워진다. 소프트웨어 업데이트 같은 것도 일을 끝낸 뒤에 하라. 결코 일하는 중간에 업데이트를 하지 마라. 다음번에는 무슨 일을 할 것인지, 다음 작업을 위한 첫걸음은 어떤 행동일지도 생각해보라.

'개인 선언'에서 출발하는
시간 관리

　시간 관리의 최고 원칙은 의미 있고 중요하며 목표를 이루는 데 도움이 되는 활동을 하면서 시간을 보내라는 것이다. 시간 관리에 대해서는 기존에 좋은 방법들이 많이 알려져 있다.[1]

　유익한 시간 관리의 첫걸음은 자신의 가치와 목표를 분명히 하는 것이다. 삶에서 여러분에게 중요한 가치는 무엇인가? 이루고자 하는 목표는 무엇인가? 이를 자신의 '개인 선언'으로 적은 다음, 그 종이를 눈에 잘 띄는 곳에 놓아둬라. 스마트폰에 메모를 해둬도 좋다. 족히 몇 년은 소요될 장기 목표, 몇 달짜리 중기 목표, 며칠짜리 단기 목표를 정해도 좋다. 목표가 가치와 부합되게 하라.

　선언을 계속해서 다시 읽어보라. 매일 일을 시작할 때 선언을 읽어보며 목표와 가치를 상기하면 좋다. 자주 상기할수록 지금의 활동이 자신의 가치와 목표에 부합하는지 판단하기가 쉽다. 가치와 목표를 의식하지 못하면 중요하지 않은 것들에 시간을 낭비하기 쉽다.

시간 관리 원칙을 따른다고 이기적인 인간이 되어버리는 건 아닐까? 그렇지 않다. 오히려 그 반대다. 가치가 윤리적이고 목표가 그 가치에 부합하면 시간을 적절히 관리함으로써 최대한 윤리적이고 흠 없이 행동할 수 있다. 다른 사람의 행복을 증진하기 위해 우리가 할 수 있는 일을 하게 된다. 우선 다음의 사안을 점검해보라. 자신이 목표를 이루면 다른 사람에게도 유익이 될까? 자신이 목표를 이룸으로써 누군가가 손해를 보게 되는 않을까?

시간 관리의 원칙을 따른다고 번아웃을 가져오는 것도 아니다. 가치와 목표를 지향하면서 의미 있고 중요한 일에 시간을 쓰라는 것이 꼭 일만 하면서 보내라는 뜻은 아니기 때문이다. 일뿐만 아니라 건강, 가족, 친구, 예술, 여가활동 등도 의미 있고 중요한 일에 포함된다. 이런 일들에 시간을 들이는 것 역시 가치와 목표를 지향하는 활동이다. 휴식하고 명상하고 운동하고 휴가를 보내는 것은 건강에 중요한 활동이다. 가치와 목표가 자신이나 타인에게 해를 끼칠 수 있는 것이라면, 그런 가치와 목표는 망설임 없이 폐기해도 좋다.

물론 가치와 목표를 알기만 하는 것으로는 부족하다. 행동도 그에 걸맞게 해야 한다. 잠재의식이 행위를 이끌어갈 때가 많으므로 행동을 의식적으로 조절하도록 힘써라. 가치와 목표에 맞게 행동한다는 것은 목표를 달성하지 못하게 하는 일에 시간을 쓰기보다는 되도록 목표를 달성할 수 있는 일에 시간을 쓰는 것을 의미한다. 우리는 종종 자신이 실제로 무엇을 원하는지 알지 못하고 아무런 계획도 없고 중요하지 않은 일에 매달리기 때문에, 그리고 일에 집중하지 못하기 때문에 시간을 낭비하곤 한다. 이어서 시간을 분배하고 과제를 계획하는 데 도움이 되는 몇 가지 방법들을 알아보자.

원형 다이어그램 활용하기

삶에서 각각의 주된 영역에 어느 정도의 시간을 들일 것인지를 원형 다이어그램으로 표시해보자. 일·취미·가족·친구·집안일에 얼마나 많은 시간을 들이고 싶은가? 이를 현재 생활에서 들이는 비율과 비교해보라.

소망과 현실의 차이가 발견되면 시간을 어떻게 다르게 분배할 것인지 생각해보라. 다른 활동에 더 많은 시간을 보내기 위해 한 달간 일을 더 적게 할 수도 있을 것이다. 어떤 것들은 서로 합칠 수 있을지도 모른다. 가령 '다른 사람을 돕는 것'과 가족을 결합해, 조카들을 베이비시터로 쓰는 방법도 있다. 요리나 운동은 친구들과 함께하면 더 재미있지 않을까? 가족과 취미를 묶어서 배우자와 함께 콘서트에 가면 어떨까?

전형적인 한 주간의 시간 계획도 구체적으로 적어보자. 변화시키고 싶은 것들이 있는가? 파트너 혹은 자녀들도 이런 시간 계획에 만족하고 행복해할까?

무엇이 중요하고, 무엇이 긴급할까?

할 일을 중요한 것과 중요하지 않은 것, 긴급한 것과 긴급하지 않은 것으로 나누어보라.

중요하고 긴급한 일	중요하고 긴급하지 않은 일
중요하지 않고 긴급한 일	중요하지도 긴급하지도 않은 일

여기서 중요한 일이란 자신의 가치와 목표 리스트에 있거나 그와 직접적으로 관계되는 것을 말한다. 긴급한 일이란 곧장 해결해야 하는 일들을 말한다. 중요하지 않고 긴급한 일은 가령 억지로 떠맡거나 부탁을 받아 하루빨리 해결해야 하는 일들을 말한다. 중요하지도 긴급하지도 않은 일은 가령 페이스북이나 트위터, 인스타그램 등을 들락거리거나 유튜브나 틱톡 등으로 시시껄렁한 동영상을 보거나 장시간 텔레비전을 보거나 비디오 게임을 하는 것 등이다.

유감스럽게도 중요한 일보다 중요하지 않은 일을 하는 것이 대부분은 더 쉽다. 중요하지 않은 일인데 긴급할 때 우리는 아직 긴급하지 않은 중요한 일을 하기보다 중요하지 않은데 긴급한 일을 하면서 시간을 보내기 십상이다. 바람직한 시간 관리의 열쇠는 되도록 많은 시간을 긴급하지 않지만 중요한 일을 하면서 보내는 것이다.

이를 위해 중요한 세 가지 단계는 다음과 같다.

1단계 중요하지 않은 일들에 '노(no)'를 하는 연습을 하라. 중요하지 않은 일들에 들이는 시간은 영원히 잃어버린 시간이다. 그 시간을 중요한 일에 쓸 수 없기 때문이다. 이미 언급했듯이, 가차 없는 이기주의나 번아웃으로 나아가라는 이야기가 아니다. 다른 사람을 돕고 재충전하는 활동도 중요한 일에 속하기 때문이다. 바람직한 시간 관리는 더 많은 시간을 중요한 일에 할애하는 것이다. 주어진 시간을 더 의미 있게 활용하는 것이다. 아마도 중요하지 않지만 이미 하겠다고 약속해버린 일들을 처리해야 할지도 모른다. 그러나 앞으로는 약간 더 신중하게 중요한 일들만 수락하라.

2단계 중요한 일들은 기한이 임박하기 전에, 따라서 긴급해지기 전에 처리하라. 그러면 불필요한 스트레스를 줄일 수 있다.

3단계 종종 이 일 저 일 정신없이 하다보면, 중요한데 급하지 않은 일들을 할 시간이 남지 않는다. 그러면 이런 일들은 뒷전으로 밀리기 십상이다. 그래서 친구들을 만나는 것이나 건강을 돌보고 휴식을 취하는 것을 소홀히 할 때가 많다. 그러므로 의식적으로 이런 활동에 할애할 시간을 미리 계획해놓는 것이 중요하다. 이런 시간을 '자꾸 끼어드는' 급한 일들로 채우지 마라.

시간 관리를 위한 조언

★ **계획한 시간에 곧장 계획한 일을 시작하라**(380쪽 '메디 워킹, 명상적으로 일하기'와 58쪽 '세금신고서 작성도 즐거울 수 있다' 참조). 첫걸음은 너무나도 어려워 보일 때가 많은데, 이것은 잠재의식의 기만 때문이다. 긴 여행도 첫발을 떼는 것으로 시작된다. 첫걸음이 크든 작든 그것은 중요하지 않다. 걸음을 아예 내딛지 않는 것보다는 아주 작은 걸음이라도 내딛는 것이 낫다. 일단 첫걸음을 떼면 잠재의식적으로 얽매인 것을 끊고 앞으로 전진할 수 있기 때문이다. 실제 일에 들이는 시간보다 더 많은 시간을 일을 회피하느라 낭비하지 않도록 하라.

★ **할 일의 목록을 작성하라.** 그렇게 하면 시간을 낭비하지 않고 절약할 수 있다. 하지만 계획을 너무 야심차게 세우지 말고, 계획한 시간에 할 일을 너끈히 할 수 있도록 시간표를 짜라. 계획한 시간 안에 과제를 해결할 수 없어서 스트레스를 받는 것보다 시간이 약간 남는 것이 더 낫다. 구체적으로 어떤 단계를 밟아갈 것인지를 미리 계획해놓으면 일을 제대로 해내지 못할까봐 공연히 두려워하지 않아도 된다. 또한 구체적으로 계획을 세우면 각 단계에 얼마나 많은 시간이 들 것인지 현실적인 판단이 가능하다.

계획을 세운 다음에는 한 걸음 한 걸음 산을 오르듯 해나가라. 하루를 마감하면 그날 하루 끝낸 일들을 돌아보며 기뻐하고, 다음 날 해야 할 계획을 세워라.

★ **잠재의식적 루틴 기계를 도우미로 삼아라.** 의식적으로 특정 활동을 늘 같은 시간에 하다보면, 그것이 습관으로 자리 잡는다. 그러면 이런 활동을 하루 또는 주중의 일과에 포함하고 그 일을 하기 위해 몸을 일으켜 곧장 시작하기가 더 쉬워진다.

★ **어떤 걸 하고 어떤 걸 하지 않을 것인지 신중하게 선택하라.** 어떤 일에 '예스'를 한다는 것은 그때마다 시간의 원형 다이어그램 중 한 조각을 그 일을 위해 내준다는 뜻이다. 그 일을 하기 위해 원래는 더 중요한 일에 쓸 수 있는 시간을 빼는 것은 좋지 않은 교환이다.

★ **중요하지 않은 일의 유혹에 넘어가지 마라.** 중요하지 않은 일을 수락하지 마라. "가을에 …좀 해줄(가줄) 수 있겠어?"라는 요청이 왔을 때처럼 일을 나중에 처리해도 되는 경우는 그러겠다고 승낙하기 쉽다. 그런 상황에서는 가을이 되어 시간이 임박했을 때 빠듯한 시간을 내어 그 일을 감당하는 자신의 모습을 머릿속으로 그려보라.

★ **'부실하게 하기보다 차라리 뒤로 미루고 나중에 완벽하게 하는 게 낫다'라는 모토에 따라 잘하려다 실패하는 경우가 많다.** 모두가 좋은 결과를 내기 원한다. 하지만 결과가 완벽하기를 원할수록 일을 하기가 힘들다. 우리는 결과가 완벽하지 않을까봐 두려워하며, 모든 것이 당장 완벽하지 않으면 불만족스러워한다. 하지만 일을 하며 실수를 하는 건 아주 평범한 현상이다. 어떤 상품이나 방법이 막 개발되었을 때는 특히 그렇다. 미켈란젤로가 다비드상이 어딘가 불만

족스럽고 이상해 보인다고 해서 금방 끌을 손에서 놓아버렸다면 어떻게 되었을까? 일을 할 때는 결과에 너무 치중하기보다 활동 자체와 과정에 전념하는 것이 더 중요하다. 대부분의 일은 완벽하게 해내는 것보다는 적절히 해내는 것이 더 중요하다.

★ **일을 영리하게 분할하라.** 열 시간 걸리는 일이라면, 열 시간을 한 블록으로 보기보다 그 일을 여러 블록으로 나누어 한 블록에 적은 시간을 들이게끔 분할하는 것이 훨씬 효율적이다.

★ **불필요하게 뒤적여보는 것은 시간 낭비만 초래한다.** 어떤 과제를 곧장 하든가, 아니면 언제 처리할 것인지를 정하고 뒤로 미뤄두는 것도 방법이다. 이메일을 읽었다면 이 사안을 해결하기 위해 우선 무엇을 해야 하는지를 빠르게 어림해보고 이메일에 곧장 답할지, 나중에 답할지를 결정하라. 그러고는 그 일을 해결할 시점을 정해놓은 뒤, 계획한 시간에 이메일을 다시 열어라. 달력에 메모를 해놓은 뒤, 예정된 시간에 그 일을 처리하라. 그러면 같은 이메일을 연거푸 들춰보며 스트레스를 받고 해결하지도 못한 채 다시 덮느라 공연한 에너지를 소진하지 않아도 된다.

★ **계획을 세우는 시간을 별도로 만들어라.** 하루 단위 혹은 일주일 단위로 특정 시간을 떼어 계획을 세우는 시간으로 활용하라. 스트레스 받지 않고 일에 전념할 수 있도록 현실적이고 구체적으로 시간 계획을 세워라.

★ 회의는 시작 시간과 마감 시간을 미리 정해둬라. 회의를 할 때 시작 시간만 정하고 정작 언제 끝낼지는 약속해두지 않는 경우가 많다. 그러다 보면 생각보다 회의가 상당히 늘어진다. 회의를 마칠 시간을 미리 협의해놓으면, 안건을 착착 처리하면서 정한 시간 내에 계획한 일들을 모두 다루기가 수월해진다.

★ 잡념에 빠지지 말고 일에 집중하라. 그러면 부정적인 생각의 고리에 빠져드는 일을 피할 수 있다. 스트레스를 받거나 부정적 감정에 휩쓸리지 말고 조용하고 차분하게 일에 전념하라(380쪽 '메디 워킹, 명상적으로 일하기' 참조).

변화를 위한 3단계 문제해결법

누구에게나 문제는 있다. 문제가 있다고 해서 부끄러워할 필요가 없다. 문제가 얼마나 크게 보이든 상관없다. 더 나빠질 수도 있었지만 이만한 게 다행일 수도 있다. 다른 사람은 더 커다란 문제를 안고 있을지도 모른다. 다행히 모든 문제에는 해결책이 존재한다. 여기 문제를 해결하는 효율적인 방법을 소개한다. 놀랍도록 간단한 방법들이다.

1단계 **문제가 무엇인지 확인하라.** 명확히 정의하기만 해도 문제의 절반은 해결된 것이나 마찬가지다. 그러므로 문제를 완전한 문장으로 정리해보고 문제에 간단한 이름을 붙여보라. 짧게 글로 적어보거나 소리 내어 말해보라. 문제를 구체적으로 진술하면 무엇이 문제인지를 분명히 할 수 있다. 정확히 어느 것이 문제인지, 보다 근본적인 문제는 없는지 생각해보라. '부엌이 늘 너저분한' 문제는 자세히 살펴보면 '불필요한 물건이 너무 많거나 물건들을 보관할 수

납장이 부족한' 것이 근본 문제일 수 있다.

　문제를 살펴보면서 용기를 내어 자신의 어려움을 고백하라. 가령 "나는 불필요한 주방용품들을 싹 다 정리하는 게 힘들어"라고 말하는 것이다. 누군가와 더불어 문제에 대해 이야기하는 것도 도움이 된다. 대화를 하다보면 진짜 문제가 어디에 있는지 힌트를 얻게 될 수도 있다. 여러 가지 문제로 괴롭다면 문제를 목록으로 작성하고 순위를 매겨보라. 이때 가장 심각하고 시급한 문제가 위에 오도록 하라. 무엇이 문제인지를 분간하기가 힘들다면, 시간을 두고 천천히 생각해보라. 시간적·공간적 거리를 두고 나면 문제가 더 잘 보일 때가 많다. 일단 그 문제와 거리를 둔 채로, 목록에 있는 다음 문제부터 먼저 공략하라.

2단계 **가능하면 많은 해결책을 생각해보라.** 1단계에서 여러 가지 문제를 목록으로 만들어보았다면, 이제 그중 하나의 문제를 택해 그 문제를 어떻게 해결할 수 있을지 생각해보라. 이 단계에서 중요한 것은 이런 해결책이 정말로 괜찮은 것인지 검열하지 않는 것이다. 일단 그냥 창조적으로 생각해보라. 멍청하게 생각되는 해결책이라도 일단 떠오르면 메모를 해보라. 말도 안 되거나 불가능한 해결책도 생각해보라. 이런 말도 안 되는 것들이 현실적인 해결책을 떠올리는 데 자극이 될 수도 있기 때문이다. '마법의 지팡이로 모든 불필요한 물건을 부엌에서 다 사라지게 하면 좋겠다'는 생각은 '수납공간을 만들까' 하는 아이디어로 이어질 수 있고, 이런 생각은 '부엌과 창고를 좀 정리하고 가을겨울 그릇 혹은 봄여름 그릇을 부엌에서 창고로 옮기자'는 생각에 이를 수 있다. 해결책이 떠오르면 다시 잊어버리지 않도록 그때 그때 메모해놓아라.

여러 가지 해결책을 모으는 것이 왜 중요할까? 머릿속에 떠오른 첫 번째 해결책보다 더 좋은 해결책에 이를 수도 있기 때문이다. 미리부터 폐기해버리지 말고, 황당한 해결책도 일단 받아들여라. 이것이 중요한 것은 완벽한 해결책을 찾으려는 잠재의식적 압력이 우리의 의식적인 사고를 마비시켜버리는 경우가 잦기 때문이다. 잠재의식은 불가능한 것들을 생각할 수 없으므로 의식적으로 말도 안 되는 혹은 불가능한 일들을 생각하면서 잠재의식으로부터 주도권을 쟁취할 수 있다.

3단계 해결책이 효과가 있는지 알아보라. 다음 STAB 원칙에 따라서 해보라.

(S) **선택**(Selektion) : 우선 앞 단계에서 작성한 목록에서 해결책 하나를 고른다. 믿을 수 있는 사람과 이런 선택에 관해 이야기를 나누어보는 것도 좋다.

(T) **테스트**(Testen) : 해결책을 시험해본다. 해결책이 어떤 단계로 이루어지는지 생각해보고, 이를 실행하기 시작하라.

(A) **평가**(Auswerten) : 해결책이 잘 기능하는지 평가해본다. 해결책이 잘못된 방향으로 간다면, 그 방법을 집어치우고 목록에 있는 다른 해결책을 시험해보라. 어떤 해결책이 좋지 않을 때 곧장 새로운 해결책을 적용해볼 수 있음을 다행으로 여기자! 해결책이 올바른 방향으로 나아간다면, 다음 단계로 넘어가라.

(B) 계속하기(Beharren) : 문제가 해결되었다고 생각될 때까지 끈기 있게 해결책을 실행한다. 굵직한 문제는 대부분 하룻밤 사이에 해결되지 않는다. 다시 조정하고 보완하고 추가 조치를 취해야 하는 경우가 더 많다. 해결책을 실행하다 보면 다른 문제들이 수면 위로 떠오르기도 한다. 그런 경우에는 새로운 문제를 해결하기 위해 맨처음 1단계로 돌아가라. 까다로운 문제를 해결하는 것은 잘될 때까지 계속해서 다듬어나가야 하는 발명과도 같다. 문제해결의 엔지니어가 돼라.

문제해결을 위한 추가 조언

★ 문제해결 방법을 파트너나 팀원들과 함께 실행할 수도 있다. 파트너 관계에서의 문제에도 적용할 수 있다(413쪽 '중재를 통해 배우기' 참조).

★ 문제를 하나씩 차례로 공략하라. 여러 문제를 동시에 지지부진하게 끌고 나가는 것보다 한 번에 한 문제를 효율적으로 해결하는 것이 낫다.

★ 문제가 너무 많아 희망이 보이지 않을 때도 있을 것이다. 하지만 문제가 얼마나 많은지와 상관없이 한 가지 문제를 해결하고자 노력하는 것은 늘 가치 있는 일이다. 80:20 규칙으로 위로를 삼

아라. 이 규칙은 바로 어려움의 80퍼센트는 문제의 20퍼센트에서 비롯된다는 것이다. 소수의 중요한 문제를 하나씩 해결해나가다 보면, 대다수의 어려움을 극복하게 될 것이다. 그럼에도 자꾸 절망의 소용돌이 속으로 빠져드는 느낌인가? 잠재의식적으로 현재의 안 좋은 부분만 보면서 문제를 전혀 해결할 수 없다고 생각하기 때문일 것이다. 이런 경우는 '부정적인 감정이 찾아올 때의 응급처치법'(418쪽)을 읽고 앞서 소개한 문제해결 방법 1단계로 새롭게 들어가라.

★ 다른 사람이 아닌 스스로를 변화시키도록 노력하라. 여러분의 해결책이 다른 사람을 여러분의 입맛에 맞게 변화시키는 것이라면, 그런 해결책은 성공할 가능성이 크지 않다. 여러분이 가장 효율적으로 바꿀 수 있는 것은 바로 자신의 행동이다. 그러므로 문제에 대한 책임감을 가지고 자신의 행동을 어떻게 바꿀 수 있는지 생각해보는 것이 가장 중요하다.

★ 이론적으로는 문제해결이 가능해 보이는데 실제로는 진척이 아주 느린 경우도 있다. 그런 경우 당분간은 문제를 그냥 받아들이고 문제와 더불어 살아가는 것이 더 나을 수도 있다. 문제해결에 시간과 에너지가 많이 들어가는 경우에는 더더욱 그렇게 하라. 그럴 때는 문제해결에 들어가는 에너지와 시간을 목표를 달성하는 일에 들이는 것이 더 나을 것이다.

★ 우울증, 약물남용, 불안 장애, 섭식 장애 등의 문제가 자신과 주변에 해를 초래하는 경우에는 전문적인 도움을 구하라.

★ 문제가 잠재의식적인 괴물로 자라기 전에 일찌감치 문제를 알아차리도록 노력하라. 문제를 빠르게 알아차리고 대처할수록 조절하기가 더 쉽다. 잠재의식은 문제를 실제보다 훨씬 더 크고 위험한 것으로 부풀리는 경우가 많다. 그러므로 의식적인 시선으로 문제를 대하라. 이성적으로 분석하고 영리하게 해결하라.

결정을 위한 꼼꼼한 저울질

이성적으로 결정을 내리기 위해 몇 가지 조언을 하고자 한다. 여기서는 직업 선택을 예로 들어 설명한다. 물론 이런 방법은 다른 결정에도 똑같이 적용할 수 있다.

1단계 모든 대안, 즉 선택할 수 있는 모든 직업을 표의 첫 칸에 세로로 적는다. 이때 위의 두 줄은 비워놓는다.

2단계 그런 다음 직업 선택에서 자신에게 어떤 측면들이 기준이 되는지 정하라. 가령 일이 즐거운지, 급여 수준은 괜찮은지, 승진이나 발전 등 앞으로의 전망은 있는지, 그 일을 하기 위한 훈련기간은 얼마나 많이 걸리는지, 자율성을 발휘할 수 있는 직업인지, 가정생활과 병행할 수 있는 직업인지 등의 측면을 고려할 수 있다. 이런 측면들을 각 직업 위쪽에 가로로 나열해 적는다(〈표 1〉을 보라).

3단계 그런 다음 각 직업마다 각각의 측면을 고려해 1점부터 10점까지 가능하면 객관적으로 점수를 매겨보라. 점수가 높을수록 그 측면이 더 매력적인 것이고, 점수가 낮을수록 좋지 않은 것이다. 가령 그 일을 하기 위해 필요한 훈련기간이 짧을수록 더 좋다고 생각한다면, 훈련기간이 길수록 점수를 더 낮게 부여하면 된다. 〈표 1〉에서 일에 대한 즐거움은 직업 1이 가장 높고, 직업 3이 그다음, 직업 2가 가장 낮다. 급여 수준은 직업 2가 가장 높으며, 발전 가능성은 직업 3이 가장 높다.

4단계 다음으로 각 측면이 개인적으로 얼마나 중요한지 정한다. 역시 1~10점 사이에서 중요도를 정하면 된다. 이 책의 표에서는 일에 대한 즐거움이 특히 중요하게(10점), 발전 가능성은 약간 덜 중요하게(9점) 평가되었다. 이제 각 측면의 객관적인 수에 이런 개인적 중요도 점수를 곱하라. 그러면 합계가 나온다(〈표 1〉에서 이것은 밝은 회색 칸에 해당한다). 직업 1에서 즐거움은 10점이고, 일의 즐거움에 대한 중요도 역시 10점이므로, 이 둘을 곱하면 100점이 나온다. 직업 2는 급여 수준이 가장 높은데(10점), 급여 수준에 대한 중요도는 그다지 높게 평가되지 않았으므로(7점), 곱하면 70점이다.

5단계 각각의 직업에 대해 4단계에서 기입한 점수들을 더하라. 표에서 밝은 회색 부분의 맨 오른쪽 칸이 그것을 보여준다. 〈표 1〉을 보면 직업 3이 가장 높은 점수(229)를 받았고, 직업 1이 가장 낮은 점수(201)를 받았다.

6단계 직업들의 각 측면이 예상대로 실현될 확률이 서로 다르다면 다음과 같은 순서를 밟는다. 확률 점수로 1~10점을 부여하라. 가령 직업 2의 발전 가능성은 그렇게 될 확률이 상당히 높고(해당 칸에 9점을 기입했다), 직업 3은 발전 가능성이 예상대로 될 확률이 상당히 낮다(6점을 부여했다). (초기) 급여 수준은 직업 모두에서 예상대로 맞아떨어질 확률이 상당히 높으므로 세 직업에 모두 9점을 주었다. 이어 4단계에서 했던 대로 4단계의 환산 점수에 확률을 곱하면 된다. 가령 4단계에서 직업 1에 대한 즐거움의 주관적인 점수가 100점이었고(직업 2는 80점이었다) 이 값에 확률 점수 9를 곱하면 900점이 나온다. 직업 2의 경우는 80점에 8을 곱해서 640점이 나온다. 〈표 1〉에서 짙은 회색 부분이 그것을 보여준다.

7단계 5단계에서처럼 각 직업에 대해 6단계에서 기입했던 점수를 더한다. 그 결과 직업 2의 점수가 가장 높았다(1,918 점). 이 직업을 최종 후보에 포함시켜야 할 것이다.

마지막 단계에서 산출한 점수, 따라서 5단계(확률을 고려하지 않고 평가한 것), 또는 6단계(확률까지 고려해 평가한 것)에서 산출한 점수는 여러분이 아는 한 어떤 대안이 가장 가치 있는지 알려준다.

	객관적 점수			일의 중요도에 따른 점수			합계
	즐거움	급여	발전	즐거움 : 10	급여 : 7	발전 : 9	
직업 1	10	8	5	10 X 10 = 100	8 X 7 = 56	5 X 9 = 45	201
직업 2	8	10	8	8 X 10 = 80	10 X 7 = 70	8 X 9 = 72	222
직업 3	9	7	10	9 X 10 = 90	7 X 7 = 49	10 X 9 = 90	229

확률			확률을 고려한 점수			합계
즐거움	급여	발전				
9	9	8	100 X 9 = 900	56 X 9 = 504	5 X 9 = 45	1764
8	9	9	80 X 8 = 640	70 X 9 = 630	72 X 9 = 648	1918
7	9	6	90 X 7 = 630	49 X 9 = 441	90 X 6 = 540	1611

〈표 1〉 의사결정의 중요도를 고려하기 위한 조율표

갈등해결을 위한 의사소통 기술

　　뇌의 어두운 면은 논쟁할 때 갈등을 일으키는 원인으로 작용한다. 우리는 무조건 우리 뜻을 관철시키기를, 상대가 우리 뜻에 따라 행동해주기를 바란다. 잠재의식은 결코 상대편과 한 테이블에 마주앉기를 원하지 않고, 이들이 그냥 세상에서 사라져주었으면 한다. 그러다 보니 더불어 살아가는 삶에서 갈등은 피할 수 없는 것이 된다.

　　갈등을 예방하고 해결하는 중요한 테크닉을 소개하고자 한다. 이런 테크닉은 사생활과 직업생활 모두에 적합하다. 이런 테크닉을 적용하면 인간을 존중하고 상호간의 이해를 지향하는 가운데, 갈등을 건설적이고 비폭력적으로 완화하고 처리할 수 있을 것이다.

　　건강한 토론문화의 기본 원칙은 다음과 같다.

　　무조건 존중한다. 무조건 상호 존중하고 존경해야 한다. 인간 존엄과 인권에서 만인은 차별 없이 동등하다. 호감이 느껴지지 않거나 우리를 괴롭히는 사람도 예외가 아니다. 그러므로 어렵고 갈등이 있더라도 상대편에 대한 존중을 잃지 말아야 한다. 상대를 존중하는 태도는 내면의 평화를 가져다주어 건강에도 더 유익하다.

공정성을 지킨다. 모욕, 욕설, 비방, 폭력 없이 소통해야 한다.

모두가 발언권을 지닌다. 상대편이 발언할 때는 주의 깊게 들어야 한다. 차분하고 인내심 있게 들어주는 것이 좋다. 특히 남자들 중에는 다른 사람들의 말을 끊는 나쁜 습관을 가진 사람들이 많다.

이기려 하거나 타협하는 대신 윈윈(Win-Win) 전략을 지향한다. 갈등이 있을 때 가능하면 많은 파이를 차지하기 위해 자신의 입장을 무조건 방어하는 경향이 있다. 최대의 것을 얻어내기 위해 언쟁이나 흥정이나 협상을 한다. 하지만 성공적인 갈등해결은 파이를 크게 하여 양측 모두 결과적으로 예상보다 더 많이 가져가게끔 한다.

두 사람이 코코넛 하나를 가지고 다투었다고 하자. 모두가 코코넛을 가지려 하면서 흥정하고 언성을 높이고 서로의 비위를 상하게 했다. 모두가 코코넛을 두드리면서 자신이 코코넛을 가질 권리가 있다고 생각했다. 그때 한 사람에게 이런 생각이 떠올랐다. 대체 저 사람은 왜 저렇게 코코넛에 목을 맬까? 그리하여 왜 코코넛이 필요하냐고 물어보자 상대방은 코코넛 워터에 관심이 있는 것으로 드러났다. 자신은 코코넛 과육에 관심이 있는데 말이다. 그리하여 둘은 서로 의기투합해서 코코넛 열매를 함께 열어 한 사람은 코코넛 과육을 몽땅 가져가고, 다른 한 사람은 코코넛 워터를 몽땅 가졌다. 서로 윈윈을 이룬 것이다. 협상에 그쳤더라면 코코넛 열매를 '공평하게' 나누었을지도 모르지만, '갈등해결'의 경우보다 이득이 적었을 것이다. 코코넛을 반으로 나누어 각각 절반의 과육과 절반의 워터를 가졌을 것이니 말이다. 보통 사람들은 경쟁하고 논쟁하는 문화에 익숙해 한쪽이 다른 쪽을 제압해버리거나 협상을 통해 양측 모두 조금씩 양보하는 정도로 끝낸다. 하지만 성공적인 '갈등해결'에서는 양쪽 모두 승리한다. 코코넛 열매는 단순한 예에 불과하지만, 양쪽 모두 갈등해결을 원한다면 모든 갈등에서 윈윈 해법을 찾을 수 있다.

민감성을 갖는다. 상대방에 대한 진정한 경청과 공감은 스스로를 민감하게 살피는 것에서 시작된다. 자신의 목소리를 듣고, 자신의 기분을 알아차리자. 자신의 표정과 자세가 어떤 태도를 내보이는지를 민감하게 지각하라.

비밀을 엄수한다. 양쪽 모두 상대의 동의 없이는 기밀 사항을 제3자에게 전하지 말아야 한다.

관심과 필요 알아차리기

윈윈 해법을 찾기 위해 상대의 겉모습만 보지 말고 그 이면을 보라. 그가 어떤 것에 관심이 있고 무엇을 필요로 하는지 파악하라. 이와 더불어 자신의 관심사와 필요가 무엇인지도 분명히 해야 한다. 양쪽 모두 입장은 달라도, 서로 몇 가지 공통적인 관심사와 필요가 있을 수도 있다. 그것이 무엇인지 파악해보라.

각자 서로 다른 입장을 방어하거나 기껏해야 타협점을 찾는 대신, 서로 다른 관심사를 함께 충족하는 해법을 찾아보라. 논쟁하고 타협하는 것은 지난 세기의 방법이고, 갈등을 해결하는 것은 미래의 방법이다. 이를 위해 우리는 상대방이 중요하게 생각하는 것이 무엇인지를 이해해야 한다. 질문을 통해 상대의 관심사를 파악하고 상대의 필요를 존중하라. 이런 식으로 말해보자. "…하다는 걸 충분히 이해합니다." "당신이 무슨 말을 하는지 알겠어요. 그것이 당신에게 얼마나 중요한지도요." "…한 점은 당신에게 너무나 중요하군요."

갈등이 있을 때 잠재의식은 상반되는 입장과 의견만을 본다. 하지만 이런 시각은 표면적이고 따라서 굉장히 제한된 관찰 방식이다. 의식적으로 노력한다면 상반되는 입장과 의견의 배후에 있는 공동의 관심사와 필요를 알아차릴 수 있다.

가령 양육권 분쟁에서는 양편 모두 아이들의 행복을 원하며 아이들과 접촉할 수 있기를 원한다. 인간이라면 모두가 공유하는 또 다른 관심사와 필요는 경제적 기본 욕구를 충족하는 것, 재정적 안정, 행복, 만족감, 소속감, 정의, 의미, 사회 기여, 사회적 인정, 진실, 건강 등이다. 심각한 갈등이 있을 때조차 공동의 관심사와 필요를 알아차리는 것이 종종 돌파구가 되기도 한다.

지혜로운 의사소통 기법

서로의 관심사와 요구를 알아차리고 이를 토대로 해법을 만들어나갈 때, 다음과 같은 의사소통 기법을 적용하면 특히 도움이 될 것이다.

적극적으로 경청하라. 적극적 경청이란 주의 깊게 듣고, 상대를 진정으로 이해하고자 하는 것이다. 상대는 어떤 기분일까? 그가 진정으로 원하는 것은 무엇일까? 무엇을 중요하게 생각할까? 상대를 이해했다는 생각이 들 때까지 상대에게 적극적으로 질문을 던져보라. 당신에겐 중요하지 않은데 상대에겐 중요한 것이 무엇인가? 상대의 말을 경청했다면 존중하는 태도로 '당신에게 이것이 중요하다는 걸 이해한다'는 것을 표시한다.

질문을 던져라. 질문을 통해 상대가 원하는 것이 무엇인지, 상대에게 무엇이 중요하고 무엇이 필요하며 상대의 기분은 어떤지를 알 수 있다. 더 커다란 맥락이 눈에 들어올 수도 있다. 이것은 중요하다. 잠재의식은 갈등이 있을 때 부정적인 감정의 소용돌이를 통해 시야를 매우 좁히기 때문이다. "그 모든 것에 어떤 긍정적인 면이 있을까요?" "…인지 한번 생각해보았나요?" 또는 "XY라는 정보는 각자의 견해를 어떻게 변화시킬까요?" 등의 질문을 통해 새로운 견해를 열어보라. 거기에 가령 "…하면 어떨까요?" "…한 것처럼 해보면 어때요?" "…에 대해서는 어떻게 생각해요?" "…의 결과는 어떻게 될까요?" "XY에 AB를 결합시키면 어떨까요?" "XY와 AB가 어떻게 조화를 이룰 수 있을까요?" 등의 질문을 통해 함께 해법을 찾을 수 있다. 제안을 아예 거부해버리는 대신 "…하면 더 좋지 않을까요?"라고 질문할 수 있고 부정적으로 비난하는 대신 "아직 잘 이해가 가지 않는데, 다시 한번 설명해주겠어요?"라고 물을 수 있다.

"왜?"라고 물으며 책임을 추궁하는 일은 피하라. 그런 질문은 아무 보탬이 되지 않는다. "왜 그렇게 했지(하지 않았지)?" 대신에 "그것에 대해 어떻게 생각하나요?" "설명 좀 해줄래요?"라며 상대방에게 그가 무엇을 원하고 무엇을 생각하는지 물어라. 상대가 어떤 입장을 취하는 이유를 가늠하려면, 즉 그에게 어떤 것이 왜 중요한지를 알아내려면 예민한 통찰력이 필요하다. "그것들 중 당신에게 가장 중요한 것은 무엇인가요?"라는 질문을 통해 본질적인 부분을 인식하거나 "…도 생각해볼 수 있겠지" "…도 가능하지 않을까요?"라는 말로 새로운 아이디어를 자극해보라.

이해한 바를 상대방에게 다시 되풀이해 말해주라. 상대방의 입장을 이해했다는 생각이 들면, "아, 그러니까 …하게 생각하는군요"라고 이해한 바를 다시 한번 정리해주어 상대방이 맞다고 동의하게끔 하라! 그렇다고 구구절절 다시 반복하지는 말고 간단히 요약하여 전달하라. 즉 상대방에게 이해한 바를 말해줄 때는 상대방의 원래 설명보다 간단해야 한다. 팩트를 깨닫고 감정을 이해하라. 그리고 이해한 바를 전달할 때 당신 편에서의 판단이나 평가가 들어가지 않게 조심하라.

자기 이야기를 할 때는 진짜 자기 이야기를 하라. 자신이 원하는 것, 느끼는 것, 불편하고 화가 나는 것 등을 이야기하라. 자기 이야기를 하면서도 상대방을 중심에 두어서는 안 된다. 상대방이 아닌 자신을 당신 문장의 주체로 삼아라. 이에 관련한 몇 가지 지침은 다음과 같다.

❶ **자신을 주어로 이야기하라.** "사람들은 …을 원해"라고 하는 대신 "나는 …을 원해"라고 하라. "사람들은 그렇게 하지 않아"라고 하지 말고 "나는 그렇게 하지 않아" 또는 "나는 그렇게 하고 싶지 않아"라고 말하라. "아무도 …을 원하지 않아"라고 하지 말고 "나는 …을 원하지 않아"라고 말하라. "그건 정말 화가 나는 일이야"라고 하지 말고 "난 그 일 때문에 정말 화가 나"라고 말하라. "…은 당연한 일이야"라고 하는 대신 "나는 …를 당연하다고 생각해"라고 말하라.

❷ **'너 전달법' 대신 '나 전달법'을 사용하라.** 가령 "넌 약속했다 하면

지각이야"라고 하는 대신 "네가 약속에 늦어서 내가 좀 기분이 안 좋더라"라고 말하라. "넌 한 번도 쓰레기를 내다버리는 적이 없어"라고 하는 대신 "네가 쓰레기를 내다버리지 않아서 내가 좀 힘드네"라고 하라. '너 전달법'을 바꾸어 내가 중요한 것이 무엇인지를 표현하도록 해보라. 가령 "넌 정말 배려가 없어" 대신에 "나는 배려 있는 행동이 좋아"라고 하라. 또는 "넌 늘 너만 생각하지"라고 하지 말고. "난 …이 중요해"라고 하라.

❸ 사람 자체에 대해 말하지 말고, 그 사람의 행동에 대해 말하라. "아무개는 멍청해"라고 하지 말고, "아무개는 영리하지 못하게 행동했어"라고 말하라. 상대를 비하하는 특성을 말하면서 "넌 멍청해/무능해/이상해/구제불능이야"라고 말하지 말고, "네 행동은 내겐 …하게 보였어"라고 말하라. "난 어떻다" "넌 어떻다" 등의 문장을 어휘 목록에서 지워버려라. "그는 정말 탁월한 가수야"라고 하는 대신 "그는 정말 노래를 탁월하게 잘 불러"라고 말하라. 사람 자체를 판단하지 말고, 사람의 행동을 진술하는 습관을 길러라. 이런 부분의 고수는 매우 절제된 표현으로 다음과 같이 원래 발언을 좀 유머러스하게 표현하기도 한다. "그건 그다지 천재적인 행동은 아니었잖아?"

❹ 신중하고 담담하게 말하라. 다른 사람에 관한 발언을 할 때는 감정의 무게를 덜어내고 중립적으로 말하라. "넌 늘 음식을 짜게 만들어. 그것 때문에 미쳐버리겠어"라고 하는 대신 "수프에 소금을 너무

많이 넣으면 난 먹기가 좀 힘들어"라고 말하라. 혀끝에서 막 튀어나오는 '너 전달법'을 부드럽고 중립적인 말로 전환하라. 다음과 같은 표현으로 시작하라. "난 …이 중요하다고 생각해" "…하면 나는 실망할 것 같아/절망감을 느낄 것 같아/상처받을 것 같아/무력감을 느낄 것 같아" "…하게 되면 나는 좀 힘들어" "…하면 난 좀 스트레스를 받을 것 같아." 다음과 같이 유머를 섞어도 좋다. "잠깐만 여유를 줘봐. 젖 먹던 힘까지 모아서 내가 어떻게 …를 할 수 있을지 생각 좀 해볼게."

시간적 여유를 가져라. 열띤 토론이 벌어졌을 때는 잘 생각해서 답을 하도록 주의하라. 즉흥적으로 답하는 대신 시간적 여유를 가지고 질문을 되풀이해보며, 잠시 생각을 해보라. 이 질문에 대한 잠재의식의 첫 반응은 무엇인가? 이성적인 답변은 무엇일까? 처음 뇌리를 스치는 말을 어떻게 하면 더 중립적으로 표현할 수 있을까? 일단 고요히 심호흡을 하라. "생각 좀 해볼게요"라는 말로 시간이 필요하다는 것을 상대에게 알려도 좋다. 잠시 시간적 여유를 가지고 돌아보니 상대방이 옳다는 생각이 드는데, 현재 감정적으로 팽팽한 상황에서 그것을 인정하고 싶지 않다면 절제해서 이런 식으로 말하라. "네, 그렇게 본다면 당신의 말도 약간 일리가 있는 것 같네요." 상대가 답변을 고민한다면 인내심을 가지고 기다려라. 그 사이에 스스로도 계속해서 건설적으로 생각을 이어가보라.

마지막으로 짚고 넘어가고 싶은 것은, 정말 대면하고 싶지 않은 사람이라면 꼭 면대면으로 의사소통을 해야만 갈등을 해결할 수 있는 것은 아니라는 사실이다. 예전에 겪은 트라우마가 다시금 되살아날 것 같거나 상대방이 자신의 부모 중 한쪽과 아주 비슷해서 자신의 잠재의식적 성격의 단점들이 불거질 때는 특히 그러하다.

어린아이들은 그럴 수 없지만 성인인 우리는 스스로를 보호하는 차원에서 다른 사람들과의 접촉을 끊을 수 있다. '이 사람과 계속 함께하다 보면, 언젠가 평화와 기쁨과 즐거움이 찾아오겠지' 하는 생각과 결별할 수 있다. 그런 경우는 변호사나 지인들에게 도움을 구하거나 중재를 시도할 수 있다. 이때는 중재자를 통해서만 상대편과 의사소통할 수 있다.

한편으로는 어떤 일을 그냥 제쳐두고 가능하면 생각하지 않는 방법도 있다. 인생의 모든 갈등을 다 해결하고 살아야 하는 것은 아니다. 그 사람 때문에 잃어버린 것을 아쉬워하지 마라. 손실에 대해 너무 후회하지 말고 개인적인 강함을 보여줘라.

중재를 통해 배우기

최근 갈등해결을 위한 한 가지 효과적인 방법이 개발되었다. 바로 중재(mediation) 또는 조정이다. 명상을 뜻하는 메디테이션(meditaion)과 혼동하지 말 것.[2] 이에 관해 몇몇 체계적인 갈등해결 방법을 살펴보자.

주제 모으기 : 갈등을 유발한 주제나 문제들을 한데 모으는 것으로 시작한다. 모두의 눈에 잘 띄게끔 이런 문제들을 서면으로 적어놓는다. 서로 연관된 주제들은 한데 묶되, 갈등 상대에 따라 주제를 분류할 수도 있다. 이의를 달지 않고 모든 주제를 받아들여라. 각각 상대방의 문제를 존중하라. 주의할 것은 주제(가령 "부엌에 쓰레기가 쌓이고 있다")들만 목록에 써놓고, 의견이나 책임 소재 같은 것(가령 "저 멍청한 게으름뱅이는 쓰레기를 한 번도 내다버린 적이 없다")은 적어서는 안 된다. 때로 뒤늦게 빼먹은 주제가 생각날지도 모른다. 그럴 때는 추가로 주제를 적으면 된다. 갈등해결의 목표는 모든 문제를 처리하는 것이다.

관심사와 필요 정하기 : 대략 어떤 순서로 주제들을 다룰지 정해놓는다. 가장 시급한 주제나 가장 쉬운 주제 등으로 첫 주제를 선택하고 이런 주제의 토대가 되는 관심사와 필요를 하나씩 발견해나가라. 각 당사자는 정확히 무엇을 원하며 이것이 그들에게 왜 중요한지 찾아본다.

해결 방법 모색하고 해결하기 : 문제해결 방법을 다룬 장에서 소개한 단계들을 똑같이 거치되 여기서는 여러 당사자가 브레인스토밍을 통해 해결 방법을 모은다. 그 방법 중 하나를 선택해서 시험해보고 상황을 봐서 약간 수정하거나 다른 해결책으로 대체한다. 해결 가능성들을 모든 당사자가 확인할 수 있도록 서면으로 기록하라.

협의 사항은 문서로 남기기 : 특히 이번 조정에서 다음 조정 시간까지 해결책을 실행해보고, 수정이 필요할 때는 논의된 사항을 글로 적어놓는 것이 도움이 된다. 이를 통해 오해를 피할 수 있고, 필요한 경우 나중에 확인할 수 있다.

아동·청소년들과 함께하는 갈등해결

갈등해결 기법은 아이들과 청소년들에게도 적용될 수 있다. 아이들은 성인과 동일한 발언권을 지녀야 하며, 같은 규칙과 권리를 적용받아야 한다. 아이들에게 이번 장을 읽히거나 이번 장에 소개된 규칙, 도구, 기법들을 설명해줘라. 이것이 당신과 마찬가지로 자녀들에게도 적용된다고 알려줘라. '가족회의'에서 협의된 사항이나 해결책은 꼼꼼히 기록하여 가능하면 모두가 볼 수 있도록 냉장고에 붙여놓는다.

아이들 격려하기

여기에 소개한 의사소통 방법을 '가족회의'나 일반적으로 자녀들을 대할 때도 적용하라. 아이들을 대할 때도 그들의 행동을 평가하는 대신, 행동을 그냥 있는 그대로 기술하라. 어린아이에 대해서도 "넌 정말 머리가 좋아!"라는 말로 아이의 특성을 기술하거나 "넌 다른 아이들보다 더 잘했어"처럼 다른 아이와 비교하는 대신, "정말 열심히 했구나"처럼 아이가 얼마나 애썼는지, 혹은 "이제 해냈구나"처럼 뭔가를 어떻게 감당했는지를 표현해줘라. 특히 남매들의 경우는 결코 서로 비교하지 마라. 지나치게 긍정적인 표현을 하는 대신 긍정적이고 현실적으로 표현하라. 가령 "와! 이건 내가 본 중에 최고의 그림이야"라고 하지 말고 그냥 "네가 그린 그림 좋다"라고 말하라.

"그림 좋다"와 같은 일반적인 문장도 괜찮다. "오, …해서 좋다!"처럼 상태를 좀 더 구체적으로 표현하면 더 머릿속에 쏙 들어온다. 아이가 청소를 했다면 "장난감과 책들을 다 제자리에 가져다 넣었구나. 신었던 양말들도 세탁 바구니에 넣었고! 이제 방이 정말 휜하고 아늑해 보이는구나!"라는 식으로 표현하라. 이런 말들을 통해 아이는 가족들이 자신에게 관심을 가지고 있고 자신의 노력을 알아준다고 느낀다.

반면 "이제 좀 착해져야지. 청소 좀 할래?"라는 식의 말은 자존감에 독이 된다. 그런 말은 사람의 가치를 행위 또는 결과와 결부시키기 때문이다. "…하면 초콜릿 줄게" 같은 말로 행위 내지 결과를 매수하려 하는 대신 아이가 자신의 관심이나 필요 때문에 해결책을 찾게 하는 것이 더 좋다.

다른 사람에게 미치는 영향을 말해주는 것도 좋다. 가령 "넌 착한 아이구나!"라고 하는 대신 "시장 본 걸 현관까지 들어다주니 정말 큰 도움이 되었네"라고 말하라. 또한 "넌 참 영리한 애로구나!"라고 하는 대신 "와우, 포기하지 않고 퍼즐을 풀어냈구나"라고 하며 노력을 칭찬해줘라.

얼마나 진보했는지를 말해주면 특히 격려가 된다. 아이가 방을 엉망으로 만들거나 과제를 하지 못해 절절맨다면, 아이가 무엇을 잘못하고 있는지 지적하고 고쳐주고 싶은 마음이 굴뚝 같을 것이다. 하지만 그럴 때도 무엇을 잘했는지를 강조하는 것이 좋다. 안정감과 진정성을 담아 그래도 많이 진보했음을 알려줘라.

때로는 무엇이 잘못되었는지를 지적해주어야 할 필요가 있을 것이다. 하지만 이런 경우에도 부정적인 점을 언급하기 전에 우선 긍정적인 점을 언급하라. 비판을 할 때도 좀 더 긍정적으로 표현하여 아이의 힘을 북돋우라. 부족한 부분을 구구절절 모두 언급하는 것보다 문제해결을 위해 우선 어떻게 작은 걸음을 뗄 수 있을지 제안해줘라.

부정적인 감정이
찾아올 때의 응급처치법

여기 소개하는 응급처치법은 나의 전작인 《좋은 진동(Good Vibrations)》에서 소개했던 것들이다.[3] 이 방법을 실행하면 뇌가 긍정적인 방향으로 변화하고 새로운 신경길이 생성되며 기존의 신경길이 강화된다. 그리하여 여러 번 실행하다 보면 이런 방법이 더 쉽게 느껴지며 효과도 더 커진다.

1단계 **음악으로 시작하라.** 자신이 화가 났거나 슬프거나 걱정이 되는 등 부정적인 기분이라는 걸 알아차렸는가? 축하한다. 이를 알아차리는 것은 중요한 발걸음이다! 부정적인 감정을 경험하는 것은 평범하고 인간적인 것이다. 아무 문제도 괴로움도 변화도 없는 인생은 없다. 그러므로 부정적인 감정을 인정하되, 그런 감정이 장기간 지속되는 정서 상태로 자리 잡지 않도록 하라. 오랜 기간 부정적인 기분으로 보내기에는 인생이 너무 아깝다. 우선 음악을 틀어보라. 들으면 힘이 나는 음악, 좋아하는 음악을 선택하여 음악의 '좋은 진동'에 스스로를 내맡겨라. 듣고 싶은 음악이 떠오르지 않으면 엘비스 프레슬리의 노래나 바흐 칸타타(예를 들면, BWV 147)를 들어보면 어떨까. 살다보면 사람은 모두 이 같은 상황을 경험하곤 한다는 것을 생각하면서, 부정적 감정을 긍정적 감정으로 변화시키기 위해 두 번째 단계로 나아가라.

2단계 심호흡을 하며 긴장을 풀고 자연스럽게 흐르게 하라. 천천히 심호흡을 하라. 가령 음악을 들으며 박자에 맞춰 호흡하라. 네 박자에 걸쳐 숨을 들이마시고, 여섯 박자에 걸쳐 숨을 내쉬라. 이를 여러 번 반복하여 이런 호흡이 자연스러워지게끔 하라. 심호흡을 통해 신체를 안정시키고 근육의 긴장을 하나씩 풀어보자. 오른손으로 왼팔을 천천히 쓰다듬으며 "모든 것이 잘될 거야! 괜찮아"라고 말하라. 따뜻한 차 한 잔도 마음을 가라앉히고 긴장을 푸는 데 도움이 된다.

3단계 현 상황의 긍정적인 측면을 찾아보라. 더 나빠질 수도 있었는데 이만해도 다행이라는 생각이 드는가? 이런 일이 생겼으니 더 이상 나쁜 일은 생기지 않을 거라는 생각이 드는가? 이런 상황을 통해 성장할 수 있을 거라는 생각이 드는가? 인생의 중요한 몇 가지 깨달음은 실수와 위기가 없이는 얻을 수 없다. 그러므로 절대로 포기하지 마라! 어떻게든 잘될 것이다. 어려움이나 위기를 만나면 우리는 절망에 빠져서 부정적으로 생각하고 부정적으로 행동한다. 하지만 이런 어려움을 인내심, 끈기, 결단력 같은 내면의 강인함을 키우고 인격적으로 성장하는 도전의 기회로 삼아라. 문제를 일으키고 사사건건 옥에 티를 찾으며 불화를 일으키는 사람들을 속으로 저주하지 말고, 그들의 평온과 행복을 빌어라. 책임 소재를 따지고 자신이나 타인을 원망하고 탓하는 대신 문제해결에 에너지를 쏟아라. 지금 겪고 있는 일에 대체 긍정적인 면이 무엇인지 도무지 모르겠다면, 삶 전반을 돌아보며 다행스럽고 좋게 생각되는 것들을 떠올려보라. 고수들은 베니 힐의 노래(Benny-Hill-Song, 베니 힐은 영국의 코미디언이자 배우이자 가수로, 그가 출연한 TV 프로그램 '베니 힐 쇼'에서 부른 노래를 말함—옮긴이)를 틀고 음악과 자신의 기분이 정말 황당하게 대비되는 것에 웃음을 터뜨릴지도 모르겠다.

4단계 현재는 자신이 정확하게 사고할 수 없는 상태라는 걸 감안하라. 부정적 감정에 휘둘릴 때는 세상과 자신과 자신의 문제와 그 문제에 연관된 사람들을 왜곡되고 비합리적인 시선으로 바라보기 쉽다. 현재 자신의 상태가 온전한 판단을 할 수 없는 상태임을 염두에 둬라. 당신은 지금 위험을 과대평가하고 있을 수도 있다. 현실과 동떨어진 부정적인 결과(최악의 시나리오)를 두려워할지도 모른다. 부족한 정보를 가정으로 메꾸고, 이런 검증되지 않은 가정을 팩트로 여길지도 모른다. 현실을 비합리적이며 과도하게 염세주의적이고 부정적으로 파악하는 것을 '인지 왜곡(kognitive Verzerrungen)'이라 부른다. 인지 왜곡이 일어나면 "모든 것이 완벽하지 않으면 내 인생은 재앙이고 나는 실패자야" "…가 일어난다면 내 인생은 송두리째 무너질 거야"와 같은 '모 아니면 도' 식의 생각이 일어난다. 당신은 최악의 경우 모든 것을 잃어버리고 당신과 가족이 불행한 삶을 살게 될까봐 두려워하고 있을지도 모른다. 계속해서 지금처럼 안 좋은 일이 일어날까봐 우려할지도 모른다. 상황이 좋지 않을 때 감정의 소용돌이 효과로 말미암아 비합리적이고 부정적 생각이 드는 건 굉장히 평범한 일이다. 지나치게 직관에 의존하고 부족한 정보를 부정적인 상상으로 메꾸며 팩트도 없이 부정적인 가정을 하는 대신, 이러한 인지 왜곡은 걱정과 분노, 스트레스를 유발할 뿐임을 생각하라. 부정적인 감정이 느껴진다고 뭔가가 정말로 부정적이라는 의미는 아니다. 앞에서도 말했지만 뭔가에 대해 화나고 슬퍼하는 것은 바로 그것에 대한 자신의 시각 때문이다. 좋은 음악에 귀를 기울여라. 그러면 부정적인 감정을 해소하는 데 도움이 될 것이다.

5단계 **강점을 주시하라.** 스스로를 탓하거나 비하하지 마라. 실수를 지나치게 부끄러워하지 마라. 모두가 실수를 하며 실수를 통해 성장한다. 다음번에 잘하고자 노력하면 되는 것이다. 자신의 강점을 주시하라. 상태가 좋을 때 강점을 메모해놓고 그것을 자주 읽어보라. 꼬치꼬치 책임 소재를 따지고 원망하는 데 에너지를 쏟지 마라. 여러분 자신의 책임이라고 생각하는가? 자신이 실수를 했다 해도, 자신은 다른 모든 이보다 더도 덜도 아닌 동일한 가치를 지닌 인간임을 기억하라. 실수를 했다 해도 인간이 존엄한 것은 변치 않는다.

6단계 **집중하라.** 음악을 듣거나 일을 하거나 문제를 해결하는 등 자신에게 유익하고 중요한 일에 집중하라. 직접 음악을 연주해보거나 시합이나 게임을 해도 좋다. 청소와 정리에 집중하면 기분이 말끔해진다. 오래전에 읽어보려고 했던 책을 다시 꺼내 읽으면 어떨까? 신선한 공기 속으로 나가서 걸어도 좋고 가벼운 운동을 해도 좋고 샤워를 해도 좋다. 마음챙김 연습이나 명상을 하면서 자신의 삶에 대해 긍정적인 문장을 말하라. "나는 …해서 기뻐" "나는 …해서 행복해" "나는 …해서 즐거워" "…하니 얼마나 좋아" 등의 문장을 반복해보자. 부정적인 생각과 감정을 날려버리고, 다시금 현재를 살아갈 수 있도록 자신을 돌보는 데 집중하라. 부정적인 생각으로 낭비하는 시간이 적을수록 긍정적인 생각을 할 시간이 많아진다. 생각이 곁길로 새거나 부정적인 생각이 떠오르는 것이 느껴지면 이를 알아차려라. 그런 일은 늘 일어나는 것이라고 혼잣말을 하고는 자신이 하고자 하는 일로 다시금 주의를 돌려라. 부정적인 연상을 일으키는 일이나 사람을 더 이상 생각하지 마라. 계속해서 그 사람이 생각난다면 이렇게 말하라. "미안, 난 지금 유감스럽게도 네게 시간을 낼 수 없어." 그러고는 자신에게 좋게 느껴지는 것을 생각하라. 그러면 부정적인 감정이 현저하게 가라앉을 것이다. 먹구름 같던 부정적인 감정이 점차 사라질 것이다.

7단계 **다른 사람들과 이야기하라.** 당신의 일에 대해 지인들과 이야기하라. 걱정을 혼자 속으로 담아두지 마라. 허심탄회하게 이야기하는 것은 긍정적인 영향을 미치며, 다른 사람들의 조언은 종종 기적을 일으킨다. 대화하는 가운데 문제해결의 아이디어에 이를 수도 있다. 행동은 비판하지만 인격 자체를 비판하지 않는 좋은 사람들과 이야기하라. 불쾌한 말을 들을 것을 각오하라. 듣기 좋은 말만 해주기보다 당신을 위해 진정한 충고를 해주는 친구가 좋은 친구다. 다양한 시각으로 볼 수 있게끔 최소 세 사람과 이야기를 나눠라. 세 사람 정도면 어떤 상황의 중요한 면들을 파악하기에 충분할 것이다. 아무와도 이야기할 수 없다면 큰 소리로 자신과 이야기하라. 처음에는 좀 어색하게 느껴질 수도 있다. 하지만 스스로와 큰 소리로 이야기하면 생각을 온전한 문장으로 표현하게 되어 파편적인 사고를 지양하고 논리적으로 사고하기가 수월해진다.

위기를 겪을 때는 건강에 유익하고 기쁨과 행복이 되는 일을 하는 것이 중요하다. 감미롭고 기분 좋은 음악으로 시작하는 것이 바람직하다. 운동을 하거나 맛있고 건강한 음식을 요리하는 것도 도움을 준다. 고혈압도 조심해야 하니 음식을 너무 짜게 만들지 말고 생선, 과일, 채소를 충분히 섭취하라. 비타민 C와 D도 복용하라. 마음이 우울하다고 달콤한 간식이나 술, 약물에 기대서는 안 된다. 그보다는 음악에서 위로를 받아라. 때로는 슬픈 음악을 들으며 실컷 울어라. 하지만 그 뒤에는 다시금 1단계로 돌아가 긍정적인 분위기의 음악으로 마무리하라.

문제해결이나 부정적인 감정 처리를 위해 따로 시간을 떼어두자. 자꾸 걱정과 문제가 생각나거든 그것들을 얼른 수첩에 메모해놓고 '문제해결 시간'으로 미뤄놓자. '그것들을 다룰 시간을 따로 마련했으니 지금은 신경 쓸 필요가 없어'라고 생각하며 편안한 마음을 가져라.

걱정을 덜어주는 데 도움이 될 이 책의 마지막 조언은, 걱정하면 할수록 잠재의식은 잘못될 수 있는 것에만 온 신경을 곤두세운다는 사실을 잊지 말라는 것이다. 그러므로 잠재의식에 대처하는 것이 중요하다.

긍정적이고 힘이 나는 음악을 듣고, 인생에서 기쁘고 감사하고 성공적인 부분이 무엇인지 수첩에 최소한 일곱 가지 정도를 적어보라. 이미 이루어진 일이 아니라 오늘 하고 싶은 일, 다음 주, 다음 달, 혹은 더 장기적으로 하고 싶은 일을 적어도 좋다.

미래에 대해 표현할 때 중요한 것은 "아마도" "…할 수 있을지도 모른다" "경우에 따라" "어쩌면" 등의 모호한 표현이 아니라, 미래에 의도하는 것들이 그냥 사실인 것처럼 표현하는 것이다. 만약 시험 결과가 걱정된다면, 그리고 시험에 통과할 현실적인 가능성이 있다면 "시험에 성공적으로 합격할 것이다"라고 적어라. "프로젝트를 성공적으로 끝마칠 것이다" "오늘 저녁에 가볍고 기쁜 마음으로 쉴 것이다"라고 하라. 그런 다음 적어놓은 목록을 커다란 소리로 읽어보자.

1장

1 지그문트 프로이트는 오늘날 '무의식'을 발견한 사람으로 여겨진다. 무의식적 과정이 생각, 감정, 행동에 어떤 영향을 미치는지를 전례없이 상세히 연구했기 때문이다. 하지만 기본적으로 사람은 무의식이 자신에게 어떤 영향을 미치는지를 알 수 없으며, 바로 이런 상황 때문에 딜레마가 빚어진다. 무의식의 내용이 숨겨져 있고 객관적으로 관찰할 수 없기에, 그것에 대해 무슨 말을 하든 그저 추측에 불과하기 때문이다. 프로이트의 몇몇 아이디어들, 가령 유아기의 심리적 외상이 장기적인 정서적, 신체적 문제를 일으킨다는 것 등은 학문적으로 검증이 되었다. 하지만 오이디푸스 콤플렉스, 남근 선망, 거세 불안, 또는 꿈 해석과 같은 그의 많은 가정들은 학문적으로 검증할 수도, 반박할 수도 없는 것들이다. 원시적인 성적 충동과 욕구가 무의식에서 비롯되며 성적 충동의 억압이 신경증의 원인이라고 보는 프로이트의 견해 역시 학문적으로 확인할 길이 없다. 이 책에서는 프로이트가 말하는 '무의식'과 구별하기 위해 '잠재의식'이라는 용어를 채택했다.

2 Killingsworth, M. A., & Gilbert, D. T. (2010): 'A wandering mind is an unhappy mind', *Science*, 330(6006), S. 932

3 Reiche, E. M. V., Morimoto, H. K., & Nunes, S. M. V. (2005): 'Stress and depression-induced immune dysfunction. Implications for the development and progression of cancer', *International Review of Psychiatry*, 17(6), S. 515~527

4 Koelsch, S., Andrews-Hanna, J. R., & Skouras, S. (2021): 'Tormenting thoughts. The posterior cingulate sulcus of the default mode network regulates valence of thoughts and activity in the brain's pain network during music listening. Human brain mapping. 42(3), S. 773~786

5 Böttger, S., Prosiegel, M., Steiger, H. J., & Yassouridis, A. (1998): 'Neurobehavioural disturbances, rehabilitation outcome, and lesion site in patients after rupture and repair of anterior communicating artery aneurysm', *Journal of Neurology, Neurosurgery & Psychiatry*, 65(1), S. 93~102

6 Dougherty, D. D., Shin, L. M., Alpert, N. M., Pitman, R. K., Orr, S. P., Lasko, M., ⋯ & Rauch, S. L. (1999): 'Anger in healthy men. A PET study using script-driven imagery', *Biological Psychiatry*, 46(4), S. 466~472

7 Zinchenko, O. (2019): 'Brain responses to social punishment. A meta-analysis', *Scientific Reports*, 9(1), S. 1~8

8 Danner, D. D., Snowdon, D. A., & Friesen, W. V. (2001): 'Positive emotions in early life and longevity. Findings from the nun study', *Journal of Personality and Social Psychology*, 80(5), S. 804~813

9 Koelsch, S., Jacobs, A. M., Menninghaus, W., Liebal, K., KlannDelius, G., Von Scheve, C., & Gebauer, G. (2015): 'The quartet theory of human emotions. An integrative and neurofunctional model', *Physics of Life Reviews*, 13, S. 1~27

10 Soon, C. S., Brass, M., Heinze, H. J., & Haynes, J. D. (2008): 'Unconscious determinants of free decisions in the human brain', *Nature Neuroscience*, 11(5), S. 543 ff.

11 Libet, B., Alberts, W. W., Wright, E. W., & Feinstein, B. (1967): 'Responses of human somatosensory cortex to stimuli below threshold for conscious sensation', *Science*, 158(3808), S. 1597~1600

12 Rule, R. R., Shimamura, A. P., & Knight, R. T. (2002): 'Orbitofrontal cortex and dynamic filtering of emotional stimuli', *Cognitive, Affective & Behavioral Neuroscience*, 2(3), S. 264~270

13 Gruber, O., Diekhof, E. K., Kirchenbauer, L., & Goschke, T. (2010): 'A neural system for evaluating the behavioural relevance of salient events outside the current focus of attention', *Brain Research*, 1351, S. 212~221

14 Sladky, R., Höflich, A., Atanelov, J., Kraus, C., Baldinger, P., Moser, E., ⋯ & Windischberger, C. (2012): 'Increased neural habituation in the amygdala and orbitofrontal cortex in social anxiety disorder revealed by FMRI', *PloS One*, 7(11), e50050

15 Wojtasik, M., Bludau, S., Eickhoff, S. B., Mohlberg, H., Gerboga, F., Caspers,

S., & Amunts, K. (2020): 'Cytoarchitectonic characterization and functional decoding of four new areas in the human lateral orbitofrontal cortex', *Frontiers in Neuroanatomy*, 14, S. 2

16 Kivimäki, M., & Steptoe, A. (2018): 'Effects of stress on the development and progression of cardiovascular disease', *Nature Reviews Cardiology*, 15(4), S. 215~229

17 Knutson, B., Rick, S., Wimmer, G. E., Prelec, D., & Loewenstein, G. (2007): 'Neural predictors of purchases', *Neuron*, 53(1), S. 147~156

2장

1 Constantinople, C. M., Piet, A. T., & Brody, C. D. (2019): An analysis of decision under risk in rats. *Current Biology*, 29(12), S. 2066~2074

2 Tversky, A., & Kahneman, D. (1992): Advances in prospect theory: Cumulative representation of uncertainty. *Journal of Risk and uncertainty*, 5(4), S. 297~323

3 Hilbig, B. E. (2012): 'Good things don't come easy (to mind)', *Experimental Psychology*, 59(1), S. 38~46

4 Suh, E., Diener, E., & Fujita, F. (1996): 'Events and subjective well-being: Only recent events matter', *Journal of Personality and Social Psychology*, 70, S. 1091~1102

5 Knetsch, J. L. (1989): 'The endowment effect and evidence of nonreversible indifference curves', *The American Economic Review*, 79(5), S. 1277~1284

6 Kahneman, Daniel; Knetsch, Jack L.; Thaler, Richard H. (1990): 'Experimental tests of the endowment effect and the coase theorem', *Journal of Political Economy*, 98 (6), S. 1325~1348

7 Mok, J. N., Green, L., Myerson, J., Kwan, D., Kurczek, J., Ciaramelli, E., ⋯ & Rosenbaum, S. R. (2021): 'Does ventromedial prefrontal cortex damage really increase impulsiveness? Delay and probability discounting in patients with focal lesions', *Journal of Cognitive Neuroscience*, S. 1~19

8 Tobler, P. N., O'Doherty, J. P., Dolan, R. J., & Schultz, W. (2007): 'Reward value coding distinct from risk attitude~related uncertainty coding in human reward systems', *Journal of Neurophysiology*, 97(2), S. 1621~1632

9 Tom, S. M., Fox, C. R., Trepel, C., & Poldrack, R. A. (2007): 'The neural basis of loss aversion in decision~making under risk', *Science*, 315(5811), S. 515~518

10 Votinov, M., Mima, T., Aso, T., Abe, M., Sawamoto, N., Shinozaki, J., & Fukuyama, H. (2010): 'The neural correlates of endowment effect without economic transaction', *Neuroscience Research*, 68(1), S. 59~65

11 Tong, L. C., Karen, J. Y., Asai, K., Ertac, S., List, J. A., Nusbaum, H. C., & Hortaçsu, A. (2016): 'Trading experience modulates anterior insula to reduce the endowment effect', *Proceedings of the National Academy of Sciences*, 113(33), S. 9238~9243

12 Morrison, S. E., & Salzman, C. D. (2009): 'The convergence of information about rewarding and aversive stimuli in single neurons', *Journal of Neuroscience*, 29(37), S. 11471~11483

13 Howard, J. D., & Kahnt, T. (2017): 'Identity~specific reward representations in orbitofrontal cortex are modulated by selective devaluation', *Journal of Neuroscience*, 37(10), S. 2627~2638

14 Padoa-Schioppa, C., & Assad, J. A. (2006): 'Neurons in the orbitofrontal cortex encode economic value', *Nature*, 441(7090), S. 223~226

15 Schüller, C. B., Kuhn, J., Jessen, F., & Hu, X. (2019): 'Neuronal correlates of delay discounting in healthy subjects and its implication for addiction. An ALE meta-analysis study', *The American Journal of Drug and Alcohol Abuse*, 45(1), S. 51~66

16 Wang, M., Rieger, M. O., & Hens, T. (2017): 'The impact of culture on loss aversion', *Journal of Behavioral Decision Making*, 30(2), S. 270~281

17 Apicella, C. L., Azevedo, E. M., Christakis, N. A., & Fowler, J. H. (2014): 'Evolutionary origins of the endowment effect. Evidence from hunter-gatherers', *American Economic Review*, 104(6), S. 1793~1805

18 Maddux, W. W., Yang, H., Falk, C., Adam, H., Adair, W., Endo, Y., ⋯ & Heine, S. J. (2010): 'For whom is parting with possessions more painful? Cultural differences in the endowment effect', *Psychological Science*, 21(12), S. 1910~1917

19 Westen, D., Blagov, P. S., Harenski, K., Kilts, C., & Hamann, S. (2006): 'Neural bases of motivated reasoning. An fMRI study of emotional constraints on partisan political judgment in the 2004 US presidential election', *Journal of Cognitive Neuroscience*, 18(11), S. 1947~1958

20 Elstad E, Carpenter D. M., Devellis R. F., Blalock S. J. (2012): 'Patient decision making in the face of conflicting medication information', *International Journal of Qualitative Studies on Health and Well-being*, 7(1), S. 1~11

21 Tsogli, V., Skouras, S., & Koelsch, S. (2022): 'Brain-correlates of processing local dependencies within a statistical learning paradigm', *Scientific Reports*, 12, S. 1~11

22 Noonan, M. P., Chau, B. K., Rushworth, M. F., & Fellows, L. K. (2017): 'Contrasting effects of medial and lateral orbitofrontal cortex lesions on credit assignment and decision-making in humans', *Journal of Neuroscience*, 37(29), S. 7023~7035

23 Lehne, M., Rohrmeier, M., & Koelsch, S. (2014): 'Tension-related activity in the orbitofrontal cortex and amygdala. An fMRI study with music', *Social Cognitive and Affective Neuroscience*, 9(10), S. 1515~1523

24 Plassmann, H., O'Doherty, J., Shiv, B., & Rangel, A. (2008): 'Marketing

actions can modulate neural representations of experienced pleasantness',
Proceedings of the National Academy of Sciences, 105(3), S. 1050~1054

25 Gilbert, S. J., Swencionis, J. K., & Amodio, D. M. (2012): 'Evaluative vs.
trait representation in intergroup social judgments. Distinct roles of anterior
temporal lobe and prefrontal cortex', *Neuropsychologia*, 50(14), S. 3600~3611

3장

1 Gettler, L. T., Boyette, A. H., & Rosenbaum, S. (2020): 'Broadening
perspectives on the evolution of human paternal care and fathers' effects on
children', *Annual Review of Anthropology*, 49, S. 141~160

2 Watson, K. K., & Platt, M. L. (2012): 'Social Signals in Primate Orbitofrontal
Cortex', *Current Biology*, 22(23), S. 2268~2273

3 Barat, E., Wirth, S., & Duhamel, J. R. (2018): 'Face cells in orbitofrontal cortex
represent social categories', *Proceedings of the National Academy of Sciences*,
115(47), E11158~E11167

4 Azzi, J. C. B., Sirigu, A., & Duhamel, J.-R. (2012): 'Modulation of value
representation by social context in the primate orbitofrontal cortex',
Proceedings of the National Academy of Sciences, 109(6), S. 2126~2131

5 Troiani, V., Dougherty, C. C., Michael, A. M., & Olson, I. R. (2016):
'Characterization of face-selective patches in orbitofrontal cortex', *Frontiers in
Human Neuroscience*, 10

6 Fusar-Poli, P., Placentino, A., Carletti, F., Landi, P., Allen, P., Surguladze,
S., ··· & Politi, P. (2009): 'Functional atlas of emotional faces processing. A
voxel-based meta-analysis of 105 functional magnetic resonance imaging
studies', *Journal of Psychiatry and Neuroscience*, 34(6), S. 418~432

7 Willis, M. L., Palermo, R., Burke, D., McGrillen, K., & Miller, L. (2010):

'Orbitofrontal cortex lesions result in abnormal social judgements to emotional faces', *Neuropsychologia*, 48(7), S. 2182~2187

8 Karafin, M. S., Tranel, D., & Adolphs, R. (2004): 'Dominance attributions following damage to the ventromedial prefrontal cortex', *Journal of Cognitive Neuroscience*, 16(10), S. 1796~1804

9 Haun, D. B., Rekers, Y., & Tomasello, M. (2012): 'Majority-biased transmission in chimpanzees and human children, but not orangutans', *Current Biology*, 22(8), S. 727~731

10 Van de Waal, E., Borgeaud, C., & Whiten, A. (2013): 'Potent social learning and conformity shape a wild primate's foraging decisions', *Science*, 340(6131), S. 483~485

11 Qi, S., Footer, O., Camerer, C. F., & Mobbs, D. (2018): 'A collaborator's reputation can bias decisions and anxiety under uncertainty', *Journal of Neuroscience*, 38(9), S. 2262~2269

4장

1 Carr, A. R., Paholpak, P., Daianu, M., Fong, S. S., Mather, M., Jimenez, E. E., ⋯ & Mendez, M. F. (2015): 'An investigation of carebased vs. rule-based morality in frontotemporal dementia, Alzheimer's disease, and healthy controls', *Neuropsychologia*, 78, S. 73~79

2 Zinchenko, O., & Arsalidou, M. (2018): Brain responses to social norms. Meta-analyses of MRI studies', *Human Brain Mapping*, 39(2), S. 955~970

3 Sevinc, G., & Spreng, R. N. (2014): 'Contextual and perceptual brain processes underlying moral cognition. A quantitative meta-analysis of moral reasoning and moral emotions', PloS One, 9(2), e87427

4 Pincus, M., LaViers, L., Prietula, M. J., & Berns, G. (2014): 'The conforming brain and deontological resolve', *PloS One*, 9(8), e106061

5 Vijayakumar, N., Cheng, T. W., & Pfeifer, J. H. (2017): 'Neural correlates of social exclusion across ages. A coordinate-based meta-analysis of functional MRI studies', *NeuroImage*, 153, S. 359~368

6 Asch, S. E. (1956): 'Studies of independence and conformity. I. A minority of one against a unanimous majority', *Psychological Monographs: General and applied*, 70(9), S. 1~70

7 Deutsch, M., & Gerard, H. B. (1955): 'A study of normative and informational social influences upon individual judgment', *The journal of abnormal and social psychology*, 51(3), S. 629

8 Zaki, J., Schirmer, J., & Mitchell, J. P. (2011): 'Social influence modulates the neural computation of value', *Psychological Science*, 22(7), S. 894~900

9 Nook, E. C., & Zaki, J. (2015). Social norms shift behavioral and neural responses to foods. Journal of cognitive neuroscience, 27(7), 1412~1426

10 Wei, Z., Zhao, Z., & Zheng, Y. (2013): 'Neural mechanisms underlying social conformity in an ultimatum game', *Frontiers in Human Neuroscience*, 7, S. 896

11 Lin, L. C., Qu, Y., & Telzer, E. H. (2018): 'Intergroup social influence on emotion processing in the brain', *Proceedings of the National Academy of Sciences*, 115(42), S. 10630~10635

12 '주 1'을 보라.

13 Cameron, C. D., Reber, J., Spring, V. L., & Tranel, D. (2018): 'Damage to the ventromedial prefrontal cortex is associated with impairments in both spontaneous and deliberative moral judgments', *Neuropsychologia*, 111, S. 261~268

14 Bzdok, D., Schilbach, L., Vogeley, K., Schneider, K., Laird, A. R., Langner, R., & Eickhoff, S. B. (2012): 'Parsing the neural correlates of moral cognition. ALE meta-analysis on morality, theory of mind, and empathy', *Brain Structure*

and Function, 217(4), S. 783~796. 또한 '주 3'을 보라.

15 Fede, S. J., & Kiehl, K. A. (2019): 'Meta-analysis of the moral brain. Patterns of neural engagement assessed using multilevel kernel density analysis', *Brain Imaging and Behavior*, S. 1~14

16 Thomas, M. L., Martin, A. S., Eyler, L., Lee, E. E., Macagno, E., Devereaux, M., ⋯ & Jeste, D. V. (2019): 'Individual differences in level of wisdom are associated with brain activation during a moral decision-making task', *Brain and Behavior*, 9(6), e01302

17 Strikwerda-Brown, C., Ramanan, S., Goldberg, Z. L., Mothakunnel, A., Hodges, J. R., Ahmed, R. M., ⋯ & Irish, M. (2021): The interplay of emotional and social conceptual processes during moral reasoning in frontotemporal dementia. *Brain*, 144, S. 938~952

18 Bastin, C., Harrison, B. J., Davey, C. G., Moll, J., & Whittle, S. (2016): 'Feelings of shame, embarrassment and guilt and their neural correlates. A systematic review', *Neuroscience & Biobehavioral Reviews*, 71, S. 455~471

19 Fourie, M. M., Thomas, K. G., Amodio, D. M., Warton, C. M., & Meintjes, E. M. (2014): 'Neural correlates of experienced moral emotion. An fMRI investigation of emotion in response to prejudice feedback', *Social Neuroscience*, 9(2), S. 203~218

20 Takahashi, H., Yahata, N., Koeda, M., Matsuda, T., Asai, K., & Okubo, Y. (2004): 'Brain activation associated with evaluative processes of guilt and embarrassment. An fMRI study', *Neuroimage*, 23(3), S. 967~974

21 Finger, E. C., Marsh, A. A., Kamel, N., Mitchell, D. G., & Blair, J. R. (2006): 'Caught in the act. The impact of audience on the neural response to morally and socially inappropriate behavior', *NeuroImage*, 33(1), S. 414~421

22 Sturm, V. E., Ascher, E. A., Miller, B. L., & Levenson, R. W. (2008): 'Diminished self-conscious emotional responding in frontotemporal lobar degeneration patients', *Emotion*, 8(6), S. 861

23 Li, Z., Yu, H., Zhou, Y., Kalenscher, T., & Zhou, X. (2020): 'Guilty by association. How group-based (collective) guilt arises in the brain', *NeuroImage*, 209, S. 116488.

24 Müller-Pinzler, L., Rademacher, L., Paulus, F. M., & Krach, S. (2016): 'When your friends make you cringe. Social closeness modulates vicarious embarrassment-related neural activity', *Social Cognitive and Affective Neuroscience*, 11(3), S. 466~475

25 Melchers, M., Markett, S., Montag, C., Trautner, P., Weber, B., Lachmann, B., ··· & Reuter, M. (2015): 'Reality TV and vicarious embarrassment. An fMRI study', *Neuroimage*, 109, S. 109~117.

26 Burnett, S., Bird, G., Moll, J., Frith, C., & Blakemore, S. J. (2009): 'Development during adolescence of the neural processing of social emotion', *Journal of Cognitive Neuroscience*, 21(9), S. 1736~1750

27 Wagner, U., N'Diaye, K., Ethofer, T. & Vuilleumier, P. (2011): 'Guilt-specific processing in the prefrontal cortex', *Cerebral cortex*, 21(11), S. 2461~2470

28 Zahn, R., Moll, J., Paiva, M., Garrido, G., Krueger, F., Huey, E. D., & Grafman, J. (2009): 'The neural basis of human social values: evidence from functional MRI', *Cerebral Cortex*, 19(2), S. 276~283

29 Smith-Collins, A. P., Fiorentini, C., Kessler, E., Boyd, H., Roberts, F., & Skuse, D. H. (2013): 'Specific neural correlates of successful learning and adaptation during social exchanges', *Social Cognitive and Affective Neuroscience*, 8(8), S. 887~896

30 Yang, Z., Zheng, Y., Yang, G., Li, Q., & Liu, X. (2019): 'Neural signatures of cooperation enforcement and violation: a coordinate-based meta-analysis', *Social Cognitive and Affective Neuroscience*, 14(9), S. 919~931

31 Zinchenko, O. (2019): 'Brain responses to social punishment. A meta-analysis', *Scientific Reports*, 9(1), S. 1~8

32 Yang, Q., Shao, R., Zhang, Q., Li, C., Li, Y., Li, H., & Lee, T. (2019): 'When morality opposes the law. An fMRI investigation into punishment judgments for crimes with good intentions', *Neuropsychologia*, 127, S. 195~203

33 Van Bavel, J. J., Packer, D. J., & Cunningham, W. A. (2008): 'The neural substrates of in-group bias. A functional magnetic resonance imaging investigation', *Psychological Science*, 19(11), S. 1131~1139

34 *New York Times* vom 27. 09. 2021, https://www.nytimes.com/ 2021/09/27/ briefing/covid-red-states-vaccinations.html

35 Contreras-Huerta, L. S., Baker, K. S., Reynolds, K. J., Batalha, L., & Cunnington, R. (2013): 'Racial bias in neural empathic responses to pain', *PloS One*, 8(12), e84001

36 Domínguez D, J. F., van Nunspeet, F., Gupta, A., Eres, R., Louis, W. R., Decety, J., & Molenberghs, P. (2018): 'Lateral orbitofrontal cortex activity is modulated by group membership in situations of justified and unjustified violence', *Social Neuroscience*, 13(6), 739~755

37 Molenberghs, P., Gapp, J., Wang, B., Louis, W. R., & Decety, J. (2016): 'Increased moral sensitivity for outgroup perpetrators harming ingroup members', *Cerebral Cortex*, 26(1), S. 225~233

38 Cikara, M., Botvinick, M. M., & Fiske, S. T. (2011): 'Us versus them. Social identity shapes neural responses to intergroup competition and harm', *Psychological Science*, 22(3), S. 306~313

39 Hein, G., Silani, G., Preuschoff, K., Batson, C. D., & Singer, T. (2010): 'Neural responses to ingroup and outgroup members' suffering predict individual differences in costly helping', *Neuron*, 68(1), S. 149~160

40 Haun, D. B., Rekers, Y., & Tomasello, M. (2014): 'Children conform to the behavior of peers; other great apes stick with what they know', *Psychological Science*, 25(12), S. 2160~2167

41 Köymen, B., Lieven, E., Engemann, D. A., Rakoczy, H., Warneken, F., & Tomasello, M. (2014): 'Children's norm enforcement in their interactions with peers', *Child Development*, 85(3), S. 1108~1122

42 Riedl, K., Jensen, K., Call, J., & Tomasello, M. (2012): 'No thirdparty punishment in chimpanzees', *Proceedings of the National Academy of Sciences*, 109(37), S. 14824~14829

43 Hamann, K., Warneken, F., Greenberg, J. R., & Tomasello, M. (2011): 'Collaboration encourages equal sharing in children but not in chimpanzees', *Nature*, 476(7360), S. 328~331

44 Apicella, C. L., Azevedo, E. M., Christakis, N. A., & Fowler, J. H. (2014): 'Evolutionary origins of the endowment effect. Evidence from hunter-gatherers', *American Economic Review*, 104(6), S. 1793~1805

45 Hewlett, B. S., Fouts, H. N., Boyette, A. H., & Hewlett, B. L. (2011): 'Social learning among Congo Basin hunter-gatherers', *Philosophical Transactions of the Royal Society B: Biological Sciences*, 366(1567), S. 1168~1178

46 Tomasello, M. (2016): 'The ontogeny of cultural learning', *Current Opinion in Psychology*, 8, S. 1~4

5장

1 Schnider, A. (2013): 'Orbitofrontal reality filtering', *Frontiers in Behavioral Neuroscience*, 7, S. 67

2 위와 같음.

3 Kurkela, K. A., & Dennis, N. A. (2016): 'Event-related fMRI studies of false memory. An Activation Likelihood Estimation metaanalysis', *Neuropsychologia*, 81, S. 149~167

4 Loftus, E. F., & Davis, D. (2006): Recovered memories. Annu. Rev. Clin. Psychol., 2, S. 469~498

5 Otgaar, H., Howe, M. L., & Patihis, L. (2021): 'What science tells us about false and repressed memories', *Memory*, 30, S. 1~6

6 Jarcho, J. M., Berkman, E. T., & Lieberman, M. D. (2011): 'The neural basis of rationalization. Cognitive dissonance reduction during decision-making', *Social Cognitive and Affective Neuroscience*, 6(4), S. 460~467

7 de Vries, J., Byrne, M., & Kehoe, E. (2015): 'Cognitive dissonance induction in everyday life. An fMRI study', *Social Neuroscience*, 10(3), S. 268~281

8 Beike, D. R., & Landoll, S. L. (2000): 'Striving for a consistent life story. Cognitive reactions to autobiographical memories', *Social Cognition*, 18(3), S. 292~318

6장

1 Hazan, C., & Shaver, P. (1987): 'Romantic love conceptualized as an attachment process', *Journal of Personality and Social Psychology*, 52(3), S. 511

2 Turtonen, O., Saarinen, A., Nummenmaa, L., Tuominen, L., Tikka, M., Armio, R. L., ··· & Hietala, J. (2021): 'Adult attachment system links with brain mu opioid receptor availability in vivo. *Biological Psychiatry: Cognitive Neuroscience and Neuroimaging*, 6(3), S. 360~369

3 Strathearn, L., Fonagy, P., Amico, J., & Montague, P. R. (2009): 'Adult attachment predicts maternal brain and oxytocin response to infant cues', *Neuropsychopharmacology*, 34(13), S. 2655~2666

4 Aupperle Robin, L., & Martin, P. P. (2010): 'Neural systems underlying approach and avoidance in anxiety disorders', *Dialogues in Clinical Neuroscience*, 12(4), S. 517

5 Mikulincer, M. (1998): 'Adult attachment style and individual differences in functional versus dysfunctional experiences of anger', *Journal of Personality* *and Social Psychology*, 74(2), S. 513

6 Vrticka, P., & Vuilleumier, P. (2012): 'Neuroscience of human social interactions and adult attachment style', *Frontiers in Human Neuroscience*, 6, S. 212

7 Mikulincer, M., & Shaver, P. R. (2007): 'Boosting attachment security to promote mental health, prosocial values, and inter-group tolerance', *Psychological Inquiry*, 18(3), S. 139~156

8 Fiedler, P. (2007): *Persönlichkeitsstörungen*. Weinheim, Psychologie Verlags Union

9 Timmerman, I. G., & Emmelkamp, P. M. (2006): 'The relationship between attachment styles and Cluster B personality disorders in prisoners and forensic inpatients', *International Journal of Law and Psychiatry*, 29(1), S. 48~56

10 Meyer, B., & Pilkonis, P. A. (2011): 'Attachment theory and narcissistic personality disorder', *The Handbook of Narcissism and Narcissistic Personality Disorder. Theoretical Approaches, Empirical Findings, and Treatments*, S. 434~444

11 Sachse, R. (2019): *Persönlichkeitsstile. Wie man sich selbst und anderen auf die Schliche kommt. Paderborn*, Jungfernmann

12 Pozza, A., Dèttore, D., Marazziti, D., Doron, G., Barcaccia, B., & Pallini, S. (2021): 'Facets of adult attachment style in patients with obsessive-compulsive disorder', *Journal of Psychiatric Research*, 144, S. 14~25

13 Herstell, S., Betz, L. T., Penzel, N., Chechelnizki, R., Filihagh, L., Antonucci, L., & Kambeitz, J. (2021): 'Insecure attachment as a transdiagnostic risk factor for major psychiatric conditions. A meta-analysis in bipolar disorder, depression and schizophrenia spectrum disorder', *Journal of Psychiatric Research*, 144, S. 190~201

14 Siebel, W. A. (1995): *Umgang. Einführung in eine psychologische Erkenntnistheorie*. Glaser, Langwedel

15 Brand, M., & Markowitsch, H. J. (2006): 'Memory processes and the orbitofrontal cortex', in: *The Orbitofrontal Cortex*. Hg. v. David H. Zald & Scott L. Rauch. Oxford Univ. Press, Oxford, S. 285~306

16 5장의 '주 1'을 보라.

17 Brand, M., Eggers, C., Reinhold, N., Fujiwara, E., Kessler, J., Heiss, W. D., & Markowitsch, H. J. (2009): 'Functional brain imaging in 14 patients with dissociative amnesia reveals right inferolateral prefrontal hypometabolism', *Psychiatry Research: Neuroimaging*, 174(1), S. 32~39

18 Mikulincer, M., & Orbach, I. (1995): 'Attachment styles and repressive defensiveness. The accessibility and architecture of affective memories', *Journal of Personality and Social Psychology*, 68(5), S. 917

19 Vîslă, A., Flückiger, C., Grosse Holtforth, M., & David, D. (2016): 'Irrational beliefs and psychological distress: A meta-analysis', *Psychotherapy and Psychosomatics*, 85(1), S. 8~15

7장

1 Die Tipps in diesem Abschnitt, sowie im Abschnitt *Problem-Lösen* wurden angeregt von und teilweise übernommen aus: Butler, G., Grey, N., Hope, T. (2018): *Managing your Mind. The Mental Fitness Guide*. Oxford Univ. Pres, Oxford.

2 Siehe z. B. Fisher, R., Ury, W., Patton, B. (2018): *Das HarvardKonzept*. Die unschlagbare *Methode für beste Verhandlungsergebnisse*. München, Dt.Verlags -Anstalt

3 Kölsch, S. (2019): *Good Vibrations. Die heilende Kraft der Musik*. Ullstein, Berlin